黄河流域气候变化评估报告

HUANGHE LIUYU QIHOU BIANHUA

PINGGU BAOGAO

王建国　主编

河南科学技术出版社

·郑州·

图书在版编目（CIP）数据

黄河流域气候变化评估报告/王建国主编 . —郑州：河南科学技术出版社，2021.4

ISBN 978-7-5349-9838-6

Ⅰ.①黄… Ⅱ.①工… Ⅲ.①黄河流域–气候变化–评估–研究报告 Ⅳ.①P468.2

中国版本图书馆 CIP 数据核字（2020）第 001574 号

出版发行：河南科学技术出版社

　　　　　地址：郑州市郑东新区祥盛街 27 号　　　邮编：450016

　　　　　电话：（0371）65788613　65788629

　　　　　网址：www.hnstp.cn

策划编辑：范广红　邓　为

责任编辑：张　鹏　王　君

责任校对：曹雅坤

封面设计：张　伟

责任印制：朱　飞

审　图　号：GS（2021）435 号

印　　　刷：河南新达彩印有限公司

经　　　销：全国新华书店

开　　　本：787 mm×1092 mm　1/16　印张：18　字数：350 千字

版　　　次：2021 年 4 月第 1 版　　2021 年 4 月第 1 次印刷

定　　　价：198.00 元

如发现印、装质量问题，影响阅读，请与出版社联系。

《黄河流域气候变化评估报告》编写委员会

主　　编　王建国

副 主 编　孙景兰　王纪军

编写人员　（按拼音排序）

白美兰　常　军　陈艳春　成　林　程肖侠

邓　伟　段瑞琦　方文松　顾伟宗　郭慕萍

胡彩虹　姬兴杰　姜创业　李　林　李凤秀

李红梅　李喜仓　李艳春　李智才　林婧婧

刘彩虹　刘荣花　刘文平　刘雅星　马鹏里

潘　攀　桑建人　石　英　史恒斌　孙　娴

孙景兰　孙兰东　王记芳　王纪军　王建国

王有恒　许崇海　许红梅　闫加海　杨　晶

杨海鹰　张旭东　赵红岩　竹磊磊　邹　瑾

通　　稿　王纪军

校　　稿　潘　攀　常　军　胡彩虹　成　林　许红梅

李　林　白美兰

审　　稿　王建国　孙景兰

序

当前全球气候正经历一次以变暖为主要特征的变化。2013年9月，政府间气候变化专门委员会（IPCC）发布了第五次气候变化科学评估报告（AR5）。报告指出，1880~2012年，全球平均地表气温升高了0.85℃，这主要是由于人类活动排放温室气体产生的增温效应所造成的。预计，到21世纪末，全球平均气温将再升高0.3~4.8℃。由气候变暖引起的一系列气候和环境问题日益突出，将对农林、水资源、自然生态系统、人类健康和社会经济等产生重大影响，甚至给人类社会带来灾难性后果。全球气候变化事关人类可持续发展，已成为世界各国面临的共同挑战。新形势下气候变化问题与国际经济、政治等重大问题相互交织、互相影响，进一步成为国际社会广泛关注的焦点。因此，人类社会应积极应对气候变化，并采取措施减缓气候变化带来的负面效应。

我国幅员辽阔，各地经济社会发展状况各异，气候变化对不同地区的生态系统产生不同的影响。我国不同的区域对气候变化的响应不同，敏感度和适应能力也不同，是遭受气候变化不利影响最为严重的国家之一。积极应对气候变化，事关我国经济社会发展全局，事关人民群众切身利益，事关国家根本利益。党的十八大报告明确指出，到2020年我国应对气候变化的目标，将实现单位国内生产总值二氧化碳排放量大幅度下降。2011年发布的中国《气候变化国家第二次评估报告》《中国应对气候变化国家方案》和最近发布的《国家适应气候变化方案》，将有力地推动中国应对气候变化工作。

作为国家应对气候变化工作的科技支撑部门，中国气象局高度重视应对气候变化工作，并围绕地方应对气候变化工作的需求，组织中国气象局气候变化中心和各省（区、市）气象局开展气候变化研究和"流域/区域气候变化影响评估系列报告"编写工作，提供不同区域和流域的气候变化及其对自然和社会经济系统的影响，以及区域气候变化影响评估的理论、方法和技术。

黄河是我国重要河流。黄河流域气候复杂多变，气象灾害频繁。开展黄河流域气候变化研究和《黄河流域气候变化评估报告》的编写，对于提高黄河流域适应气候变化特别是应对极端气候事件的能力，保障经济社会科学发展，意义重大。

在中国气象局 2011 年气候变化专项的支持下，河南省气象局联合青海、甘肃、内蒙古、宁夏、陕西、山西、山东等省（区）气象局，经过两年多的努力工作，完成了《黄河流域气候变化评估报告》。该报告对黄河流域气候变化的观测事实、影响进行了科学评估，从农业、水资源、凌汛、自然生态系统、社会经济等方面提出了适应气候变化的措施及建议，为黄河流域减轻或者避免灾害造成的损失提供科技支撑。我相信，该报告将对完善和细化全国气候变化及其影响评估，对黄河流域各级政府和有关部门科学应对气候变化、保障经济社会科学发展有着重要的参考价值，将进一步深化对黄河流域气候变化事实、气候变化影响及适应的科学认识。为此，我对参与该报告编写和出版的科技工作者表示衷心的感谢，还要感谢该报告的评审专家。

郑国光

（中国气象局局长）

2013 年 11 月

前　言

　　黄河，中国的第二大河，流经青海、四川、甘肃、宁夏、内蒙古、陕西、山西、河南和山东9省（区），从山东注入渤海。黄河为"四渎之宗"，早在6000多年前流域内已存在农事活动，大约在4000多年前流域内形成一些血缘氏族部落，最终形成"华夏族"。黄河流域独特的地理环境以及良好的气候条件，为中华民族的繁衍生息奠定了牢固的基础，留下了大量弥足宝贵的遗产。在以变暖为主要特征的气候变化背景下，黄河流域同样面临着气候变化可能带来的诸多影响，直接关系着我国经济社会的发展，因而开展黄河流域气候变化研究，编制黄河流域气候变化评估报告，为流域各级政府以及有关部门科学应对气候变化提供科技支撑，显得十分重要。

　　《黄河流域气候变化评估报告》编制，2011年由中国气象局气候变化专项资助，编制工作由河南省气象局牵头主持，由河南省气候中心、国家气候中心、郑州大学、河南省气象科学研究所、青海省气候中心、西北区域气候中心、内蒙古区气候中心、宁夏区气候中心、陕西省气候中心、陕西省气候中心和山东省气候中心等单位的科研人员共同完成。

　　《黄河流域气候变化评估报告》共分9章，前4章为科学基础，利用1961~2010年50年的气象资料，翔实分析了黄河流域基本气候要素、极端天气气候事件变化的观测事实及其演变规律，并对21世纪未来90年的气温、降水及其极端气候事件的变化趋势进行预估。后5章采用文献综述和部分研究成果相结合的方式，评估了过去50年气候变化对流域水资源、凌汛、农业生产、自然生态系统以及社会经济所产生的影响；预估了未来气候变化对黄河流域水资源、凌汛、农业生产、自然生态系统和社会经济可能产生的影响，提出黄河流域适应气候变化的若干建议，为黄河流域各省气候变化的应对，提供了决策依据。

　　各章编写人员如下：

　　第一章　王建国

　　第二章　潘　攀　孙景兰　王纪军　常　军　姬兴杰　邓伟　刘雅星　杨海鹰李凤秀

第三章　王纪军　常　军　孙景兰　刘雅星　竹磊磊　史恒斌　王记芳

第四章　石　英　许崇海　许红梅

第五章　胡彩虹　王纪军　孙景兰

第六章　白美兰　李喜仓　杨　晶　段瑞琦

第七章　刘荣花　成　林　方文松　姜创业　孙　娴　李艳春　程肖侠　孙兰东
桑建人　姜创业

第八章　李　林　刘彩虹　李红梅　顾伟宗　陈艳春　邹　瑾

第九章　郭慕萍　李智才　刘文平　闫加海　马鹏里　孙兰东　赵红岩　王有恒
张旭东　林婧婧

　　本书虽然经多次修改完善，但由于涉及面广，尤其是对未来气候变化的预估，以及气候变化对各行业的影响等，存在较多的不确定性和复杂性。加之目前针对黄河流域开展的气候变化影响研究成果积累较少，不足之处，恳请广大读者批评指正，以便在后续的工作中不断完善。报告在编写和修改过程中，中国气象局科技与气候变化司多次组织有关专家，对报告提出了很好的修改意见，在此，表示衷心感谢！

编者

2019 年 8 月

目　录

第一章 绪 论

1.1 黄河流域概况

黄河，中国的第二长河，历史上黄河下游由于频繁改道迁徙，曾流经今河北、天津、河南、山东、安徽、江苏6省（市）。现黄河流经青海、四川、甘肃、宁夏、内蒙古、陕西、山西、河南、山东9省（区），从山东注入渤海（图1.1）。黄河发源于青海高原巴颜喀拉山脉，蜿蜒东流，穿越黄土高原及黄淮海平原，注入渤海。干流全长5 464 km，水面落差4 480 m。流域总面积79.5万 km²（含黄河内流区）（图1.2）。2011年，水利部黄河水利委员会将黄河划分为龙羊峡以上、龙羊峡至兰州、兰州至头道拐、头道拐至龙门、龙门至三门峡、三门峡至花园口、花园口以下、黄河内流区8个二级流域分区。

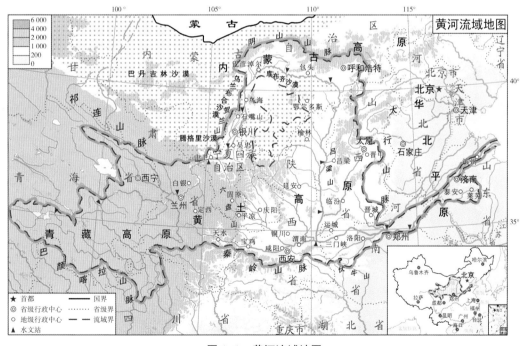

图 1.1 黄河流域地图

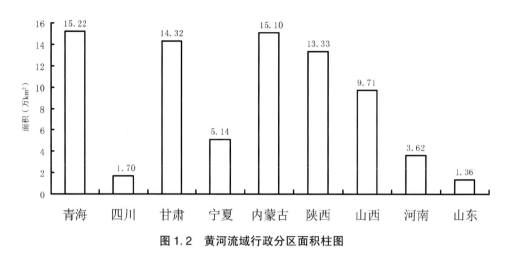

图 1.2　黄河流域行政分区面积柱图

黄河为"四渎之宗"，黄河流域内早在 6000 多年前开始从事农事活动，大约在 4000 多年前流域内形成一些血缘氏族部落，最终形成"华夏族"。世界各地的炎黄子孙，均把黄河流域认作中华民族的摇篮。从公元前 21 世纪夏朝开始，迄今 4000 多年的历史时期中，历代王朝在黄河流域建都的时间绵延 3000 多年。中国古代的"四大发明"，都产生在黄河流域。北宋以后，全国的经济中心逐渐向南方转移，但在中国政治、经济和文化发展进程中，黄河流域及其下游平原地区仍处于重要地位。黄河流域悠久的历史，为中华民族留存了十分珍贵的遗产，留下了无数名胜古迹。

1.1.1　地形、地貌

黄河流域西界巴颜喀拉山，北抵阴山，南至秦岭，东注渤海。流域内地势西高东低，高差悬殊，形成自西而东、由高及低三级阶梯（图 1.3）。

最高一级阶梯是黄河源区，位于著名的"世界屋脊"——青藏高原东北部，平均海拔 4 000 m 以上，耸立着一系列西北—东南向山脉，河谷两岸山脉海拔 5 500~6 000 m，相对高差 1 500~2 000 m。雄踞黄河左岸的阿尼玛卿山主峰玛卿岗日海拔 6 282 m，是黄河流域最高点，山顶终年积雪，冰封起伏，景象万千。

第二级阶梯地势较平缓，黄土高原构成主体，地形破碎。本阶梯以太行山为东界，海拔 1 000~2 000 m。白于山以北属内蒙古高原的一部分，包括黄河河套和鄂尔多斯高原整个自然地理区域；以南为黄土高原，南部有崤山、熊耳山等山地。

第三级阶梯地势低平，绝大部分为海拔低于 100 m 的华北大平原。包括下游冲积平原、鲁中丘陵和河口三角洲。

1.1.2　水系

黄河属太平洋水系。干流多弯曲，素有"九曲黄河"之称，河道实际流程为河源

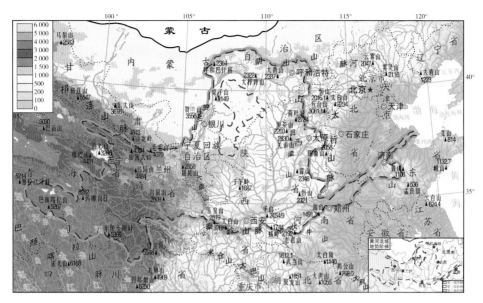

图 1.3 黄河流域地势图

口至河口直线距离的 2.64 倍。黄河支流众多,从河源的玛曲曲果至入海口,流域面积大于 100 km² 的支流共 220 条,组成黄河水系。支流中面积大于 1 000 km² 的有 76 条,流域面积达 58 万 km²,占全河集流面积的 77%;大于 1 万 km² 的支流有 11 条,流域面积达 37 万 km²,占全河集流面积的 50%。较大支流是构成黄河流域面积的主体。

自河源至内蒙古的托克托(头道拐水文站为代表)为黄河上游,河道长 3 472 m,落差 3 464 m,流域面积 38.6 万 km²,沿途有白河、黑河、湟水、祖厉河、清水河、大黑河等支流加入;托克托至河南郑州的桃花峪(以花园口水文站为代表)为黄河中游,区间长 1 224 km,落差 895 m,流域面积 34.4 万 km²,沿途有窟野河、无定河、汾河、渭河、泾河、北洛河、洛河、沁河等支流汇入;桃花峪以下至河口为黄河下游,流域面积 2.2 万 km²,仅占全流域面积的 3%,河道长 768 m。黄河流域水系及其分段如图 1.4。

根据《黄河流域水资源调查评价》,黄河流域 1956~2000 年实测加还原多年平均河川天然径流量 568.6 亿 m³,其中汛期(7~10 月)占 58%。多年平均地表水资源量 594.4 亿 m³,主要分布在黄河上游的龙羊峡以上和黄河中游的龙门—三门峡区间,黄河内流区地表水资源量很少,从行政区来看,主要分布于青海省和甘肃省,宁夏回族自治区和山东省境内最少。

黄河流域地下水量 1980~2000 年平均 377.6 亿 m³,其中山丘区 265.0 亿 m³,平原区 154.6 亿 m³,山丘区与平原区重复计算量为 42.0 亿 m³,与地表水分布一样,主要分布在黄河上游的龙羊峡以上和黄河中游的龙门—三门峡区间,黄河内流区最少。从行政分区来看,主要分布于青海省和陕西省,四川省和山东省境内最少。

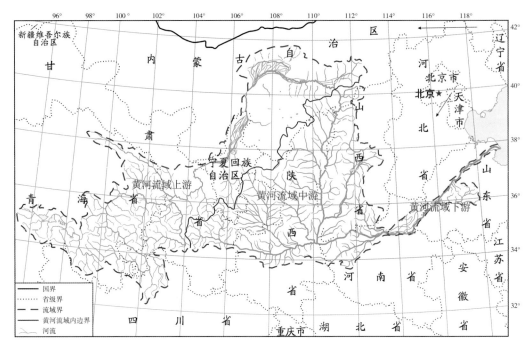

图1.4　黄河流域水系分区图

黄河流域 1980~2000 年多年平均地下水可开采量 137.2 亿 m³，地下水可开采量中，平原区合计 119.7 亿 m³，部分山丘区合计 17.5 亿 m³。

黄河流域 1956~2000 年多年平均分区水资源总量 706.6 亿 m³，其中地表水资源量 594.4 亿 m³，降雨入渗净补给量 112.2 亿 m³，与地表水资源量分布一样，主要分布在黄河上游的龙羊峡以上和黄河中游的龙门—三门峡区间，黄河内流区最少。从行政分区来看，主要分布于青海省、甘肃省和宁夏回族自治区境内。表 1.1 为黄河流域二级流域水资源总量分布特征。

黄河流域多年平均水资源可利用量 406.3 亿 m³，其中地表水可利用量 324.8 亿 m³，水资源可开发利用率 57%。

黄河流域第二次水资源评价结果与第一次水资源评价成果相比，降水量减少了 4.0%，地表水资源量减少了 10.2%，地下水资源量减少了 6.9%，水资源总量减少了 5.1%。

黄河干流自河源至入海口，根据流域形成发育的地理、地质条件及水文情况，黄河干流河段分为上、中、下游和 11 个河段。各河段特征值和水资源总量见表 1.1 和表 1.2。

表 1.1 黄河流域二级流域分区水资源总量分布特征

二级区	省（区）	面积（km²）	年水资源总量 mm	年水资源总量 亿 m³	Cv	Cs/Cv	不同频率水资源总量（亿 m³） 20%	不同频率水资源总量（亿 m³） 50%	不同频率水资源总量（亿 m³） 75%	不同频率水资源总量（亿 m³） 95%
龙羊峡以上	小计	131 340	157.70	207.14	0.25	3.0	247.80	200.70	169.50	134.20
	青海	104 946	131.10	137.60	0.26	3.0	165.80	133.10	111.90	88.05
	四川	16 960	267.20	45.31	0.24	3.0	54.03	43.96	37.28	29.65
	甘肃	9 434	256.80	24.23	0.24	3.0	28.80	23.55	20.04	16.02
龙羊峡—兰州	小计	91 090	147.50	134.35	0.23	3.0	159.20	130.70	111.60	89.57
	青海	47 304	149.50	70.73	0.22	3.0	83.11	69.03	59.50	48.34
	甘肃	43 786	145.30	63.62	0.29	3.0	78.03	60.91	49.99	38.21
兰州—河口镇	小计	163 644	24.70	40.37	0.23	2.0	48.01	39.64	33.68	26.22
	甘肃	30 113	13.00	3.90	0.28	3.0	4.76	3.75	3.10	2.39
	宁夏	41 757	13.40	5.59	0.30	2.0	6.92	5.43	4.40	3.17
	内蒙古	91 774	33.60	30.88	0.24	2.5	36.73	30.16	25.64	20.20
河口镇—龙门	小计	111 272	55.00	61.18	0.26	3.0	73.12	59.32	50.19	39.81
	内蒙古	22 828	72.60	16.58	0.32	2.5	20.75	15.87	12.70	9.17
	山西	33 276	41.70	13.88	0.21	3.5	16.22	13.51	11.72	9.69
	陕西	55 168	55.70	30.72	0.27	2.5	36.94	29.49	24.80	19.82
龙门—三门峡	小计	191 109	82.20	157.08	0.26	3.0	188.80	151.90	127.70	100.50
	甘肃	59 908	54.90	32.90	0.37	2.0	42.46	31.41	24.10	15.76
	宁夏	8 236	59.00	4.86	0.33	2.0	6.15	4.69	3.70	2.54
	山西	48 201	79.30	38.20	0.31	3.5	45.15	37.19	31.85	25.66
	陕西	70 557	107.00	75.48	0.29	2.5	92.81	72.82	59.55	44.36
	河南	4 207	132.10	5.64	0.46	3.0	7.49	5.05	3.72	2.58
三门峡—花园口	小计	41 694	143.90	60.00	0.43	3.0	78.50	54.68	41.15	28.92
	山西	15 661	108.90	17.06	0.38	3.0	21.87	15.84	12.27	8.83
	陕西	3 064	217.20	6.65	0.57	3.0	9.15	5.63	3.89	2.66
	河南	22 969	158.00	36.29	0.46	3.0	48.12	32.56	24.00	16.64
花园口以下	小计	22 621	155.50	35.17	0.40	3.0	45.50	32.41	24.79	17.65
	河南	8 988	158.10	14.21	0.42	2.0	18.89	13.37	9.81	5.93
	山东	13 633	153.70	20.96	0.47	3.0	27.86	18.75	13.76	9.52

续表

二级区	省（区）	面积（km²）	年水资源总量		Cv	Cs/Cv	不同频率水资源总量（亿 m³）			
			mm	亿 m³			20%	50%	75%	95%
花园口以下	小计	42 271	26.90	11.36	0.35	3.0	14.34	10.67	8.45	6.20
	宁夏	1 399	3.60	0.05	0.58	3.0	0.06	0.04	0.03	0.02
	内蒙古	36 360	24.00	8.74	0.38	3.0	11.19	8.13	6.31	4.55
	陕西	4 512	57.00	2.57	0.31	3.0	3.17	2.45	2.00	1.51
黄河流域		795 041	88.88	706.60	0.20	3.0	817.30	693.20	607.60	504.60

表 1.2　黄河干流各河段特征值

河段	起迄地点	流域面积（km²）	河长（m）	落差（m）	比降	汇入支流
全河	河源—入海口	794 712	5 463.6	4 480.0	8.2	76
上游	河源—河口镇	428 235	3 471.6	3 796.0	10.1	43
	1. 河源—玛多	20 930	269.7	265.0	9.8	3
	2. 玛多—龙羊峡	110 490	1 417.5	1 765.0	12.5	22
	3. 龙羊峡—下河沿	122 722	793.9	1 220.0	15.4	8
	4. 下河沿—河口镇	174 093	990.5	246.0	2.5	10
中游	河口镇—桃花峪	343 751	1 206.4	890.4	7.4	30
	1. 河口镇—禹门口	111 591	725.1	607.3	8.4	21
	2. 禹门口—三门峡	190 842	240.4	96.7	4.0	5
	3. 三门峡—桃花峪	41 318	240.9	186.4	7.7	4
下游	桃花峪—入海口	22 726	785.6	93.6	1.2	3
	1. 桃花峪—高村	4 429	206.5	67.3	1.8	1
	2. 高村—艾山	14 990	193.6	22.7	1.2	2
	3. 艾山—利津	2 733	281.9	26.2	0.9	0
	4. 利津—入海口	574	103.6	7.4	0.7	0

注：汇入支流为流域面积 1 000 km² 以上的一级河流；落差从约古宗列盆地上口计算；流域面积包括内流区。

根据基础资料统计，黄河流域现有一级支流 111 条，集水面积合计 61.72 万 km²，河长合计 17358 km，集水面积大于 3 万 km² 的一级支流有 4 条，2 万~3 万 km² 的一级支流有 1 条，1 万~2 万 km² 的一级支流有 5 条，0.5 万~1 万 km² 的一级支流有 13 条，其余的 71 条在 0.1 万~0.5 万 km² 和 17 条在 0.1 万 km² 以下。黄河流域集水面积大于

1万 km^2 的一级支流的基本特征见表1.3。

表1.3 黄河流域集水面积大于1万 km^2 的一级支流基本特征

河流名称	集水面积（km^2）	起点	终点	干流长度（km）	平均比降（‰）	多年平均径流量（亿 m^3）
渭河	134 766	甘肃定西马街山	陕西潼关县港口村	818.0	1.27	97.44
汾河	39 471	山西宁武县东寨镇	山西河津县黄村乡柏底村	693.8	1.11	22.11
湟水	32 863	青海省晏县洪呼日尼哈	甘肃水靖县上车村	373.9	4.16	49.48
无定河	30 261	陕西横山县畔	陕西清涧河解家沟镇河口村	491.2	1.79	12.82
洮河	25 227	甘肃西倾山	甘肃省临洮县红旗乡沟镇河口村	673.1	2.80	48.25
伊洛河	18 881	陕西雒南县终南山	河南巩义巴家门	446.9	1.75	31.45
大黑河	17 673	内蒙古卓资县十八台乡	内蒙古托克托县	235.9	1.42	3.31
清水河	14 481	宁夏固原县开城乡黑刺沟脑	宁夏中宁县泉眼山	320.2	1.49	2.02
沁河	13 532	山西沁源县霍山南麓	河南武陟县南贾汇村	485.1	2.16	14.50
祖厉河	10 653	甘肃华家岭	甘肃靖远方家滩	224.1	1.92	1.53

1.1.3 气候特征

黄河流域幅员辽阔，山脉众多，东西高差悬殊，各区地貌差异巨大。地处中纬度地带，受大气环流和季风环流影响的情况比较复杂，因而流域内不同地区气候的差异显著。

（1）光照充足，太阳辐射强。黄河流域的日照条件在全国范围内属于充足的区域，全年日照时数一般在2 000~3 000小时，全年日照百分率多为50%~75%，仅次于日照最充足的柴达木盆地，而较黄河以南的长江流域广大地区普遍偏多1倍左右。

（2）季节差别大，温差悬殊。黄河流域地区季节差别大，上游青海省久治县以上的河源地区为"全年皆冬"，久治至兰州区间及渭河中上游地区为"长冬无夏、春秋相连"；兰州至龙门区间为"冬长夏短"，流域其余地区为"冬冷夏热、四季分明"。黄河流域年平均气温为-4~14 ℃，总的趋势是南高北低、东高西低。三门峡以下河南、山东境内达12~14 ℃，为全流域最高。上游河源地区低于-4 ℃，为全流域最低。

（3）降水集中，分布不均，年际变化大。黄河流域多年年平均降水量476.0 mm。年降水量地区分布总的特点是东多西少、南多北少，自东南向西北递减（表1.4）。

表 1.4　黄河流域各分区降水变化（单位：mm）

分区	面积（km²）	1956~1959 年	1960~1969 年	1970~1979 年	1980~1989 年	1990~2000 年	1956~2000 年	1956~1979 年	1980~2000 年
龙羊峡以上	131 340	461.3	494.9	482.7	507.9	469.5	485.9	484.2	487.8
龙羊峡—兰州	91 090	476.1	491.4	486.8	480	460.2	478.9	487	469.7
兰州—河口镇	163 644	285.5	273.8	265.9	239.4	258.7	261.7	272.5	249.5
河口镇—龙门	111 272	510.5	463.9	428.4	416.8	397.7	433.5	456.9	406.8
龙门—三门峡	191 109	584	576.9	530.7	551.1	490.9	540.4	558.8	519.3
三门峡—花园口	41 694	740.7	687.5	641.9	672.5	608.5	659.5	677.4	639
花园口以下	22 621	702.7	684.1	649.5	568.3	665.5	647.8	672.8	619.2

（4）湿度小，蒸发大。黄河中上游是国内湿度偏小的地区，例如吴堡以上地区，平均水汽压不足 8 hPa，相对湿度在 60% 以下。特别是上游宁夏、内蒙古境内和龙羊峡以上地区，年平均水汽压不足 6 hPa；兰州至石嘴山区间的相对湿度小于 50%。黄河流域蒸发能力很强，年蒸发量达 1 100 mm。上游甘肃、宁夏和内蒙古中西部地区属国内年蒸发量最大的地区，最大年蒸发量可超过 2 500 mm。

（5）冰雹多、沙暴、扬沙多。冰雹是黄河流域的主要灾害性天气之一。据统计，流域的宁夏、内蒙古境内和陕北地区，由于多年平均大风日数多在 10 天以上，扬沙日数超过 20 天；有些年份沙暴最多可达 30~50 天，扬沙日数超过 50 天。

1.2　黄河流域在全国气候变化中的地位和作用

《气候变化国家评估报告》，为中国制定和实施应对气候变化的国家战略和对策、支持中国在气候变化领域的国际行动、促进经济和社会的可持续发展，提供了科学的技术支撑。《气候变化国家评估报告》也是气候变化的科学研究和技术创新的指南，而且会对我国外交、环境及社会经济发展产生重大的影响。

然而，我国的气候既有东西差异，还有南北不同，极富地方特色。《气候变化国家评估报告》放眼国际、立足全国，不可能对每个区域进行详细描述。因此，流域评估报告是对《气候变化国家评估报告》的重要补充。我国地域辽阔，不同地区的气候环境及其变化因素也千差万别。越来越多的数据表明局地性因素是局地气候变化的重要原因。黄河流域位于东经 96°~119°，北纬 32°~42° 之间，东西长 1 900 km，南北宽1 100 km，因此，深入揭示流域性气候变化的事实，同时进行科学归因分析，既是对《气候变化国家评估报告》不可缺少的补充，也是流域内各级政府制定可持续发展战略的迫切要求。

进行流域气候评估是科学应对气候变化措施的基础。目前绝大多数应对气候变化的措施（如减排）都是建立在一个极其简化的理论基础之上，即全球变暖是气候系统对辐射强迫增加的线性响应结果。应对策略的主要理论基础均是基于辐射强迫和气温的线性关系假定，没有充分考虑气候变化在区域尺度的复杂性和不确定性，从而大力加强区域气候变化研究，对各应对措施在区域尺度的作用进行全面客观评估，是建立科学应对气候变化措施的基础。

黄河流域气候变化科学评估是流域自然环境及经济社会可持续发展的迫切要求。黄河流域是自然生态环境脆弱区域，也是我国重要的粮食作物种植地；天气气候复杂多变，是气象、环境灾害的高风险地带。气候变化与各种自然和社会因素交织在一起，使得黄河流域经济面临多重挑战。为有利于保护黄河流域自然生态环境和维持社会经济可持续发展，迫切需要一个客观、翔实、且具有前瞻性的流域气候变化科学评估。

区域性社会经济发展和各级政府大力推行节能减排措施的气候效应，需要得到及时、客观的科学评估。黄河流域各省、区为贯彻落实党中央国务院关于节能减排工作部署，制定了一系列节能减排实施方案、办法、法规和规划，如各城市不断加大绿地工程的投入，以减小城市热岛效应，加快城市轨道交通建设以舒缓中心城区的人口压力，以及实施绿色建筑计划等等。对这些举措所产生的气候效应（或潜在气候效应）进行科学评估，既可为各级政府制定下一步举措提供强有力的科学依据，又可为国家决策提供有价值的科学参考。

1.3　国内外气候变化评估报告简介

为了科学制定和实施应对气候变化的措施，联合国政府间气候变化专业委员（IPCC）在 2007 年发布了第四次全球气候变化的科学评估报告；美英等发达国家也开展了国家级气候变化评估的工作，针对气候变化对本国的影响和适应性措施进行了全面评估，并提出了对策。中国政府对气候变化的影响高度重视，于 2011 年出版了《第二次中国气候变化国家评估报告》，这是迄今为止发展中国家编写的最为全面的一份气候变化评估报告。

1.3.1　IPCC 的四次气候变化评估报告

IPCC 于 1988 年由联合国环境规划署及世界气象组织共同建立，其主要任务是在全面、客观、公开和透明的基础上，评估与理解人为引起的气候变化及这种变化的潜在影响，并评估适应和减缓气候变化方面的科技和社会经济信息，从而为政府决策者提供应对气候变化的科学依据。IPCC 下设三个工作组，第一工作组负责收集、凝练、综述气候变化的科学事实；第二工作组负责评估气候变化影响与适应对策；第三工作组主要进行减缓气候变化的社会经济分析工作。IPCC 先后于 1990 年、1996 年、2001 年和 2007 年发布了 4 次评估报告，使世界对气候变化问题逐渐获得了科学的认知，为各国团结起来就减缓和适应气候变化采取行动奠定了基础。

IPCC 第一次评估报告于 1990 年完成。报告指出，过去 100 年全球平均气温已经上升 0.3~0.6 ℃，海平面上升 0.1~0.2 m，温室气体尤其是 CO_2 浓度由工业革命（1750~1800 年）时的 230 ppm 上升到 353 ppm。如果不对温室气体的排放加以控制，到 2025~2050 年间，大气温室气体浓度将提高 1 倍左右，全球平均气温度 2025 年将比 1990 年之前升高 1 ℃左右，到 21 世纪末将升高 3 ℃左右（比工业化前高 4 ℃左右）。海平面高度到 2030 年将升高 0.2 m，到 21 世纪末升高 0.65 m。IPCC 第一次评估报告主要采用不同复杂程度的大气—海洋—陆面耦合模式对未来气候变化进行预测，大气 CO_2 加倍的模拟结果表明未来 50~100 年全球平均增温 1.5~3.5 ℃。报告同时指出，预测中有很多不确定性。利用上述模拟结果，评估了未来气候变化对农业、林业、自然地球生态系统、水文和水资源、海洋与海岸带、人类居住环境、能源、运输和工业各部门、人类健康和大气质量及季节性雪盖、冰和多年冻土层的影响，并初步提出了针对上述气候变化的响应对策。IPCC 第一次评估报告证实了地球的确已开始变暖，但对于变暖的原因，报告指出：近百年的气候变化可能是自然波动或人类活动，以及二者共同影响造成的。IPCC 第一次评估报告促使联合国大会做出制定联合国气候变化框架公约（UNFCCC）的决定。

IPCC 第二次评估报告于 1996 年发布。报告的主要新成果表现在四方面：①气候模式预测除考虑 CO_2 浓度增加外，还考虑了今后气溶胶浓度增长的直接辐射作用。结果表明，相对于 1990 年，2100 年的全球平均气温将上升 1.0~3.5 ℃，海平面上升 0.15~0.95 m，洪涝干旱灾害更为频繁。②人类健康、陆地和水生态系统和社会经济系统对气候变化的程度和速度十分敏感。有些气候变化的影响是不利的，甚至是不可逆的，但同时也存在一些有利的影响。③提出了使大气温室气体浓度稳定的方法和可能措施。④提出了公平问题是制定气候变化政策、公约及实现可持续性发展的一个重要方面。IPCC 第二次评估报告中使用了更为复杂的全球耦合气候模式，试验设计主要包括大气中 CO_2 以每年 1%的量值渐进递增，直到达到工业化之前（280 ppm）的 2 倍。这是气候模式第一次在较真实 CO_2 增温效应和气溶胶强迫下模拟了过去，并预估了未来的气候趋势，模拟结果与 20 世纪气候变化特征更为吻合。关于变暖的原因，报告指出：定量表述人类活动对全球气候的影响能力仍有限，且在一些关键因子方面存在不确定性。但越来越多的各种事实表明，人类活动的影响已被觉察出来。IPCC 第二次评估报告为系统阐述《联合国气候变化框架公约》的最终目标提供了重要的科学依据，推动了

1997 年《京都议定书》的签署。

IPCC 第三次评估报告于 2001 年完成，主要结论为：①近百年（1860~2000 年）全球平均气温上升的范围是 0.6±0.2 ℃。20 世纪海平面上升了 0.1~0.2 m，极端气候事件（暴雨、干旱等）强度有增强的趋势并可能与全球变暖有关。采用了新的排放情景（IS92），利用较为全面的气候系统模式以及简单的海气耦合模式对未来 100 年气候变化进行预测，该情景下 21 世纪气温变化范围为 1.4~5.8 ℃，海平面上升预测为0.1~0.2 m。②综合评估了气候变化对自然和人类系统的影响，指出了自然和人类系统的脆弱性。③提出了减缓措施和对策建议，特别是限制或减少温室气体排放和增加"汇"的对策等。关于变暖的原因，报告指出：新的、更强的证据表明，过去 50 年观测到的大部分增暖"可能"归因于人类活动（66% 以上可能性）。IPCC 第三次评估报告为各国政府制定应对气候变化的政策，为《京都议定书》的生效与如何具体执行提供了科学支撑，也是 2002 年第二次地球首脑峰会宣言的重要基础。

2007 年 IPCC 正式发布第四次评估报告。与以往评估报告相比，本次报告强调了有关气候变化预估不确定性问题的研究成果，更加突出了气候系统的变化，描述了气候系统多圈层的观测事实，并阐述了气候系统各圈层的多种过程及其变化的主要原因。

第一工作组报告（《IPCC，2007a：科学基础》）主要评估了气候变化的科学事实、过程、归因、预估及其不确定性。评估结论指出：在近 100 年（1906~2005 年）间，全球地面平均气温上升了 0.74±0.18 ℃，近 50 年的线性增温速率为每 10 年0.13 ℃；进一步肯定了人类活动是近 50 年全球气候变暖的主要原因（90% 以上可能性）；在温室气体排放的多种情景下（SRES），到 21 世纪末全球地面平均气温将上升1.1~6.4 ℃，海平面相应升高 0.18~0.59 m；与此同时，高温、热浪、强降水等极端天气事件的发生频率和强度很可能增加，生态系统和人类社会将受到严重威胁。

第二工作组报告（《IPCC，2007b：影响、适应和脆弱性》）主要评估了气候变化已产生的和未来可能的影响，提出了适应气候变化的对策建议。全球气候变暖已经对许多自然系统和生物系统产生了可辨别的影响，但由于适应和非气候因子的作用，还有许多影响仍难以辨别。气候变化将对未来自然生态和经济社会发展产生长期的影响，如果不采取切实可行的重大行动，数以亿计的人口将面临饥饿、缺水、洪水及疾病等的威胁。但报告最后也指出，社会经济系统的脆弱性不仅取决于气候变化，还取决于发展的路径。促进可持续发展，采取兼顾适应和减缓的政策措施，可以降低气候变化的风险。

第三工作组报告（《IPCC，2007c：减缓》）主要评估了温室气体排放的历史演变和未来趋势、温室气体排放减缓的潜力与成本及政策措施。主要结论指出：2004 年全球温室气体排放相比 1970 年增长了 70%，相比 1990 年增长了 24%。如果不采取进一步的措施，到 2030 年全球温室气体排放还将增长 40%~110%。为了减缓气候变化，必须将大气中温室气体的浓度稳定在一定水平，因而需要大幅度减少温室气体排放。对于全球减排的前景，报告作出了比较乐观的估计。报告认为，现有各种技术手段和许多在 2030 年以前具有市场可行性的低碳和减排技术，可以实现较低成本的有效减排。通过国际合作的一致行动及合理的政策措施，可持续发展与减排之间并不矛盾，还可以相互促进，有助于最终实现"公约"将温室气体浓度稳定在较低水平的长期目标。IPCC 第四次评估报告综合、系统、全面地评估了气候变化的最新研究结果，是国际科学界和各国政府在气候变化科学认识方面形成的共识性文件，已为联合国气候变化大会的召开和国际社会应对气候变化提供了重要决策依据。

1.3.2　中国《气候变化国家评估报告》

中国政府于 2008 年启动了第一次国家气候变化的编写工作，并于 2017 年正式出版。这份报告是在国家气候变化对策协调小组指导下，由中国科技部、中国气象局、中国科学院等 12 个国家部委共同组织跨学科、多领域的综合研究而成。中国《气候变化国家评估报告》（以下简称《国家报告》）共分"气候变化的历史和未来趋势"、"气候变化的影响与适应"和"减缓气候变化的社会经济评价"三个部分。第一部分主要描述中国气候变化的基本事实与可能原因，并对 21 世纪全球与中国的气候变化趋势做出预估，为气候变化影响研究提供气候演变事实及未来气候变化情景，为政府制定适应与减缓对策提供科学依据。第二部分主要评估了气候变化对中国敏感领域如农业、水资源、森林及其他自然生态系统、海岸带环境与近海生态系统、人体健康及重大工程的影响，分析了气候变化对中国不同区域的影响，并提出适应对策。第三部分主要对中国未来减缓碳排放的宏观效果及社会经济影响进行了综合评价，并对全球应对气候变化的公平性原则及国际合作行动进行了综合评价，并阐述了中国减缓气候变化的战略思路与实施对策。

为更好地满足新形势下我国应对气候变化的需要，2009 年以来，中国科技部、中国气象局、中国科学院会同国家发展和改革委员会、外交部、教育部、水利部、环境保护部、林业局、海洋局、国家自然科学基金委员会共同启动了《第二次气候变化国家评估报告》的编制工作，并于 2011 年正式出版。报告分为五个部分：第一部分描述了中国的气候变化；第二部分揭示了气候变化的影响与适应；第三部分为减缓气候变化的社会经济影响评价；第四部分分析了全球气候变化有关评估方法；第五部分为中国应对气候变化的政策措施、采取的行动及成效。

报告指出：1880 年以来中国的变暖速率在 0.5 ℃/100 年到 0.8 ℃/100 年。但是 1920 年代以来和 1940 年代的变暖机制可能与 1985 年之后不同。中国的降水量则无明显的趋势性变化，以 20~30 年尺度的年代际变化为主，与北半球陆地平均降水量变化不同。20 世纪后半叶东亚夏季阻塞高压有增强的趋势，副热带高压与南亚高压亦有所增强，冬、夏季风均减弱。20 世纪后半叶中国总辐射量减少，对流层上层与平流层下层温度略有下降。

已经发生的气候变化对中国环境、生态系统和经济部门产生了广泛的影响，中国科学家应用统计与模型模拟的方法，对已经产生的气候变化影响进行了大量的研究。未来气候变化将可能进一步增加中国洪涝和干旱灾害发生的概率，进一步加剧中国南涝北旱的状况；特别是海河、黄河流域所面临的水资源短缺，以及浙闽地区、长江中下游和珠江流域的洪涝难以从气候变化的角度得以缓解。气候变化对中国的生态系统与生物多样性产生了可以辨识的影响。气候变化影响大洋环流和季风的变化，通过黑潮和东亚季风的变化影响中国近海和海岸带环境。气候变化对农业的影响是多方面的，未来气候变化情景下我国农业生产方式、农业布局将发生改变，国家粮食安全将受到更大威胁，对农业水资源、土地资源、气候资源和生物资源的约束将更加残酷，气象灾害对农业生产的危害更加严重。气候变化对能源活动的影响包括直接影响和间接影响，在能源领域，除了要适应气候条件对能源消费和能源生产造成的不利影响外，更要克服和突破气候变化对石化能源消费和生产的严重制约。气候变化通过改变全球水文和物质循环现状，导致极值事件的强度和频次增加，影响重大工程的设计、运行管理和建筑材料寿命等。气候变化对工业部门产生直接的影响，包括生产效率、质量和安全等；气候变化在中国引起高温热浪、极端天气事件等频发，不仅直接影响人体健康，且会使传染性疾病的患病危险增加。

《国家报告》对全国性的气候变化事实、未来趋势与影响，以及相关国际公约对我国生态环境、经济社会等方面可能带来的影响做了综合分析和整理，并且提出了我国应对全球气候变化的立场、原则主张及相关政策，这也是我国应对气候变化工作一个重要里程碑。

1.4　本报告编写的目的、结构

1.4.1　本报告编写的目的

（1）总结黄河流域的气候变化事实及其可能原因等科学研究成果。通过编制本报告，在综合、全面总结国内外有关黄河流域气候变化科学研究成果的基础上，从中提炼出重要的科学结论，为黄河流域可持续发展战略提供支撑。

（2）为黄河流域应对气候变化的决策提供依据。黄河流域是气候变化的敏感区和脆弱区，而且面临着紧急发展与资源短缺及区域环境恶化的突出矛盾。气候变化带来的对社会、经济的负面影响，使黄河流域经济和社会发展面临更加错综复杂的局面。黄河流域各级政府部门和社会公众急需了解气候变化对社会经济、生态环境、人民安全等方面的影响。因此，本报告将为黄河流域应对气候变化的决策提供科学依据。

（3）为黄河流域防灾减灾提供科学基础。随着全球变暖，极端天气气候事件增加、危害加剧，由于人口和财产不断向城市聚集，抵御自然灾害的能力明显不足和滞后，使得原本灾情较轻的灾害所造成的生命财产损失被加大，城市群尤其大城市在遭受同等强度气象灾害时变得更为脆弱。因此，本报告将为黄河流域减轻或避免灾害造成的损失提供科学预测。

1.4.2　本报告编写的特点

（1）突出流域气候特征。本报告以"立足流域、放眼全球"为视角，对黄河流域的局地气候进行详尽的描述。

（2）突出流域服务重点。本报告针对黄河流域不同地区的重点领域和区域，应用全球气候模式和区域气候模式，获得各种温室气体排放情景下黄河流域气候环境变化情景；根据流域对气候环境变化的敏感性特点，重点评估和预估农业、水资源和生态系统等重点领域对气候环境变化的响应和适应对策。

（3）突出重点科学问题。本报告将试图回答与全球气候变化和区域气候变化相关的重点问题：①下垫面改变（如土地利用变化）对区域气候变化的影响；②全球气候变化背景下黄河流域气候变化的特征，预估气候变化对黄河流域的影响；③全球气候模式对流域尺度气候的模拟能力及对流域气候情景的不确定性；④高分辨率区域气候模式产生的未来气候变化情景的区域性特征描述及合理预估；⑤流域气候变化中的不确定性评价，主要包括气候变化归因的不确定性、气候资料空间分布不平衡给气候变化事实分析造成的不确定性、气候模式模拟的不确定性等。

1.4.3　本报告编写的结构

本报告的主要内容和结构如下：

第一章，绪论。介绍国内外气候变化评估报告的主要内容、黄河流域气候变化在全国气候变化中的地位和作用，黄河流域概况和本报告编写目的及内容结构编排。

第二章，黄河流域基本气候变化观测事实。包括近50年气温、降水、相对湿度、日照、风速、蒸发量的变化特征。

第三章，黄河流域极端气候事件及高影响天气现象。包括高温、低温、极端降水、雷暴日数、沙尘日数、最大积雪深度等的变化特征。

第四章，黄河流域未来气候变化预估。全球气候变化情景和模式选择，全球和区域气候模式对黄河流域气温、降水的模拟和预估，模式对黄河流域气候变化预估的不确定性分析。

第五章，气候变化对黄河流域水资源影响及适应对策。

第六章，气候变化对黄河凌汛的影响与适应对策。

第七章，气候变化对黄河流域农业生产的影响与适应对策。

第八章，气候变化对黄河流域自然生态系统的影响与适应对策。

第九章，气候变化对黄河流域社会经济的影响。

第二章　黄河流域基本气候变化观测事实

使用黄河流域 143 个测站点的资料，分析了 1961~2010 年各气候要素的变化特征。气温随时间呈上升趋势，其中平均气温、平均最高气温、平均最低气温升温显著，尤其在 20 世纪 90 年代以后，升温更明显。四季的气温变化中，冬季升温明显高于其他季节。空间变化中，上游的升温速率也较中、下游的大。随气温的升高，低温日数则呈减少趋势，其中下游的减少趋势更明显。极端气温、高温日数 50 年变化趋势不明显，空间分布略有差异。黄河流域降水量和降水日数为北多南少分布，随时间均呈减少趋势，秋季为四季降水最显著的季节。降水量的时间变化存在差异，上、中、下游降水量突变时间略不同。黄河流域 50 年的相对湿度、日照时数、年平均风速、蒸发皿蒸发量均呈下降趋势，其中相对湿度在春季下降较明显。而潜在蒸发量则随时间呈显著增加趋势，且在 1995 年存在突变。

使用黄河流域 143 个测站点高程变化及分布情况如图 2.1。143 个测站点包括上游

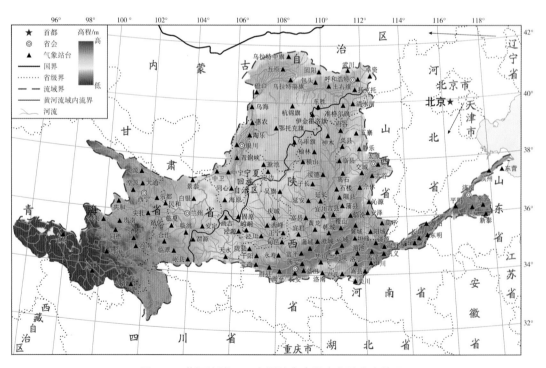

图 2.1　黄河流域 143 个测站点高程变化及分布情况

53 个，中游 78 个，下游 12 个。

2.1 平均气温

1961~2010 年黄河流域年平均气温随时间呈明显的上升趋势，20 世纪 90 年代后增温明显，高于全国平均增温趋势。四季气温均呈明显上升趋势，冬季、春季增温较为显著。上、中、下游气温上升幅度上游的低、下游的最高、中游的居中。随时间均呈现上升趋势，上游升温趋势明显高于中、下游。

2.1.1 时间变化

1961~2010 年黄河流域年平均气温为 9.0 ℃，2006 年平均气温值最大，为 10.3 ℃，1984 年平均气温值最小，为 7.9 ℃。黄河流域年平均气温随时间有明显的上升趋势（图 2.2），平均增温速率为 0.30 ℃/10 年（达到 99% 信度标准），高于全国年平均气温的增温趋势。平均气温在 1984 年之前变化平稳，其后升温较明显，平均增温速率达 0.52 ℃/10 年。

上、中、下游平均气温分别为 5.7 ℃、10.5 ℃、13.6 ℃，上、中、下游增温显著，增温速率分别为 0.40 ℃/10 年、0.25 ℃/10 年、0.23 ℃/10 年，均达到 99% 的信度标准（图 2.2），在 20 世纪 80 年代后期增温更加明显，其中上游增温速率最大，中游次

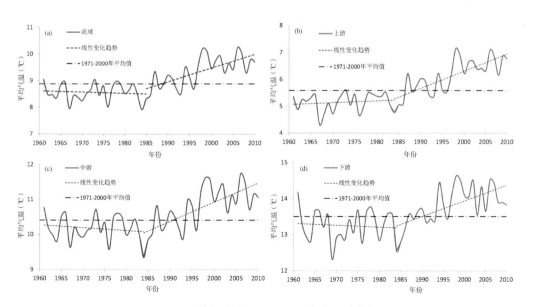

图 2.2 黄河流域 1961~2010 年年平均气温

（a）黄河流域；（b）黄河上游；（c）黄河中游；（d）黄河下游

之，20 世纪后期的变暖可能是全球变暖的一部分。

黄河流域平均气温的年代际变化中，气温在 20 世纪 80 年代略有降低，而后在 90 年代明显增高，其后保持增加的趋势。上、中、下游平均气温均有相似的变化（表 2.1）。

表 2.1　黄河流域 1961~2010 年平均气温逐年代变化（单位:℃）

年代	流域	上游	中游	下游
1961~1970 年	8.5	5.0	10.2	13.3
1971~1980 年	8.7	5.3	10.3	13.2
1981~1990 年	8.7	5.4	10.2	13.3
1991~2000 年	9.3	6.0	10.8	13.9
2001~2010 年	9.7	6.6	11.1	14.1

四季的平均气温均呈现上升趋势，不同季节升温速率存在差异，其中冬季增幅最大，夏季最小。冬季、春季增温速率较明显，升温速率分别为 0.52 ℃/10 年、0.30 ℃/10 年（达到 99%信度标准）。秋季、夏季增温速率分别为 0.26 ℃/10 年（达到 99%信度标准）、0.14 ℃/10 年（达到 95%信度标准）。

春季平均气温为 10.1 ℃，在 2008 年气温最高，达 11.8 ℃，1970 年最低，为 8.6 ℃。春季气温有明显的年际和年代际变化（表 2.2），在 20 世纪 90 年代中后期增温显著。上、中、下游平均气温变化相似，在 20 世纪 90 年代后期开始明显增温，其中上游和中游增温幅度大于下游。

夏季平均气温为 21.2 ℃，2006 年最高，达 22.4 ℃，1976 年最低，为 19.8 ℃。夏季气温在 20 世纪 70 年代中后期至 90 年代中期为低值期，90 年代以后气温上升明显。上游气温增加显著，增温幅度达 0.30 ℃/10 年，达到 99%信度标准，中游略有上升，而下游略有下降趋势，中游、下游变化不明显。

秋季平均气温为 9.0 ℃，1998 年最高，达 11.1 ℃，最小值为 7.5 ℃，出现在 1981 年。秋季气温随时间呈增加趋势，20 世纪 90 年代后期增温明显。上游增温速率最大，中游次之，下游最小。

冬季平均气温为 -4.4 ℃，1998 年最高，为 -2.2 ℃，1967 年最低，为 -8.0 ℃。冬季气温随时间一直呈现增加的趋势，在 20 世纪 80 年代末增温显著。上游增温幅度最大，增温速率达 0.63 ℃/10 年，下游次之，增温速率为 0.50 ℃/10 年，中游增温速率为 0.45 ℃/10 年，上、中、下游增温速率均达到 99%信度标准。

表 2.2　黄河流域 1961~2010 年季节平均气温逐年代变化（单位：℃）

年代	春季	夏季	秋季	冬季
1961~1970 年	9.7	21.1	8.6	−5.5
1971~1980 年	9.8	20.9	8.8	−4.8
1981~1990 年	9.7	20.7	8.9	−4.5
1991~2000 年	10.4	21.4	9.2	−3.8
2001~2010 年	11.0	21.6	9.6	−3.5

黄河上、中、下游 1961~2010 年季节平均气温逐年代变化分别见表 2.3、表 2.4、表 2.5。

表 2.3　黄河上游 1961~2010 年季节平均气温逐年代变化（单位：℃）

年代	春季	夏季	秋季	冬季
1961~1970 年	6.7	17.4	5.2	−9.2
1971~1980 年	6.7	17.4	5.3	−8.3
1981~1990 年	6.7	17.5	5.6	−7.9
1991~2000 年	7.4	18.1	6.0	−7.2
2001~2010 年	7.9	18.7	6.6	−6.7

表 2.4　黄河中游 1961~2010 年季节平均气温逐年代变化（单位：℃）

年代	春季	夏季	秋季	冬季
1961~1970 年	11.2	22.9	10.2	−3.7
1971~1980 年	11.3	22.6	10.4	−3.1
1981~1990 年	11.2	22.2	10.4	−2.9
1991~2000 年	11.8	22.9	10.6	−2.1
2001~2010 年	12.5	23.0	10.9	−2.0

表 2.5　黄河下游 1961~2010 年季节平均气温逐年代变化（单位：℃）

年代	春季	夏季	秋季	冬季
1961~1970 年	13.6	26.2	14.0	−0.9
1971~1980 年	13.7	25.6	14.0	−0.3
1981~1990 年	13.9	25.7	14.1	−0.2
1991~2000 年	14.2	26.1	14.4	0.9
2001~2010 年	14.8	25.9	14.7	0.9

2.1.2 空间差异

黄河流域平均气温分布为西部低、东部高；北部低、南部高；上、中、下游气温依次升高。流域内除河南站气温是降低的，其余站点 50 年变化中气温均随时间变化是升高的，且增温趋势显著。上游升温速率明显高于中、下游，其中上游的大部分地区增温速率在 0.4 ℃/10 年以上，中、下游大部分地区升温速率在 0.2 ℃/10 年左右。

黄河流域 1961～2010 年平均气温空间分布如图 2.3。

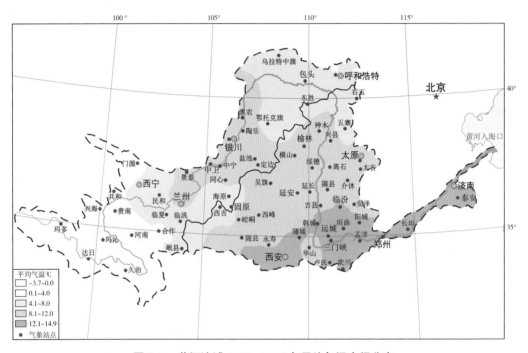

图 2.3　黄河流域 1961～2010 年平均气温空间分布

黄河流域 1961～2010 年平均气温空间差异如图 2.4。

2.2　平均最高气温

黄河流域年平均最高气温随时间有明显的上升趋势，在 20 世纪 90 年代后增温明显。四季气温均呈现上升趋势，气温增温明显，其中冬季、秋季增温显著。上、中、下游平均最高气温以下游最高，上游最低，50 年来随时间均呈现升温趋势，其中上、中游增温较显著。

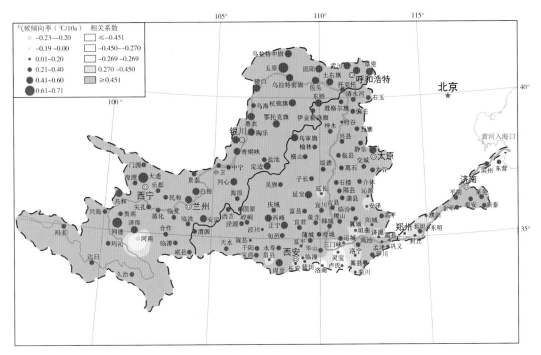

图 2.4　黄河流域 1961~2010 年平均气温空间差异

2.2.1　时间变化

1961~2010 年黄河流域年平均最高气温为 15.7 ℃，最大值为 17.1 ℃，出现在 1998年；最小值为 14.4 ℃，出现在 1984 年。年平均最高气温随时间有明显的上升趋势，平均增温速率为 0.29 ℃/10 年，达到 99% 信度标准。在 20 世纪 80 年代中期之前，年平均最高气温变化平缓，呈略下降趋势，而在 80 年代后气温明显增高，尤其 2000 年以后，气温均大于气候均值（1971~2000 年平均值）。

上、中、下游年平均最高气温分别为 13.1 ℃、17.0 ℃、19.3 ℃，随时间增温明显，增温速率分别为 0.32 ℃/10 年、0.30 ℃/10 年、0.12 ℃/10 年，均达到 95% 的信度标准（图 2.5）。

黄河流域年平均最高气温的年代际变化中（表 2.6），20 世纪 60~90 年代气温变化平缓，80 年代略有降低，气温在均值以下，而在 90 年代后气温明显增高，且其后一直有增加的趋势。上、中游平均气温均有相似的变化，而下游年代际变化在 70 年代以后呈增温趋势，但增温趋势没有上、中游明显（表 2.6）。

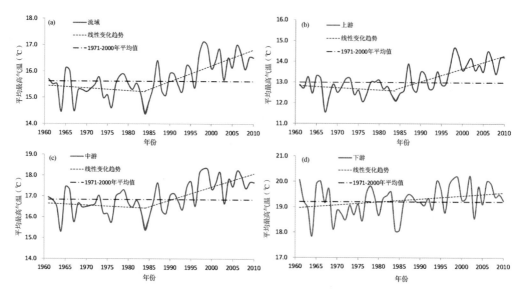

图2.5　黄河流域1961~2010年年平均最高气温

（a）黄河流域（b）黄河上游（c）黄河中游（d）黄河下游

表2.6　黄河流域1961~2010年平均最高气温逐年代变化（单位：℃）

年代	流域	上游	中游	下游
1961~1970年	15.4	12.7	16.6	19.2
1971~1980年	15.4	12.8	16.6	19.0
1981~1990年	15.3	12.8	16.5	19.1
1991~2000年	16.1	13.4	17.4	19.5
2001~2010年	16.4	13.9	17.7	19.5

　　黄河流域四季平均最高气温均呈上升趋势，不同季节升温速率略有差异，其中冬季增幅最大，夏季最小。冬季、秋季、春季增温速率较明显，升温速率分别为0.43℃/10年、0.33℃/10年、0.30℃/10年（达到99%信度标准）。夏季增温速率较其他季节的小，为0.12℃/10年。

　　春季平均最高气温为17.2℃，2008年有最大值，为19.2℃，1976年有最小值，为15.4℃。20世纪90年代之前，年平均最高气温年际变化明显，但无明显增温趋势，90年代后，年平均最高气温增加明显。上、中、下游年变化趋势相似，其中以中游增温幅度最大，下游的最小。

　　夏季平均最高气温为27.4℃，1997年有最大值，为29.0℃，1976年有最小值，为25.6℃。平均最高气温的年变化中，上游升温明显，中游无明显变化，下游略有下降。

秋季平均最高气温为 15.7℃，1998 年有最大值，为 18.8℃，1981 年有最小值，为 13.7℃。秋季平均最高气温随时间呈上升趋势，上游和中游升温显著。

冬季平均最高气温为 2.7℃，1998 年有最大值，为 5.7℃，1967 年有最小值，为 -0.6℃。冬季平均最高气温随时间升温明显，尤其在 20 世纪 90 年代后升温显著。上、中游的升温明显，升温速率分别为 0.46℃/10 年、0.43℃/10 年（达到 99%信度标准）。

黄河流域 1961~2010 年季节平均最高气温逐年代变化见表 2.7。

表 2.7 黄河流域 1961~2010 年季节平均最高气温逐年代变化（单位:℃）

年代	春季	夏季	秋季	冬季
1961~1970 年	16.8	27.4	15.1	1.9
1971~1980 年	16.8	27.1	15.5	2.3
1981~1990 年	16.7	26.8	15.5	2.4
1991~2000 年	17.3	27.6	16.1	3.4
2001~2010 年	18.2	27.8	16.3	3.4

黄河上、中、下游 1961~2010 年季节平均最高气温逐年代变化见表 2.8、表 2.9、表 2.10。

表 2.8 黄河上游 1961~2010 年季节平均最高气温逐年代变化（单位:℃）

年代	春季	夏季	秋季	冬季
1961~1970 年	14.5	24.2	12.5	-0.5
1971~1980 年	14.3	24.1	12.7	0.0
1981~1990 年	14.0	24.1	12.8	0.2
1991~2000 年	14.8	24.6	13.5	0.9
2001~2010 年	15.4	25.2	13.8	1.3

表 2.9 黄河中游 1961~2010 年季节平均最高气温逐年代变化（单位:℃）

年代	春季	夏季	秋季	冬季
1961~1970 年	17.9	29.0	16.2	3.1
1971~1980 年	18.0	28.6	16.7	3.3
1981~1990 年	17.9	28.1	16.6	3.5
1991~2000 年	18.6	29.0	17.3	4.7
2001~2010 年	19.6	29.2	17.3	4.4

表 2.10　黄河下游 1961~2010 年季节平均最高气温逐年代变化（单位:℃）

年代	春季	夏季	秋季	冬季
1961~1970 年	20.1	31.6	19.8	5.1
1971~1980 年	19.9	30.7	20.0	5.3
1981~1990 年	20.1	30.9	20.1	5.4
1991~2000 年	20.1	31.2	20.2	6.4
2001~2010 年	20.7	30.8	20.4	6.2

2.2.2　空间差异

　　黄河流域 1961~2010 年平均最高气温呈现西部低、东部高，北部低、南部高的分布态；上、中、下游气温依次升高，与平均气温的分布相似。流域内大部分地区的最高气温随时间变化是升高的，升温速率一般在 0.2℃/10 年以上，且增温显著。而在黄河下游的大部分地区，上、中游的个别站点最高气温随时间呈上升趋势，但增温不明显。

　　黄河流域 1961~2010 年平均最高气温空间分布如图 2.6。

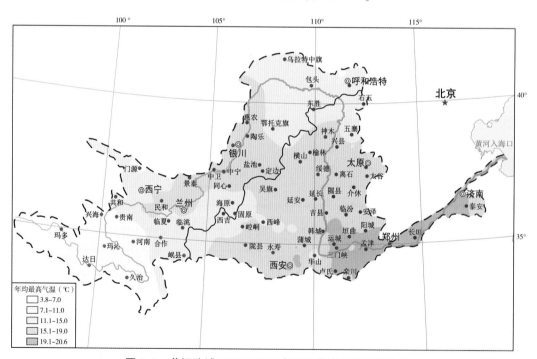

图 2.6　黄河流域 1961~2010 年平均最高气温空间分布

黄河流域 1961~2010 年平均最高气温空间差异如图 2.7。

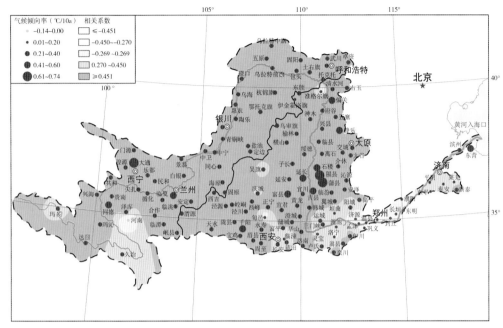

图 2.7　黄河流域 1961~2010 年平均最高气温空间差异

2.3　极端最高气温

黄河流域年极端最高气温在 20 世纪 60 年代较高，70 年代有降低的趋势，到 80 年代中期最低，其后再次出现升高的趋势。年极端高温最大值出现在 1966 年，为 44.4 ℃。上、中、下游极端最高气温有相似的变化趋势，极端高温以中游最高，下游次之，上游略低。

2.3.1　时间变化

1961~2010 年黄河流域年极端气温在 1966 年出现最大值，为 44.4 ℃，1984 年出现最小值，为 38.3 ℃。黄河流域年极端最高气温年代际变化明显，在 20 世纪 60 年代极端高温处于高值区，从 70 年代开始降低，在 80 年代中期有低值区，而后再次升高，目前极端高温处于高值区。

上、中、下游极端最高气温分别为 41.0 ℃、44.4 ℃、42.9 ℃，出现在 2010 年、1966 年、1966 年。中游极端高温最高，下游次之，上游略低。年代际变化与流域有相似的趋势，随时间先降低后升高。黄河流域 1961~2010 年年极端最高气温如图 2.8。

黄河流域 1961~2010 年极端高温逐年代变化见表 2.11。

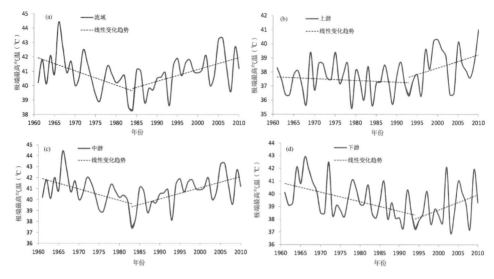

图2.8　黄河流域1961~2010年年极端最高气温

（a）黄河流域；（b）黄河上游；（c）黄河中游；（d）黄河下游

表2.11　黄河流域1961~2010年极端高温逐年代变化（单位：℃）

年代	流域	上游	中游	下游
1961~1970年	44.4	39.4	44.4	42.9
1971~1980年	42.5	39.4	42.0	42.5
1981~1990年	41.1	38.5	41.1	41.0
1991~2000年	41.9	40.3	41.9	40.3
2001~2010年	43.3	41.0	43.3	42.1

极端最高气温四季的变化中不同季节略有差异，同一季节以中游气温最高。

春季极端最高气温在2007年出现最大值，为41.2℃。上、中游极端高温随时间变化略有上升，下游的极端高温呈略降低的趋势。

夏季极端最高气温1966年出现最大值，为44.4℃。流域和中游极端高温随时间先降低后增加，上游则随时间呈上升趋势，而下游呈下降趋势。

秋季极端最高气温1997年有最大值，为40.3℃。极端高温随时间呈上升趋势，在20世纪90年代后期~21世纪前5年，极端高温处于峰值区。

冬季极端最高气温1984年有最大值，为27.9℃。冬季极端高温随时间呈略上升趋势。

黄河流域1961~2010年季节极端高温逐年代变化见表2.12。

表 2.12 黄河流域 1961~2010 年季节极端高温逐年代变化（单位：℃）

年代	春季	夏季	秋季	冬季
1961~1970 年	40.5	44.4	36.6	24.7
1971~1980 年	40.2	42.5	36.1	25.5
1981~1990 年	40.7	41.1	38.8	27.9
1991~2000 年	40.4	41.9	40.3	27.6
2001~2010 年	41.2	43.3	40.1	27.0

黄河上、中、下游 1961~2010 年季节极端高温逐年代变化分别见表 2.13、表 2.14、表 2.15。

表 2.13 黄河上游 1961~2010 年季节极端高温逐年代变化（单位：℃）

年代	春季	夏季	秋季	冬季
1961~1970 年	39.4	38.3	35.1	18.0
1971~1980 年	36.8	39.4	33.5	20.5
1981~1990 年	36.6	38.5	33.6	19.9
1991~2000 年	36.4	40.3	37.6	21.0
2001~2010 年	39.8	41.0	34.8	22.7

表 2.14 黄河中游 1961~2010 年季节极端最高气温逐年代变化（单位：℃）

年代	春季	夏季	秋季	冬季
1961~1970 年	40.5	44.4	36.6	24.7
1971~1980 年	40.2	42.0	36.1	25.5
1981~1990 年	39.4	41.1	38.8	27.9
1991~2000 年	40.4	41.9	40.3	27.6
2001~2010 年	41.2	43.3	40.1	27.0

表 2.15 黄河下游 1961~2010 年季节极端最高气温逐年代变（单位：℃）

年代	春季	夏季	秋季	冬季
1961~1970 年	39.7	42.9	36.2	23.4
1971~1980 年	39.1	42.5	35.1	23.0
1981~1990 年	40.7	41.0	36.9	24.2
1991~2000 年	37.6	40.3	36.2	25.2
2001~2010 年	38.0	42.1	38.5	23.1

2.3.2 空间差异

黄河流域 1961~2010 年极端最高气温空间分布如图 2.9。

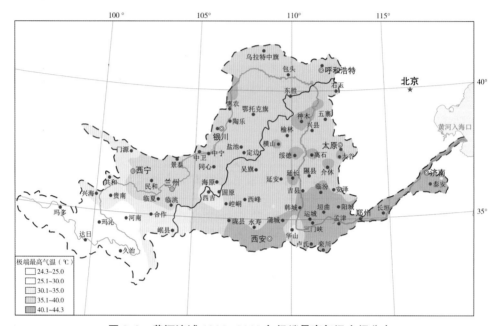

图 2.9　黄河流域 1961~2010 年极端最高气温空间分布

黄河流域 1961~2010 年极端最高气温空间差异如图 2.10。

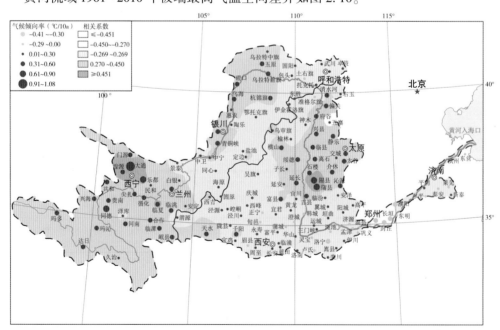

图 2.10　黄河流域 1961~2010 年极端最高气温空间差异

黄河流域极端最高气温的分布为西部低、东部高；上、中、下游气温依次升高，在上游源区极端高温在 28 ℃以下，在中、下游的大部分地区极端高温在 40 ℃以上，上游和中游的大部分地区极端高温在 36～40 ℃。上游和中游的大部分地区极端最高气温随时间变化有升高趋势，尤其在上游的源区一带，极端高温增加显著；中游的部分地区也呈现增加趋势；下游极端最高气温略有下降，且河南省的部分地区下降明显。

2.4 ≥35 ℃高温日数

黄河流域大于 35 ℃高温随时间整体呈略增加趋势，1997 年有最大值，为 12.9 天。上、中、下游大于 35 ℃高温日数分别为 1.0 天、7.2 天、10.2 天，随时间变化上游有明显增加趋势，中游呈略增加趋势，下游呈现减少趋势。

2.4.1 时间变化

黄河流域 1961～2010 年大于 35 ℃高温日数平均为 5.2 天，1997 年有最大值，为 12.9 天，1984 年有最小值，为 1.2 天。高温日数随时间变化呈略上升趋势。

上游大于 35 ℃高温日数平均为 1.0 天，最大值出现在 2010 年，为 4.1 天，随时间变化呈增加趋势，速率为 0.28 日/10 年（达到 99%信度标准）。中游平均为 7.2 天，1997 年有最大值，为 19.6 天，1983 年有最小值，为 1.3 天，随时间变化呈增加趋势。下游平均为 10.2 日，1967 年有最大值，为 26.9 天，2008 年有最小值，为 1.9 天，随时间变化呈下降趋势，速率为 1.0 日/10 年变化（达到 95%信度标准）如图 2.11。

黄河流域 1961～2010 年≥35 ℃高温日数逐年代变化见表 2.16。

表 2.16 黄河流域 1961～2010 年≥35 ℃高温日数逐年代变化（单位：天）

年代	流域	上游	中游	下游
1961～1970 年	5.7	0.6	7.7	15.4
1971～1980 年	4.7	0.8	6.7	8.9
1981～1990 年	3.3	0.5	4.4	8.0
1991～2000 年	5.6	1.4	7.9	9.3
2001～2010 年	6.5	1.7	9.2	9.6

2.4.2 空间差异

黄河流域 1961～2010 年≥35 ℃高温日数的分布在上、中、下游呈现增加趋势。上

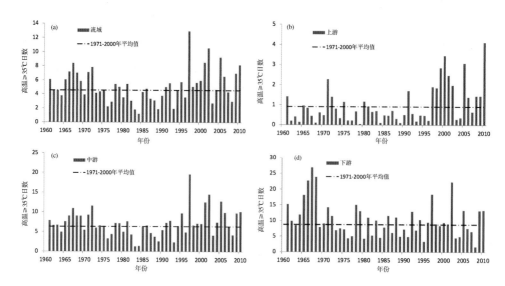

图 2.11　黄河流域 1961~2010 年年平均≥35 ℃高温日数

（a）黄河流域；（b）黄河上游；（c）黄河中游；（d）黄河下游

游、中游的大部≥35 ℃的年平均高温日数在 5 日以内，中游高温日数较多，尤其在陕西、山西、河南交界处，高温日数在 16 日以上。流域内高温日数的变化略有差异，在源区、河套、河套以南中游的大部分地区高温日数呈现增加趋势，且增加明显；下游的大部呈现减少趋势，且减少显著。上、中游的部分地区，高温日数变化趋势不明显。

黄河流域 1961~2010 年≥35 ℃高温日数空间分布如图 2.12。

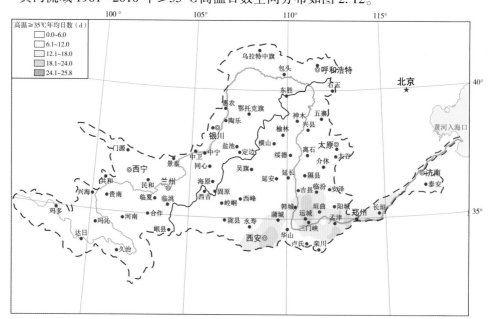

图 2.12　黄河流域 1961~2010 年≥35 ℃高温日数空间分布

黄河流域 1961~2010 年≥35 ℃高温日数空间差异如图 2.13。

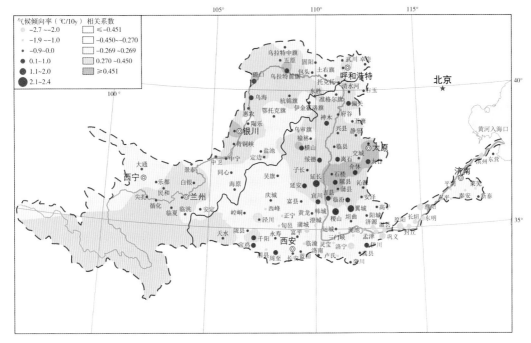

图 2.13　黄河流域 1961~2010 年≥35 ℃高温日数空间差异

2.5　≥38 ℃高温日数

黄河流域≥38 ℃高温日数随时间无明显变化趋势。上、中、下游分别为 0.0 天、0.9 天、1.0 天。上游在 2000 年以后高温日数增加，中游随时间先减少后增加，下游有略减少趋势（图 2.14）。

2.5.1　时间变化

黄河流域 1961~2010 年≥38 ℃高温日数平均为 0.6 天，2005 年有最大值，为 2.2 天，随时间变化为略减少趋势。

上游≥38 ℃高温日数出现极少，仅个别年份出现，在 2000 年，上游平均为 0.5 天。中游高温日数平均为 0.9 天，2005 年有最大值，为 3.5 天，随时间变化不明显。下游平均为 1.0 天，1966 年有最大值，为 5.9 天，随时间变化呈下降趋势。黄河流域 1961~2010 年≥38 ℃高温日数逐年代变化见表 2.17。

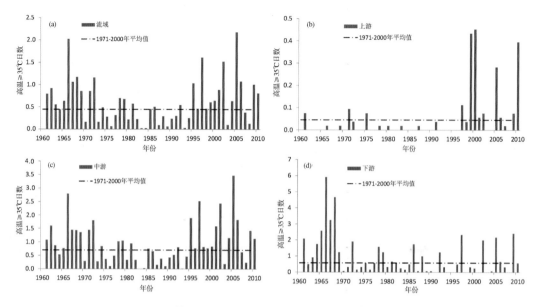

图 2.14　黄河流域 1961~2010 年年平均≥38℃高温日数

（a）黄河流域；（b）黄河上游；（c）黄河中游；（d）黄河下游

表 2.17　黄河流域 1961~2010 年≥38℃高温日数逐年代变化（单位：天）

年代	流域	上游	中游	下游
1961~1970 年	0.9	0.0	1.2	2.3
1971~1980 年	0.5	0.0	0.8	0.7
1981~1990 年	0.3	0.0	0.4	0.5
1991~2000 年	0.6	0.1	0.9	0.5
2001~2010 年	0.9	0.1	1.4	0.8

2.5.2　空间差异

黄河流域 1961~2010 年≥38℃高温日数的较少，大部分地区高温日数都在 1 天左右，仅在黄河中下游高温日数在 2~6 日。流域内≥38℃高温日数的变化不大，只在中下游的部分地区呈下降趋势，且减少趋势显著；在上、中游的部分地区高温日数略有增加；流域内其他地区无明显变化。

黄河流域 1961~2010 年≥38℃高温日数空间分布如图 2.15。

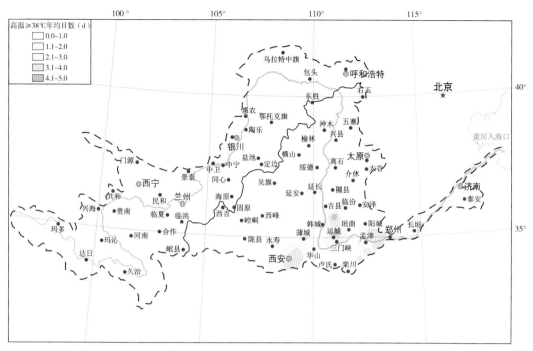

图 2.15　黄河流域 1961~2010 年≥38 ℃高温日数空间分布

黄河流域 1961~2010 年≥38 ℃高温日数空间差异如图 2.16。

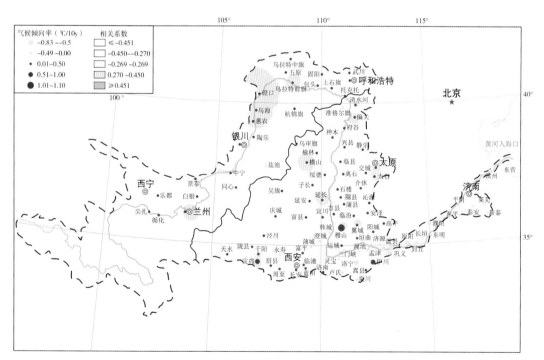

图 2.16　黄河流域 1961~2010 年≥38 ℃高温日数空间差异

2.6 平均最低气温

黄河流域年平均最低气温随时间有明显的上升趋势，50年增温速率为0.38℃/10年，20世纪90年代后期增温明显。四季气温均呈现上升趋势，冬季增温显著，其次为春季，夏、秋季不明显。上、中、下游年平均最低气温随时间均呈上升趋势，其中黄河源区和河套的部分地区增温明显。

2.6.1 时间变化

1961~2010年黄河流域年平均最低气温为3.4℃，2006年有最大值，为4.9℃，1962年有最低值，为2.4℃。黄河流域年平均最低气温随时间有明显的上升趋势，平均增温速率为0.38℃/10年（达到99%信度标准）。平均最低气温年代际变化明显，20世纪90年代以后增温显著。

上、中、下游平均最低气温分别为-0.5℃、5.2℃、8.8℃，上、中、下游增温显著，增温速率分别为0.51℃/10年、0.29℃/10年、0.38℃/10年，均达到99%的信度标准（图2.17），在20世纪90年代后期增温更加明显，其中上游增温速率最大。

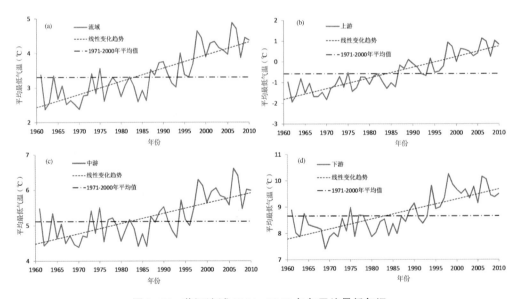

图2.17 黄河流域1961~2010年年平均最低气温

（a）黄河流域；（b）黄河上游；（c）黄河中游；（d）黄河下游

黄河流域1961~2010年平均最低气温逐年代变化见表2.18。

表 2.18　黄河流域 1961~2010 年平均最低气温逐年代变化（单位：℃）

年代	流域	上游	中游	下游
1961~1970 年	2.7	-1.4	4.8	8.2
1971~1980 年	3.0	-1.0	5.0	8.3
1981~1990 年	3.2	-0.6	5.0	8.4
1991~2000 年	3.7	-0.1	5.4	9.2
2001~2010 年	4.3	0.7	6.0	9.6

平均最低气温四个季节均呈现上升趋势，不同季节升温速率存在差异，其中冬季增幅最大，秋季最小。冬季、春季增温速率较明显，升温速率分别为 0.62 ℃/10 年、0.36 ℃/10 年（达到 99% 信度标准）。夏季、秋季增温速率分别为 0.28 ℃/10 年（达到 95% 信度标准）、0.27 ℃/10 年（达到 99% 信度标准）。

春季平均最低气温为 3.9 ℃，1998 年最高，为 5.5 ℃，1962 年最低，为 1.6 ℃。春季气温有明显的年际和年代际变化（表 2.6.2），在 20 世纪 90 年代中后期增温显著。上、中、下游平均最低气温变化相似，在 20 世纪 90 年代后期增温显著，其中上游和下游增温幅度大于中游。

夏季平均最低气温为 15.6 ℃，2010 年最高，为 13.7 ℃，最小值出现在 1965 年，为 10.3 ℃。上、中、下游均呈增温趋势，上游增温最显著，增温速率为 0.44 ℃/10 年（达到 99% 信度标准），中、下游增温幅度为 0.19 ℃/10 年、0.18 ℃/10 年。

秋季平均最低气温为 4.0 ℃，2006 年有最高，为 5.7 ℃；1986 年有最低，为 2.5 ℃。上、中、下游均呈现增温趋势，其中上游升温显著，升温速率为 0.41 ℃/10 年（达到 99% 信度标准）；下游次之，中游增温幅度略小。

冬季平均最低气温为 -9.8 ℃，2001 年最高，为 -7.5 ℃，1967 年最低，为 -13.7 ℃。冬季平均最低气温随时间升温明显，上、中、下游升温速率分别为 0.79 ℃/10 年、0.51 ℃/10 年、0.61 ℃/10 年，升温明显，均达到 99% 信度检验。

黄河流域 1961~2010 年季节平均最低气温逐年代变化见表 2.19。

表 2.19　黄河流域 1961~2010 年季节平均最低气温逐年代变化（单位：℃）

年代	春季	夏季	秋季	冬季
1961~1970 年	3.4	15.1	3.5	-11.2
1971~1980 年	3.5	15.3	3.7	-10.2
1981~1990 年	3.6	15.2	3.9	-9.8
1991~2000 年	4.2	15.9	4.0	-9.2
2001~2010 年	4.8	16.3	4.7	-8.6

黄河上、中、下游 1961~2010 年季节平均最低气温逐年代变化见表 2.20、表 2.21、表 2.22。

表 2.20　黄河上游 1961~2010 年季节平均最低气温逐年代变化（单位:℃）

年代	春季	夏季	秋季	冬季
1961~1970 年	-0.3	10.9	-0.5	-16.0
1971~1980 年	-0.1	11.2	-0.3	-14.7
1981~1990 年	0.2	11.5	0.0	-14.1
1991~2000 年	0.9	12.1	0.3	-13.5
2001~2010 年	1.4	12.7	1.2	-12.7

表 2.21　黄河中游 1961~2010 年季节平均最低气温逐年代变化（单位:℃）

年代	春季	夏季	秋季	冬季
1961~1970 年	5.2	17.1	5.4	-8.8
1971~1980 年	5.2	17.2	5.5	-8.0
1981~1990 年	5.2	16.9	5.6	-7.7
1991~2000 年	5.7	17.5	5.6	-7.2
2001~2010 年	6.4	17.9	6.3	-6.7

表 2.22　黄河下游 1961~2010 年季节平均最低气温逐年代距平变化（单位:℃）

年代	春季	夏季	秋季	冬季
1961~1970 年	7.7	21.3	9.1	-5.4
1971~1980 年	7.8	21.0	9.1	-4.7
1981~1990 年	8.2	21.1	9.2	-4.5
1991~2000 年	8.9	21.7	9.7	-3.3
2001~2010 年	9.5	21.7	10.2	-3.0

2.6.2　空间差异

黄河流域 1961~2010 年平均最低气温的分布随黄河流经方向依次上升，在黄河的上游大部分地区气温在 0℃ 以下，到中游气温升高至 7℃ 左右，下游气温基本在 7℃ 以上。流域内除个别站点外，平均最低气温总体呈现上升趋势，且增温显著。流域增温速率一般在 0.3℃/10 年以上，其中在源区和河套的部分地区增温 0.6℃/10 年以上，增温明显。

黄河流域 1961~2010 年平均最低气温空间分布如图 2.18，黄河流域 1961~2010 年平均最低气温空间差异如图 2.19。

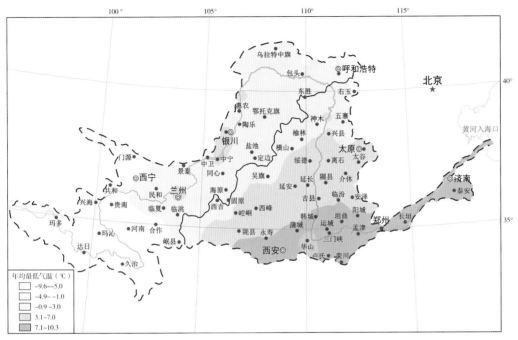

图 2.18　黄河流域 1961~2010 年平均最低气温空间分布

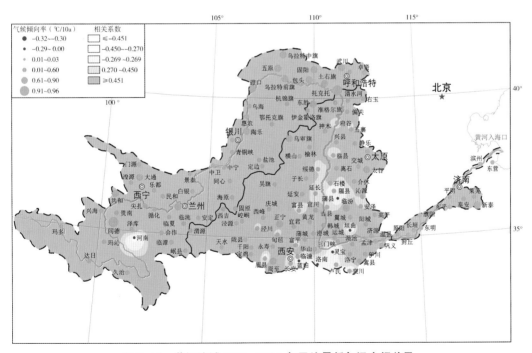

图 2.19　黄河流域 1961~2010 年平均最低气温空间差异

2.7 极端最低气温

1961~2010年黄河流域年极端最低气温在1978年有最小值，为-48.1℃。上、中、下游极端最低气温以上游最低，中游次之。

2.7.1 时间变化

1961~2010年黄河流域历年极端最低气温在1978年有最小值，为-48.1℃，黄河流域年极端最低气温年际变化明显。20世纪80年代后，年极端最低气温有略增加趋势。上、中、下游极端最低气温以上游最低，中游次之，下游相对略高。上游年极端最低气温在1978年有最小值，为-48.1℃，中游在1971年有最小值，为-40.4℃，下游在1972年有最小值，为-20.9℃。

黄河流域1961~2010年年极端最低气温如图2.20。

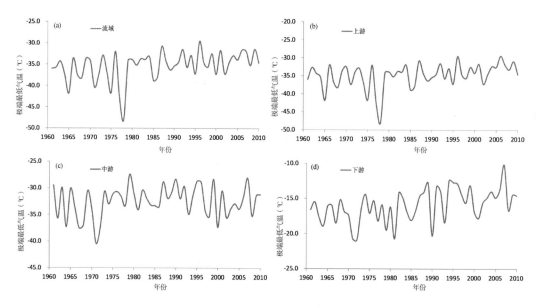

图2.20 黄河流域1961~2010年年极端最低气温

（a）黄河流域；（b）黄河上游；（c）黄河中游；（d）黄河下游

黄河流域1961~2010年极端最低气温逐年代变化见表2.23。

表2.23 黄河流域1961~2010年极端最低气温逐年代变化（单位：℃）

年代	流域	上游	中游	下游
1961~1970年	-41.8	-41.8	-37.5	-18.9
1971~1980年	-48.1	-48.1	-40.4	-20.9

年代	流域	上游	中游	下游
1981~1990 年	−38.8	−38.8	−34.1	−20.7
1991~2000 年	−37.3	−37.2	−37.3	−18.4
2001~2010 年	−37.2	−37.2	−35.5	−17.8

黄河流域 1961~2010 年季节极端最低气温逐年代变化见表 2.24。

表 2.24　黄河流域 1961~2010 年季节极端最低气温逐年代变化（单位：℃）

年代	春季	夏季	秋季	冬季
1961~1970 年	−28.5	−11.4	12.8	−41.8
1971~1980 年	−31.1	−9.9	13.7	−48.1
1981~1990 年	−32.4	−7.1	13.4	−38.8
1991~2000 年	−27.4	−7.6	13.9	−37.3
2001~2010 年	−28.1	−8.7	16.3	−37.2

黄河上、中、下游 1961~2010 年季节极端最低气温逐年代变化分别见表 2.25、表 2.26、表 2.27。

表 2.25　黄河上游 1961~2010 年季节极端最低气温逐年代变化（单位：℃）

年代	春季	夏季	秋季	冬季
1961~1970 年	−28.5	−11.4	12.8	−41.8
1971~1980 年	−31.1	−9.9	13.7	−48.1
1981~1990 年	−32.4	−7.1	13.4	−38.8
1991~2000 年	−27.4	−7.6	13.9	−37.3
2001~2010 年	−28.0	−8.7	16.3	−37.2

表 2.26　黄河中游 1961~2010 年季节极端最低气温逐年代变化（单位：℃）

年代	春季	夏季	秋季	冬季
1961~1970 年	−26.2	−2.2	18.0	−40.4
1971~1980 年	−26.2	−0.6	19.2	−37.4
1981~1990 年	−29.3	−2.1	18.3	−34.1
1991~2000 年	−26.3	−0.7	19.9	−37.3
2001~2010 年	−28.1	0.3	19.7	−35.5

表 2.27　黄河下游 1961~2010 年季节极端最低气温逐年代变化（单位：℃）

年代	春季	夏季	秋季	冬季
1961~1970 年	-12.0	6.6	28.9	-18.9
1971~1980 年	-13.5	9.6	28.6	-20.9
1981~1990 年	-10.5	9.6	27.8	-20.3
1991~2000 年	-10.0	9.1	30.4	-17.8
2001~2010 年	-8.8	10.3	28.7	-16.6

春季极端最低气温平均值为-25.8 ℃，在 2008 年有最大值，达-21.2 ℃，最小值为-32.4 ℃，出现在 1986 年。夏季极端最低气温平均值为-6.3 ℃，在 2010 年有最大值，达-3.3 ℃，最小值出现在 1961 年，为-11.4 ℃。秋季极端最低气温平均值为 16.6 ℃，在 2010 年有最大值，达 20.2 ℃，最小值为 12.8 ℃，出现在 1967 年。冬季极端最低气温平均值为-35.1 ℃，最大值为-30.4 ℃，出现在 2001 年，1977 年有最小值，为-48.1 ℃。

2.7.2　空间差异

黄河流域 1961~2010 年极端最低气温的分布随黄河径流方向呈现增加趋势。在源区、河套的部分地区极端低温在-28 ℃以下；中、下游的大部极端低温在-22 ℃以上。在其空间变化中，上游和下游的大部分地区，极端低温有增加的趋势，且增加显著；中游的大部分地区，极端低温呈略降低趋势，但其变化不明显。

黄河流域 1961~2010 年极端最低气温空间分布如图 2.21，黄河流域 1961~2010 年极端最低气温空间差异如图 2.22。

2.8　≤0 ℃低温日数

黄河流域≤0 ℃低温日数随时间变化呈现下降趋势。上、中、下游分别为 181.4 天、125.9 天、97.6 天。上、中、下游的低温日数随时间变化均呈现下降趋势，其中下游的下降趋势明显。

2.8.1　时间变化

1961~2010 年黄河流域≤0 ℃低温日数平均为 144.1 天，1970 年有最高值，为 159.3 天，2007 年有最低值，为 127.7 天，随时间变化呈略下降趋势，速率为-3.6 日/10 年（通过 99%信度标准）。

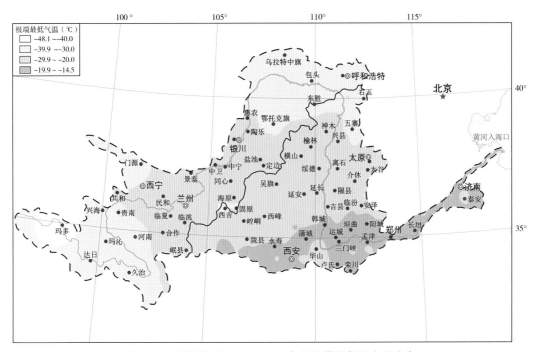

图 2.21　黄河流域 1961~2010 年极端最低气温空间分布

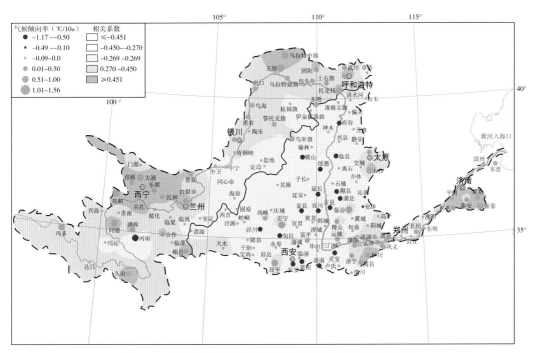

图 2.22　黄河流域 1961~2010 年极端最低气温空间差异

上游小于 0 ℃低温日数平均为 181.4 天，1962 年有最高值，为 198.2 天，1998 年有最低值，为 164.4 天。随时间变化呈下降趋势，下降速率为 4.2 日/10 年（通过 99%信度标准）。中游低温日数平均为 125.9 天，1970 年有最高值，为 141.3 天，2007 年有最低值，为 109.2 天。随时间变化呈下降趋势，下降速率为 2.9 日/10 年（通过 99%信度标准）。下游低温日数平均为 97.6 日，1969 年有最高值，为 122.8 天，2007 年有最低值，为 73.3 天。随时间变化呈下降趋势，下降速率为 5.3 日/10 年（通过 99%信度标准）。黄河流域 1961~2010 年≤0 ℃高温日数如图 2.23。

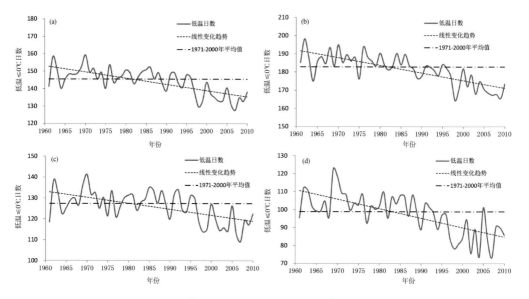

图 2.23　黄河流域 1961~2010 年≤0 ℃高温日数

（a）黄河流域；（b）黄河上游；（c）黄河中游；（d）黄河下游

黄河流域 1961~2010 年≤0 ℃低温日数逐年代变化见表 2.28。

表 2.28　黄河流域 1961~2010 年≤0℃低温日数逐年代变化（单位：天）

年代	流域	上游	中游	下游
1961~1970 年	149.4	187.7	130.1	106.0
1971~1980 年	147.8	186.7	128.2	102.9
1981~1990 年	146.9	183.2	129.0	102.3
1991~2000 年	142.0	178.6	124.9	91.3
2001~2010 年	134.4	170.7	117.2	85.6

2.8.2 空间差异

黄河流域 1961~2010 年≤0℃低温日数随黄河径流方向呈现减少趋势。在黄河源区低温日数在 200 日以上；青海和内蒙古的大部低温日数为 150~200 日；中游低温日数一般为 100~150 日；下游低温日数在 100 日以内。流域内除个别站点外，低温日数随时间均呈现减少的趋势，且减少显著。在上游和下游的大部分地区低温日数以 3 日/10年以上的速率减少；中游部分地区低温日数增加幅度小且变化不明显。

黄河流域 1961~2010 年≤0℃低温日数空间分布如图 2.24。

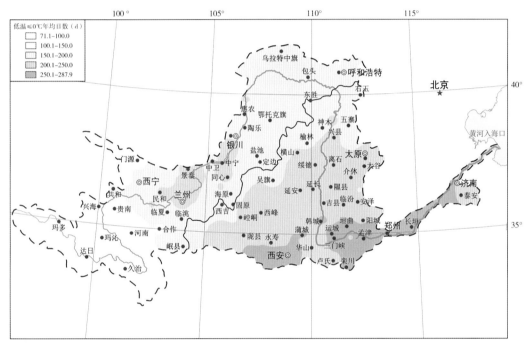

图 2.24　黄河流域 1961~2010 年≤0℃低温日数空间分布

2.9　≤-10℃低温日数

黄河流域≤-10℃低温日数随时间变化呈减少趋势。上、中、下游分别为 85.9 天、32.5 天、8.1 天。均呈现减少的降势，其中上游减少趋势明显。

黄河流域 1961~2010 年≤-10℃低温日数空间差异如图 2.25。

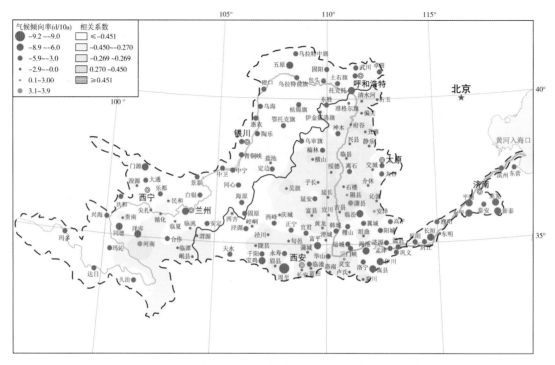

图 2.25　黄河流域 1961~2010 年 ≤ -10℃ 低温日数空间差异

2.9.1　时间变化

　　黄河流域 1961~2010 年 ≤ -10 ℃ 低温日数平均为 50.3 天，1967 年有最大值，为 67.9 天，2002 年有最小值，为 36.6 天。低温日数随时间呈减少趋势，速率为 -3.8 日/10 年（达到 99% 信度标准）。

　　上游 < -10 ℃ 低温日数平均为 85.9 天，1967 年有最大值，为 104.0 天，2002 年有最小值，为 67.4 天。随时间变化呈减少趋势，速率为 -5.7 日/10 年（达到 99% 信度标准）。中游低温日数平均为 32.5 天，1967 年有最大值，为 50.5 天，2002 年有最小值，为 20.1 天。随时间变化呈减少趋势，速率为 -2.7 日/10 年（达到 99% 信度标准）。下游低温日数平均为 8.1 天，1969 年有最大值，为 23.1 天，2007 年有最小值，为 0.3 天，出现在 2007 年。随时间变化呈减少趋势，速率为 -2.5 日/10 年（达到 99% 信度标准）。黄河流域 1961~2010 年 ≤ -10 ℃ 低温日数如图 2.26。

　　黄河流域 1961~2010 年 ≤ -10℃ 低温日数逐年代变化见表 2.29。

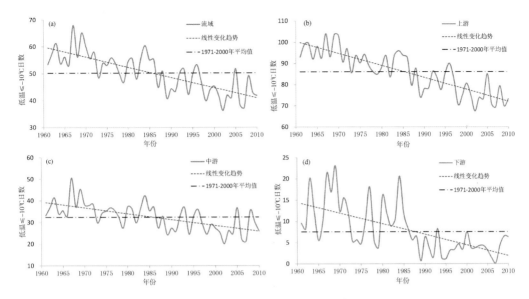

图 2.26　黄河流域 1961～2010 年 ≤-10 ℃低温日数
（a）黄河流域；（b）黄河上游；（c）黄河中游；（d）黄河下游

表 2.29　黄河流域 1961～2010 年 ≤-10 ℃低温日数逐年代变化（单位：天）

年代	流域	上游	中游	下游
1961～1970 年	58.4	97.8	38.5	14.0
1971～1980 年	53.0	90.0	34.5	9.7
1981～1990 年	51.1	87.3	32.9	9.1
1991～2000 年	46.6	81.0	29.9	3.8
2001～2010 年	42.2	73.7	26.8	3.8

2.9.2　空间差异

黄河流域 1961～2010 年 ≤-10 ℃低温日数随黄河流经方向呈现减少趋势。在黄河源区低温日数在 120 日以上；青海和内蒙古的大部低温日数为 60～120 日；中游低温日数一般为 30～60 日；下游低温日数在 30 日以内。流域内除个别站点外，低温日数随时间均呈现减少的趋势，且减少显著。在上游的大部分地区低温日数以 3 日/10 年以上的速率减少，部分站点减少速率在 3 日/10 年以上；中、下游部分地区低温日数减少幅度较上游小，部分地区无明显变化。

黄河流域 1961～2010 年 ≤-10 ℃低温日数空间分布如图 2.27，黄河流域 1961～2010 年 ≤-10 ℃低温日数空间差异如图 2.28。

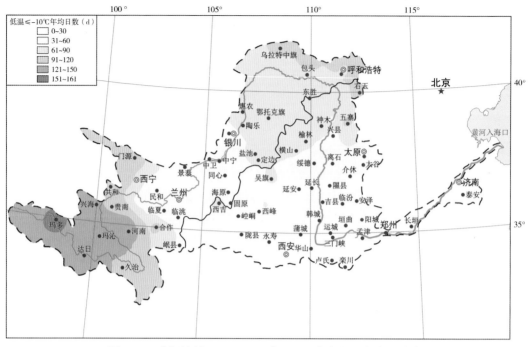

图 2.27　黄河流域 1961~2010 年 ≤−10 ℃低温日数空间分布

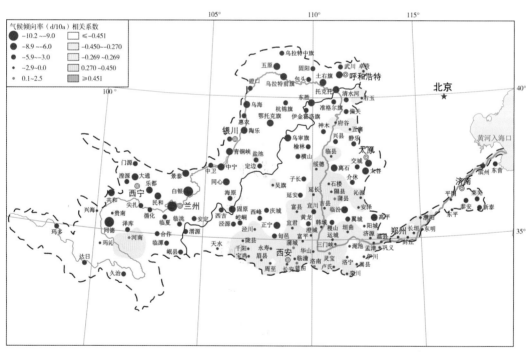

图 2.28　黄河流域 1961~2010 年 ≤−10 ℃低温日数空间差异

2.10 降水量

黄河流域年降水量多年平均空间分布特征为北少南多分布。呈减少趋势，降水下降速率为 10.7 mm/10 年，在空间变化分布上，除黄河源头、河西走廊和河套北部地区降水量微增，其他大部分地区降水量都在减少，特别是黄河中游山西境内减少最显著，中游渭河流域年降水减少速度有所减缓，近 10 年渭河流域年降水量有所回升，夏季降水的增加对其贡献较大；在季节变化方面，黄河流域除了冬季外其他三个季节的降水量都是负趋势，特别是秋季降水量是四季中减少最显著的季节，对年降水量贡献最大。年降水在 1985 年前后有一个突变点，其中，上游年降水没有发生突变，中游年降水在 1971 年、1977 年前后发生两次突变，下游年降水量在 1965 年前后发生突变。

2.10.1 时间变化

黄河流域年降水量为 477.8 mm，最大值为 700.8 mm，出现在 1964 年；1997 年为历年最小（350.3 mm）。降水在 20 世纪 60 年代和 80 年代中期到 2000 年年际变化较大，60 年代偏多，90 年代偏少。1961~2010 年黄河流域年降水量具有较显著的下降趋势，下降速率为 11.3 mm/10 年。1980 和 1985 为突变点。

黄河流域上游年降水量为 348.3 mm，最大值为 495.0 mm，出现在 1967 年；1965 年为历年最小（238.2 mm）。降水年际变化较大，20 世纪 60 年代偏多，90 年代偏少。1961~2010 年黄河流域上游年降水量具有不显著的下降趋势，下降速率为 5.3 mm/10 年。

黄河流域中游年降水量为 527.8 mm，最大值为 790.8 mm，出现在 1964 年；1997 年为历年最小（327.8 mm）。降水年际变化较大，20 世纪 60 年代偏多，90 年代偏少。1961~2010 年黄河流域中游年降水量具有显著的下降趋势，下降速率为 16.4 mm/10 年（通过了 95% 信度检验）。

黄河流域下游年降水量为 616.7 mm，最大值为 1029.2 mm，出现在 1964 年；2002 年为历年最小（383.2 mm）。降水年际变化较大，20 世纪 60 年代最多，90 年代最少。1961~2010 年黄河流域下游年降水量下降速率为 6.9 mm/10 年，变化不明显。黄河流域 1961~2010 年降水量时间变化趋势如图 2.29。

黄河流域 1961~2010 年降水量逐年代平均变化见表 2.30。

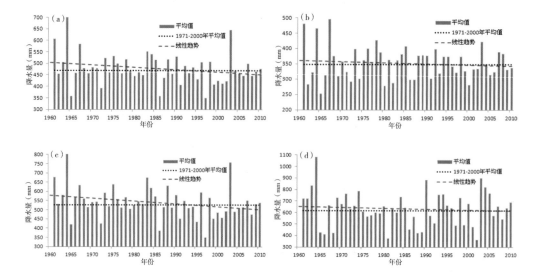

图 2.29　黄河流域 1961~2010 年降水量时间变化趋势

（a）全流域；（b）上游；（c）中游；（d）下游

表 2.30　黄河流域 1961~2010 年降水量逐年代平均变化（单位：mm）

年代	全流域	上游	中游	下游
1961~1970 年	509.0	364.7	582.5	669.3
1971~1980 年	477.7	351.8	537.5	645.3
1981~1990 年	481.9	352.3	555.6	575.2
1991~2000 年	446.5	340.7	490.2	629.7
2001~2010 年	473.4	352.8	529.8	639.0

由图 2.30 的 M-K 检验结果可以看出，年降水量 UF、UB 曲线在 1980 年、1985 年前后两次相交，初步判断是突变点，再进一步通过滑动检验来验证，经计算第一次突变前平均值为 493.4 mm、均方差为 5563.5 mm，突变后平均值为 467.4 mm、均方差为 3478.7 mm，计算 t 值为 1.37，用 t 分布的数值表进行检验，第一次突变没有通过显著性水平检验，不是一次真正的突变；第二次突变前平均值为 495.5 mm、均方差为 4776.3 mm，突变后平均值为 460 mm、均方差为 3514.0 mm，计算 t 值为 1.95；第二次突变在 90% 的显著性水平上，两种检验方法都证明年降水量在 1985 年前后存在突变。

用同样的方法分别检验上、中、下游年降水量和雨日在下降时是否存在突变，其中，上游年降水量没有发生突变；中游年降水量在 1971 年、1977 年前后发生两次突变；下游年降水量在 1965 年前后发生突变。

黄河流域 1961~2010 年春季平均降水量为 85.4 mm，最大值为 174.3 mm，出现在

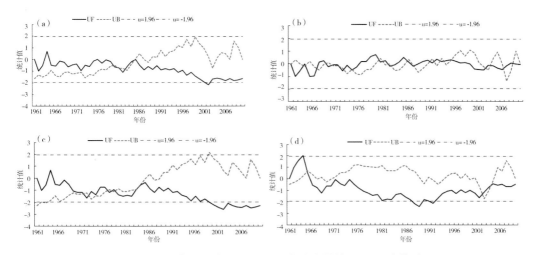

图 2.30　黄河流域 1961~2010 年降水量的 M-K 突变检验

（a）黄河流域；（b）黄河上游；（c）黄游中游；（d）黄河下游；虚线为 95%信度水平

1964 年；最小值为 31.0 mm，出现在 1962 年，降水年际变化较大，20 世纪 60 年代偏多，70 年代偏少。1961~2010 年黄河流域春季降水量下降速率为 1.1 mm/10 年。

　　黄河流域 1961~2010 年夏季平均降水量为 259.5 mm，最大值为 333.6 mm，出现在 1964 年；1965 年为历年最小，降水仅 163.5 mm，降水年际变化较大，20 世纪 70 年代偏多，2000 年以来偏少。1961~2010 年黄河流域夏季降水量下降速率为 2.9 mm/10 年。

　　黄河流域 1961~2010 年秋季平均降水量为 107.8 mm，最大值为 204.8 mm，出现在 1961 年；1998 年为历年最小，降水仅 40.0 mm，降水年际变化较大，20 世纪 60 年代偏多，90 年代偏少。1961~2010 年黄河流域秋季降水量下降速率为 7.5 mm/10 年。

　　黄河流域 1961~2010 年冬季平均降水量为 14.3 mm，最大值为 41.4 mm，出现在 1989 年；1998 年为历年最小，降水仅 1.8 mm，降水年际变化较大，2000 年以来和 20 世纪 70 年代偏多，90 年代偏少。1961~2009 冬季黄河流域年降水量上升速率为 0.7 mm/10 年。黄河流域 1961~2010 年季节降水量逐年代平均变化见表 2.31。

表 2.31　黄河流域 1961~2010 年季节降水量逐年代平均变化（单位：mm）

年代	春季	夏季	秋季	冬季
1961~1970 年	98.4	259.9	140.1	11.4
1971~1980 年	77.3	268.0	116.7	15.1
1981~1990 年	91.0	266.2	110.1	14.5
1991~2000 年	84.0	256.9	94.6	12.1
2001~2010 年	80.7	254.9	120.1	16.5

　　黄河流域上游地区 1961~2010 年春季平均降水量为 64.9 mm，最大值为 125.3 mm，

出现在 1967 年；1962 年为历年最小，降水仅 24.4 mm，降水年际变化较大，60 年代偏多，20 世纪 70 年代偏少。1961~2010 黄河流域上游春季降水量上升速率为 0.3 mm/10 年。

黄河流域上游地区 1961~2010 年夏季平均降水量为 203.4 mm，最大值为 279.9 mm，出现在 1979 年；1965 年为历年最小，降水仅 113.5 mm，降水年际变化较大，90 年代偏多，2000 年以来偏少。1961~2010 年黄河流域上游夏季降水量下降速率为 3.3 mm/10 年。

黄河流域上游地区 1961~2010 年秋季平均降水量为 72.9 mm，最大值为 140.9 mm，出现在 1961 年；1986 年为历年最小，降水仅 34.5 mm，降水年际变化较大，60 年代偏多，90 年代偏少。1961~2010 年黄河流域上游秋季降水量下降速率为 2.7 mm/10 年。

黄河流域上游地区 1961~2010 年冬季平均降水量为 7.1 mm，最大值为 12.0 mm，出现在 1988 年、2010 年；1998 年为历年最小，降水仅 0.9 mm，降水年际变化较大，60 年代异常偏少。1961~2009 年黄河流域上游冬季降水量具有显著的上升趋势，上升速率为 0.5 mm/10 年（通过了 95%信度检验）。

黄河上游 1961~2010 年季节降水量逐年代平均变化见表 2.32。

表 2.32 黄河上游 1961~2010 年季节降水量逐年代平均变化（单位：mm）

年代	春季	夏季	秋季	冬季
1961~1970 年	67.8	207.5	84.9	4.5
1971~1980 年	54.3	209.9	80.7	6.4
1981~1990 年	67.9	204.5	72.4	7.3
1991~2000 年	60.6	210.1	63.0	6.8
2001~2010 年	66.5	194.6	84.3	7.2

黄河流域中游地区春季平均降水量为 97.0 mm，最大值为 205.5 mm，出现在 1964 年；2001 年为历年最小，降水仅 33.1 mm，降水年际变化较大，60 年代偏多，70 年代偏少。1961~2010 年黄河流域中游春季下降速率为 3.1 mm/10 年。

黄河流域中游地区夏季平均降水量为 278.7 mm，最大值为 402.5 mm，出现在 1988 年；1997 年为历年最小，降水为 140.7 mm，降水年际变化较大，70 年代偏多，90 年代以来偏少。1961~2010 年黄河流域中游夏季降水量下降速率为 3.2 mm/10 年。

黄河流域中游地区秋季平均降水量为 131.4 mm，最大值为 265.0 mm，出现在 2003 年；1998 年为历年最小，降水仅 41.6 mm，降水年际变化较大，60 年代偏多，90 年代偏少。1961~2010 年黄河流域中游秋季降水量具有显著的下降趋势，下降速率为 11.2

mm/10 年 (通过了 95% 信度检验)。

黄河流域中游地区冬季平均降水量为 18.0 mm, 最大值为 57.0 mm, 出现在 1989 年; 1998 年为历年最小, 降水仅 2.1 mm, 降水年际变化较大, 90 年代偏少, 2000 年以来偏多。1961~2009 年黄河流域中游冬季降水量上升速率为 1.1 mm/10 年。

黄河中游 1961~2010 年季节降水量逐年代平均变化见表 2.33。

表 2.33 黄河中游 1961~2010 年季节降水量逐年代平均变化 (单位: mm)

年代	春季	夏季	秋季	冬季
1961~1970 年	118.2	273.1	178.0	14.6
1971~1980 年	92.1	285.0	140.2	19.6
1981~1990 年	105.5	295.3	136.4	18.2
1991~2000 年	97.4	266.9	113.2	14.2
2001~2010 年	87.0	273.5	145.9	22.0

黄河流域下游地区春季平均降水量为 100.1 mm, 最大值为 212.3 mm, 出现在 1964 年; 2001 年为历年最小, 降水仅 17.9 mm。降水年际变化较大, 20 世纪 60 年代偏多, 70 年代偏少。1961~2010 年黄河流域下游春季降水量具有上升趋势, 上升速率为 1.3 mm/10 年。

黄河流域下游地区夏季平均降水量为 376.9 mm, 最大值为 603.9 mm, 出现在 2004 年; 1968 年为历年最小, 降水仅 181.1 mm, 降水年际变化较大, 20 世纪 70 年代偏多, 80 年代偏少。1961~2010 年黄河流域下游夏季降水量具有下降趋势, 下降速率为 0.6 mm/10 年。

黄河流域下游地区秋季平均降水量为 109.5 mm, 最大值为 283.5 mm, 出现在 2003 年; 1998 年为历年最小, 降水仅 15.0 mm, 降水年际变化较大, 20 世纪 90 年代以来 2~3 年周期明显。20 世纪 60 年代偏多, 80 年代偏少。1961~2010 年黄河流域下游秋季降水量具有显著的下降趋势, 下降速率为 8.0 mm/10 年 (通过了 95% 信度检验)。

黄河流域下游地区冬季平均降水量为 21.4 mm, 最大值为 72.6 mm, 出现在 1989 年; 1976、1983 年为历年最小, 降水仅 1.7 mm, 降水年际变化较大, 90 年代偏少, 70 年代和 2000 年以来偏多。1961~2009 年黄河流域下游冬季降水量有上升趋势, 上升速率为 0.02 mm/10 年。

黄河下游 1961~2010 年季节降水量逐年代平均变化见表 2.34。

表2.34　黄河下游1961~2010年季节降水量逐年代平均变化（单位：mm）

年代	春季	夏季	秋季	冬季
1961~1970年	104.3	393.7	139.9	21.5
1971~1980年	83.6	406.0	120.8	25.3
1981~1990年	99.6	336.9	106.9	21.7
1991~2000年	102.9	392.0	111.7	17.7
2001~2010年	97.8	401.8	109.7	24.7

2.10.2　空间差异

　　黄河流域年降水量为143.6~849.1 mm，空间分布差异较大，自西北向东南增加，上游的内蒙古和宁夏年降水量最小，在270 mm以下，中下游的陕西、河南、山东降水量较大，在496 mm以上（图2.31）。

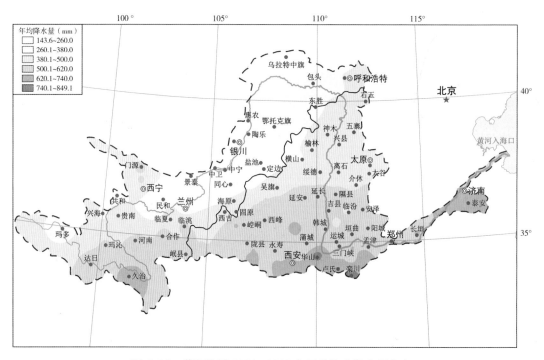

图2.31　黄河流域1961~2010年平均降水量空间分布

　　从1961~2010年年平均降水量变化空间分布上来看，除上游的青海、甘肃和内蒙古部分地区降水量微增外，其他大部分地区降水量都在减少，有16个站减少速率超过24.0 mm/10年，减少最明显的地区在中游的山西、陕西和河南境内，减少速率为24.0~45.9 mm/10年，其次是上游的甘肃境内。

黄河流域 1961~2010 年降水量倾向率变化空间分布如图 2.32。

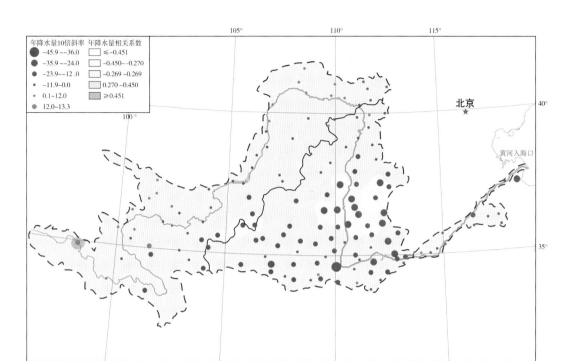

图 2.32　黄河流域 1961~2010 年降水量倾向率变化空间分布

2.11　降水日数

黄河流域年雨日多年平均空间分布特征均为北少南多分布，近 50 年年雨日变化趋势呈显著减少趋势。在空间变化分布上，除上游的青海、甘肃和内蒙古部分地区雨日微增外，其他地区雨日都在减少，有超过总站数一半以上站点通过了显著性水平检验。在季节变化方面，黄河流域除了冬季外其他三个季节雨日都是负趋势，秋季雨日是四季中减少最显著的季节，对年雨日的减少贡献最大。上游年雨日在 1995 年前后发生突变，中游年雨日在 1978 年前后发生突变，下游年雨日在 1976 年前后发生突变。

2.11.1　时间变化

黄河流域年降水日数为 84 天，最大值为 123.3 天，出现在 1964 年；1997 年为历年最小，达到 68.8 天。降水日数年际变化较大，具有明显的年际变化特征。1961~2010 年黄河流域年降水日数具有显著的减少趋势，减少速率为 2.5 天/10 年（通过了99%信度检验）。黄河流域 1961~2010 年年降水日数变化如图 2.33。

黄河流域上游年降水日数为 77.9 天，最大值为 104.3 天，出现在 1964 年；1972 年为历年最小，仅 66.7 天。降水年际变化较大，20 世纪 60 年代偏多，90 年代以来偏少。1961~2010 年黄河流域上游年降水日数具有显著的减少趋势，减少速率为 1.9 天/10 年（通过了 95%信度检验）。

黄河流域中游年降水日数为 86.0 天，最大值为 132.7 天，出现在 1964 年；1997 年为历年最小，仅 65.3 天。降水年际变化较大，60 年代偏多，90 年代偏少。1961~2010 年黄河流域中游年降水日数具有显著的减少趋势，减少速率为 3.0 天/10 年（通过了 99%信度检验）。

黄河流域下游年降水日数为 70.2 天，最大值为 110.7 天，出现在 1964 年；1997 年为历年最小，仅 57.6 天。2~3 年周期比较明显，60 年代最多，90 年代最少。1961~2010 年黄河流域下游年降水日数具有减少趋势，减少速率为 2.0 天/10 年。

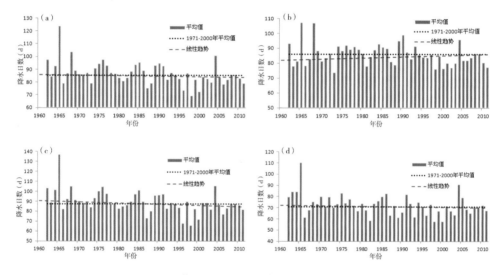

图 2.33　黄河流域 1961~2010 年年降水日数变化

（a）黄河流域；（b）黄河上游；（c）黄河中游；（d）黄河下游

黄河流域 1961~2010 年降水日数逐年代平均变化见表 2.35。

表 2.35　黄河流域 1961~2010 年降水日数逐年代平均变化（单位：天）

年代	全流域	上游	中游	下游
1961~1970 年	92.5	87.8	97.9	78.6
1971~1980 年	87.8	86.2	90.9	72.9
1981~1990 年	88.2	88.5	90.6	71.3
1991~2000 年	80.3	82.8	80.6	67.3
2001~2010 年	84.4	83.4	87.0	71.0

2010年雨日UF、UB曲线在1986、1991年前后两次相交，也初步判断是突变点，同样通过滑动检验来进一步验证，经计算第一次突变前平均值为89.5天、均方差为89.1天，突变后平均值为83.3天、均方差为50.3天，计算t值为2.60，用t分布的数值表进行检验，第一次突变在95%的显著性水平上（tα=2.01）；第二次突变前平均值为89.2天、均方差81.4天，突变后平均值为82.1天、均方差45.2天，计算t值为2.98，第二次突变在99%的显著性水平上（tα=2.68），两种检验方法都证明年雨日在1986和1991年前后确实存在两个突变点。黄河流域1961~2010年年降水日数突变如图2.34。

用同样的方法分别检验上、中、下游年雨日在下降时是否存在突变，其中，上游年雨日在1995年前后发生突变；中游年雨日在1978年前后发生突变；下游年雨日在1976年前后发生突变。黄河流域1961~2010年年降水日数突变如图2.34。

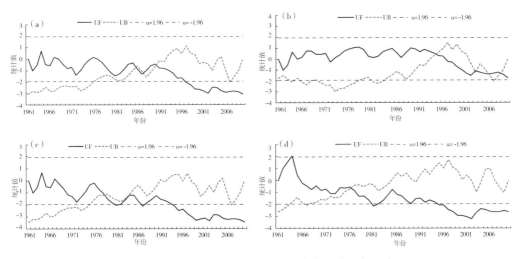

图2.34 黄河流域1961~2010年年降水日数突变

（a）黄河流域；（b）黄河上游；（c）黄河中游；（d）黄河下游

黄河流域1961~2010年春季降水日数为19.9天，最大值为32.3天，出现在1964年；1962年为历年最小，降水日数仅10.4天。20世纪60年代前期和90年代到2000年代中期年际变化较大，60年代偏多，2000年代以来偏少。1961~2010年黄河流域春季降水日数有减少趋势，下降速率为0.6天/10年。

黄河流域1961~2010年夏季降水日数为34.0天，最大值为39.9天，出现在1976年；1997年为历年最小，降水日数仅22.6天。年际变化较大，20世纪60、70年代偏多，90年代以来偏少。1961~2010年黄河流域夏季降水日数具有显著的减少趋势，减少速率为0.7天/10年（通过了95%信度检验）。

黄河流域1961~2010年秋季降水日数为21.0天，最大值33.1天，出现在1975

年；1998 年为历年最小，降水日数仅 10.7 天。20 世纪 60、70 年代年际变化较大，60 年代偏多，90 年代偏少。1961~2010 年黄河流域秋季降水日数具有显著的减少趋势，减少速率为 1.3 天/10 年（通过了 95%信度检验）。

黄河流域 1961~2010 年冬季降水日数为 9.3 天，最大值为 15.7 天，出现在 1988 年；1998 年为历年最小，降水日数仅 1.5 天。降水日数有 2~3 年周期，2000 年以来和 20 世纪 70 年代偏多，90 年代偏少。1961~2009 年冬季黄河流域年降水日数有增加趋势，增加速率为 0.2 天/10 年。

黄河流域 1961~2010 年季节降水日数逐年代平均变化见表 2.36。

表 2.36　黄河流域 1961~2010 年季节降水日数逐年代平均变化（单位：天）

年代	春季	夏季	秋季	冬季
1961~1970 年	22.4	35.7	26.2	8.5
1971~1980 年	19.5	35.5	22.9	9.8
1981~1990 年	21.3	35.5	21.8	9.7
1991~2000 年	19.6	33.4	19.5	8.1
2001~2010 年	18.7	33.2	21.9	10.2

黄河流域上游地区 1961~2010 年春季降水日数为 20.4 天，最大值为 29.6 天，出现在 1967 年；1962 年为历年最小，降水日数仅 9.6 天。20 世纪 60 年代和 90 年代年际变化较大，60 年代、80 年代偏多，70 年代偏少。1961~2010 年黄河流域上游春季降水日数有减少趋势，下降速率为 0.2 天/10 年。

黄河流域上游地区 1961~2010 年夏季降水日数为 36.6 天，最大值为 43.0 天，出现在 1979 年；2010 年为历年最小，降水日数仅 26.5 天。降水年际变化较大，20 世纪 80 年代最多，2000 年以来偏少。1961~2010 年黄河流域上游夏季降水日数具有显著的减少趋势，下降速率为 0.8 天/10 年（通过了 95%信度检验）。

黄河流域上游地区 1961~2010 年秋季降水日数为 19.9 天，最大值为 30.3 天，出现在 1975 年；1998 年为历年最小，降水日数仅 11.8 天。年际变化较大，2~3 年周期较明显，20 世纪 60 年代偏多，90 年代偏少。1961~2010 年黄河流域上游秋季降水日数具有显著的减少趋势，下降速率为 1 天/10 年（通过了 95%信度检验）。

黄河流域上游地区 1961~2010 年冬季降水日数为 8.0 天，最大值为 12.9 天，出现在 2007 年；1998 年为历年最小，降水仅 2.0 天。20 世纪 90 年代中期以来年际变化较大，60 年代偏少，80 年代偏多。1961~2009 年黄河流域上游冬季降水日数有增加趋势，增加速率为 0.2 天/10 年。

黄河上游 1961~2010 年季节降水日数逐年代平均变化见表 2.37。

表 2.37　黄河上游 1961~2010 年季节降水日数逐年代平均变化（单位：天）

年代	春季	夏季	秋季	冬季
1961~1970 年	20.9	37.5	23.2	6.2
1971~1980 年	18.9	37.7	21.9	7.8
1981~1990 年	21.6	38.2	20.3	8.4
1991~2000 年	20.1	36.7	18.2	7.5
2001~2010 年	19.4	34.6	21.3	8.0

黄河流域中游地区 1961~2010 年春季降水日数为 20.1 天，最大值为 36.5 天，出现在 1964 年；1962 年为历年最小，降水日数仅 11.0 天。降水日数年际变化较大，20 世纪 60 年代偏多，90 年代以来偏少。1961~2010 年黄河流域中游春季具有显著的减少趋势，下降速率为 1 天/10 年（通过了 95%信度检验）。

黄河流域中游地区 1961~2010 年夏季降水日数为 33.1 天，最大值为 40.8 天，出现在 1976 年；1997 年为历年最小，降水日数仅 19.4 天。年际变化较大，2-3 年周期波动较明显。20 世纪 60、70 年代偏多，90 年代以来有所减少。1961~2010 年黄河流域中游夏季降水日数有减少趋势，下降速率为 0.6 天/10 年。

黄河流域中游地区 1961~2010 年秋季降水日数为 22.5 天，最大值为 40.9 天，出现在 1964 年；1998 年为历年最小，降水日数仅 11.4 天。年际变化较大，且具有明显的年代际变化特征，20 世纪 60 年代偏多，90 年代偏少。1961~2010 年黄河流域中游秋季降水日数具有显著的减少趋势，下降速率为 1.7 天/10 年（通过了 99%信度检验）。

黄河流域中游地区 1961~2010 年冬季降水日数为 10.3 天，最大值为 19.9 天，出现在 1988 年；1998 年为历年最小，降水仅 2.1 天。20 世纪 60 年代、90 年代后期以来降水年际变化较大，90 年代偏少，2000 年以来偏多。1961~2009 年黄河流域中游冬季降水日数有增加趋势，增加速率为 0.3 天/10 年。

黄河中游 1961~2010 年季节降水日数逐年代平均变化见表 2.38。

表 2.38　黄河中游 1961~2010 年季节降水日数逐年代平均变化（单位：天）

年代	春季	夏季	秋季	冬季
1961~1970 年	24.0	34.1	28.2	9.2
1971~1980 年	20.0	34.0	23.6	11.3
1981~1990 年	21.3	33.9	22.3	10.4
1991~2000 年	19.1	31.4	19.8	8.3
2001~2010 年	18.5	32.3	22.3	12.0

黄河流域下游地区 1961~2010 年春季降水日数为 15.8 天，最大值为 30.9 天，出现在 1964 年；2001 年为历年最小，降水仅 5.8 天。3-4 年周期比较明显，60 年代偏多，70 年代偏少。1961~2010 年黄河流域下游春季降水日数有减少趋势，下降速率为 0.6 天/10 年。

黄河流域下游地区 1961~2010 年夏季降水日数为 29.3 天，最大值为 40.7 天，出现在 2004 年；1997 年为历年最小，降水日数仅 17.2 天。20 世纪 60 年代和 90 年代中期以来年际变化较大，年代际变化特征不明显。1961~2010 年黄河流域下游夏季降水日数有减少趋势，下降速率为 0.5 天/10 年。

黄河流域下游地区 1961~2010 年秋季降水日数为 16.3 天，最大值为 30.9 天，出现在 1964 年；1998 年为历年最小，降水日数仅 5.2 天。20 世纪 60 年代和 90 年代以来年际变化较大，60 年代偏多，90 年代以来偏少。1961~2010 年黄河流域下游秋季降水日数具有显著的减少趋势，下降速率为 1.0 天/10 年（通过了 95%信度检验）。

黄河流域下游地区 1961~2010 年冬季降水日数为 8.8 天，最大值为 22.1 天，出现在 1968 年；1998 年为历年最小，降水日数仅 1.2 天。年际变化较大，2-3 年周期明显。20 世纪 90 年代偏少，2000 年以来偏多。1961~2009 年黄河流域下游冬季降水日数有增加趋势，增加速率为 0.1 天/10 年。

黄河下游 1961~2010 年季节降水日数逐年代平均变化见表 2.39。

表 2.39　黄河下游 1961~2010 年季节降水日数逐年代平均变化（单位：天）

年代	春季	夏季	秋季	冬季
1961~1970 年	18.6	30.7	20.0	9.1
1971~1980 年	15.3	31.7	16.8	9.0
1981~1990 年	16.9	28.5	17.0	8.7
1991~2000 年	16.1	28.0	16.0	7.4
2001~2010 年	14.8	30.6	16.1	10.0

2.11.2　空间差异

黄河流域年降水日数为 36.7~172.4 天，空间分布差异较大，河套北中部降水日数较少，特别是河套西北部最少，在 60 天以下，黄河源头的青海境内降水日数最多，在 127 天以上。从 1961~2010 年年降水日数变化空间分布上来看，除上游的青海、甘肃和内蒙古部分地区降水日数微增外，其他大部分地区降水日数都在减少，有 7 个站减少速度超过 6 天/10 年，减少较明显的地区位于河套中南部，减少速率在 3.0~7.7 天/

10 年。黄河流域 1961~2010 年年降水日数空间分布如图 2.35。

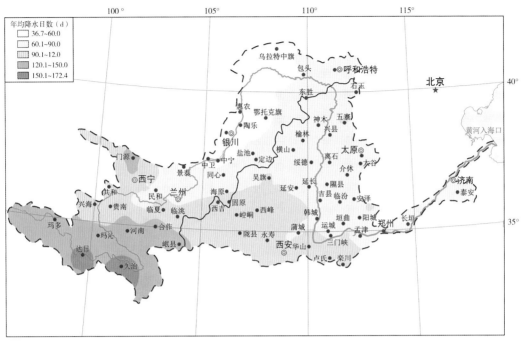

图 2.35　黄河流域 1961~2010 年年降水日数空间分布

黄河流域 1961~2010 年降水日数倾向率变化空间分布如图 2.36。

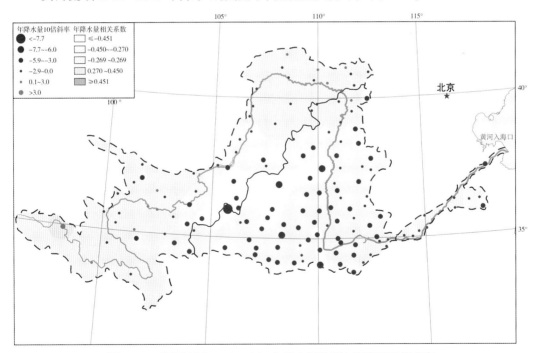

图 2.36　黄河流域 1961~2010 年降水日数倾向率变化空间分布

2.12　相对湿度

利用黄河流域 143 个测站的平均相对湿度资料，分析了 1961～2010 年黄河流域平均相对湿度的时间变化和空间差异特征，结果表明：黄河流域平均相对湿度具有下降趋势，其中春季下降速率较明显。上游地区下降趋势显著，在 2004 年前后发生一次突变；中游地区和下游地区均呈弱下降趋势。空间差异分布上，呈明显的"北干南湿"的分布，上游地区西部和北部大部及下游地区变化趋势不明显，中部大部下降趋势明显，大部分站点下降速率在 1%/10 年。

2.12.1　时间变化

黄河流域 1961～2010 年平均相对湿度为 60%，最大值为 68%，出现在 1964 年；1965 年为历年最低，仅 56%。1961～2010 年黄河流域年平均相对湿度具有下降趋势，下降速率为 0.43%/10 年。对其作 M-K 突变检验，黄河流域平均相对湿度在 2008 年发生一次突变，下降趋势不显著。

上游地区年平均相对湿度为 55%，最大值为 62%，出现在 1964 年；2010 年为历年最低，仅 51%。1961～2010 年黄河流域上游地区年平均相对湿度具有显著的下降趋势，下降速率为 0.57%/10 年。对其作 M-K 突变检验，黄河流域平均相对湿度在 2004 年发生一次突变，2004 年以后有明显下降趋势。

中游地区年平均相对湿度为 62%，最大值为 72%，出现在 1964 年；1995 年为历年最低，仅 57%。1961～2010 年黄河流域中游地区年平均相对湿度有下降趋势，下降速率为 0.37%/10 年。

下游地区年平均相对湿度为 67%，最大值为 76%，出现在 1964 年；1966 年为历年最低，为 61%。1961～2010 年黄河流域下游地区年平均相对湿度具有不显著的上升趋势，上升速率为 0.14%/10 年。

黄河流域 1961～2010 年平均相对湿度，如图 2.37。

黄河流域 1961～2010 年平均相对湿度的 M-K 突变检验如图 2.38。

黄河流域在 20 世纪 80 年代平均相对湿度达到最高值 61%，21 世纪以来相对湿度最低为 59%。其中，上游地区在 20 世纪 60 年代平均相对湿度达到最高值 56%，21 世纪以来相对湿度最低为 54%；中游地区在 20 世纪 80 年代平均相对湿度达到最高值 63%，21 世纪以来相对湿度最低为 61%；下游地区在 20 世纪 70 年代和 80 年代平均相对湿度达到最高值 73%，21 世纪以来相对湿度最低为 66%（表 2.39）。

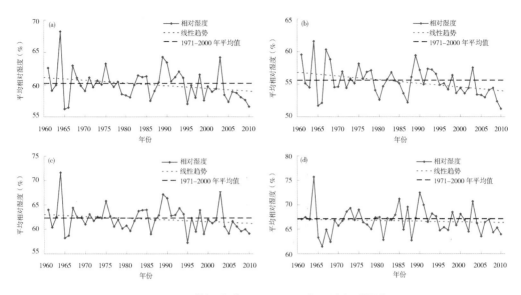

图 2.37　黄河流域 1961~2010 年平均相对湿度

（a）黄河流域；（b）黄河上游；（c）黄河中游；（d）黄河下游

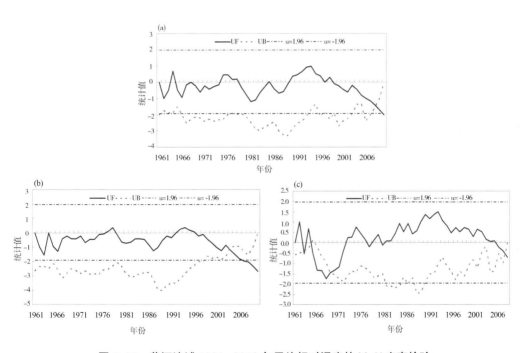

图 2.38　黄河流域 1961~2010 年平均相对湿度的 M-K 突变检验

（a）黄河流域；（b）黄河上游；（c）黄河中游；（d）黄河下游；虚线为 95% 信度水平

表 2.39　黄河流域 1961～2010 年平均相对湿度逐年代平均变化 （单位:%）

年代	全流域	上游	中游	下游
1961～1970 年	60.6	56.3	62.6	66.2
1971～1980 年	60.2	55.7	62.2	67.3
1981～1990 年	60.7	55.6	63.1	67.3
1991～2000 年	59.9	55.5	61.7	67.0
2001～2010 年	58.8	53.7	61.1	65.9

　　黄河流域春季平均相对湿度为 53%，最大值为 66%，出现在 1964 年；1962 年为历年最低，仅 43%。在 20 世纪 60 年代平均相对湿度达到最高值（55%），21 世纪以来相对湿度最低为 49%。1961～2010 年黄河流域春季平均相对湿度具有显著的下降趋势，下降速率为 0.98%/10 年。

　　黄河流域夏季平均相对湿度为 66%，最大值为 71%，出现在 1988 年；1997 年为历年最低，仅 60%。在 20 世纪 80 年代平均相对湿度达到最高值（67%），21 世纪以来相对湿度最低为 64%。1961～2010 年黄河流域夏季平均相对湿度具有不显著的上升趋势，上升速率为 0.09%/10 年。

　　黄河流域秋季平均相对湿度为 66%，最大值为 75%，出现在 1961 年；1991 年为历年最低，仅 59%。在 20 世纪 60 年代平均相对湿度达到最高值 68%，90 年代相对湿度最低为 65%。1961～2010 年黄河流域秋季平均相对湿度有下降趋势，下降速率为 0.60%/10 年。

　　黄河流域冬季平均相对湿度为 55%，最大值为 67%，出现在 1963 年；1998 年为历年最低，仅 46%。在 21 世纪以来相对湿度最高为 56%，20 世纪 90 年代平均相对湿度达到最低值（55%）。1961～2010 年黄河流域冬季平均相对湿度有上升趋势，上升速率为 0.01%/10 年。

　　黄河流域 1961～2010 年季节平均相对湿度逐年代平均变化见表 2.40。

表 2.40　黄河流域 1961～2010 年季节平均相对湿度逐年代平均变化 （单位:%）

年代	春季	夏季	秋季	冬季
1961～1970 年	54.6	65.2	67.9	55.1
1971～1980 年	52.1	66.0	66.6	55.6
1981～1990 年	53.4	67.4	66.6	55.5
1991～2000 年	53.1	66.7	64.9	54.7
2001～2010 年	49.1	64.4	66.0	55.9

黄河上游地区春季平均相对湿度为47%，最大值为57%，出现在1964年；2006年为历年最低，仅39%。年代际变化在20世纪60年代平均相对湿度达到最高（49%），21世纪以来相对湿度最低为44%。1961~2010年黄河上游地区春季平均相对湿度具有显著的下降趋势，下降速率为0.84%/10年。

黄河上游地区夏季平均相对湿度为62%，最大值为67%，出现在1979年；2009年为历年最低，仅56%。年代际变化在20世纪60~90年代平均相对湿度达到最高值62.5%，21世纪以来相对湿度最低为59%。1961~2010年黄河上游地区夏季平均相对湿度具有显著的下降趋势，下降速率为0.58%/10年。

黄河上游地区秋季平均相对湿度为62%，最大值为71%，出现在1961年；1972年为历年最低，仅54%。年代际变化在20世纪60年代平均相对湿度达到最高（63%），90年代相对湿度最低为60%。1961~2010年黄河上游地区秋季平均相对湿度具有显著的下降趋势，下降速率为0.73%/10年。

黄河上游地区冬季平均相对湿度为51%，最大值为61%，出现在1967年；2008年为历年最低，仅45%。年代际变化不大。1961~2010年黄河上游地区冬季平均相对湿度有上升趋势，上升速率为0.08%/10年。黄河上游1961~2010年季节平均相对湿度逐年代平均变化见表2.41。

表2.41 黄河上游1961~2010年季节平均相对湿度逐年代平均变化（单位:%）

年代	春季	夏季	秋季	冬季
1961~1970年	48.8	62.5	63.0	51.2
1971~1980年	46.4	62.3	62.4	51.1
1981~1990年	47.5	62.7	61.4	51.2
1991~2000年	47.4	62.8	59.9	51.3
2001~2010年	44.2	59.2	60.9	51.2

黄河中游地区春季平均相对湿度为55%，最大值为71%，出现在1964年；2000年为历年最低，仅43%。年代际变化在20世纪60年代平均相对湿度达到最高（58%），21世纪以来相对湿度最低为51%。1961~2010年黄河中游地区春季平均相对湿度具有显著的下降趋势，下降速率为1.24%/10年。

黄河中游地区夏季平均相对湿度为67%，最大值为74%，出现在1988年；1997年为历年最低，仅59%。年代际变化在20世纪80年代平均相对湿度达到最高（69%），60年代相对湿度最低为66%。1961~2010年黄河中游地区夏季平均相对湿度有下降趋势，下降速率为0.16%/10年。

黄河中游地区秋季平均相对湿度为69%，最大值为77%，出现在1975年；1991年为历年最低，仅60%。年代际变化在20世纪60年代平均相对湿度达到最高（71%），90年代相对湿度最低为68%。1961~2010年黄河中游地区秋季平均相对湿度有下降趋势，下降速率为0.51%/10年。

黄河中游地区冬季平均相对湿度为57%，最大值为70%，出现在1963年；1998年为历年最低，仅44%。年代际变化在21世纪以来相对湿度最高为58%，20世纪90年代平均相对湿度达到最低值56%。1961~2010年黄河中游地区冬季平均相对湿度有上升趋势，上升速率为0.10%/10年。黄河中游1961~2010年季节平均相对湿度逐年代平均变化见表2.42。

表2.42　黄河中游1961~2010年季节平均相对湿度逐年代平均变化（单位：%）

年代	春季	夏季	秋季	冬季
1961~1970年	57.8	66.0	70.6	56.6
1971~1980年	54.7	67.3	68.7	57.4
1981~1990年	56.2	69.4	69.4	57.4
1991~2000年	55.6	68.1	67.5	55.9
2001~2010年	51.0	66.3	69.0	58.4

黄河下游地区春季平均相对湿度为60%，最大值为74%，出现在1964年；1962年为历年最低，仅50%。年代际变化在20世纪90年代平均相对湿度达到最高（62%），21世纪以来相对湿度最低为59%。1961~2010年黄河下游地区春季平均相对湿度有上升趋势，上升速率为0.05%/10年。

黄河下游地区夏季平均相对湿度为74%，最大值为79%，出现在1990年；1968年为历年最低，仅65%。年代际变化在20世纪80年代平均相对湿度达到最高（75%），60年代相对湿度最低为72%。1961~2010年黄河下游地区夏季平均相对湿度有上升趋势，上升速率为0.46%/10年。

黄河下游地区秋季平均相对湿度为71%，最大值为80%，出现在1964年；1966年为历年最低，仅61%。年代际变化在20世纪60年代平均相对湿度达到最高（72%），21世纪以来相对湿度最低为69%。1961~2010年黄河下游地区秋季平均相对湿度有下降趋势，下降速率为0.64%/10年。

黄河下游地区冬季平均相对湿度为62%，最大值为75%，出现在1989年；1995年为历年最低，仅53%。年代际变化在20世纪70年代相对湿度最高为63%，21世纪以来平均相对湿度达到最低值61%。1961~2010年黄河下游地区冬季平均相对湿度有下降趋势，下降速率为 0.45%/10 年。黄河下游 1961～2010 年季节平均相对湿度逐年代平均变化见表 2.43。

表 2.43　黄河下游 1961～2010 年季节平均相对湿度逐年代平均变化%

年代	春季	夏季	秋季	冬季
1961～1970 年	59.6	71.9	71.5	62.2
1971～1980 年	59.8	74.5	71.1	63.4
1981～1990 年	61.3	74.6	70.8	63.0
1991～2000 年	61.9	74.3	70.2	62.3
2001～2010 年	58.7	74.4	69.0	60.7

2.12.2　空间差异

图 2.39 给出了 1961～2010 年黄河流域年平均相对湿度的空间分布。分析结果显示，黄河流域平均相对湿度大体为 40%～70%；其中上游河套段部分地区相对湿度较小，在 50% 以下；中、下游相对湿度较大，大部分地区在 60% 以上。

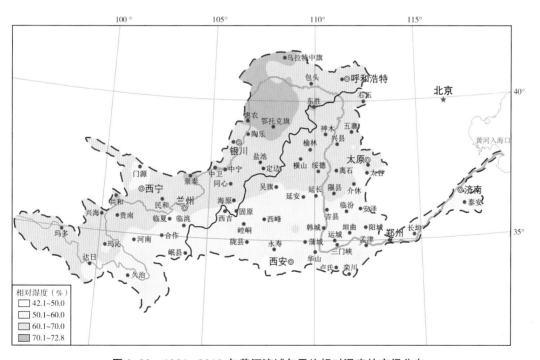

图 2.39　1961～2010 年黄河流域年平均相对湿度的空间分布

　　图 2.40 给出了 1961~2010 年黄河流域年平均相对湿度的变化趋势空间分布。分析结果显示，黄河流域平均相对湿度总体呈下降趋势，大部分地区下降趋势明显，部分地区平均相对湿度每 10 年下降 1% 以上，上游地区西部和北部大部及下游地区变化趋势不明显。

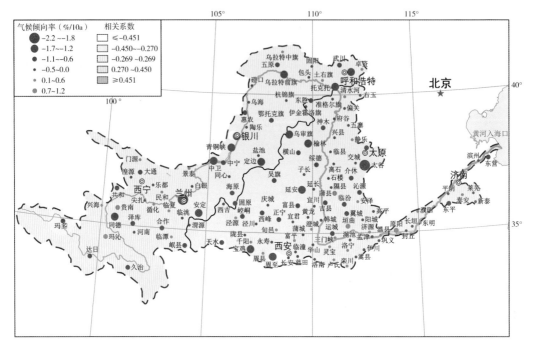

图 2.40　1961~2010 年黄河流域年平均相对湿度的变化趋势空间分布

2.13　日照时数

　　利用黄河流域 1961~2010 年 50 年的日照观测资料，分析黄河流域日照时数的时间变化和空间差异，结果表明，黄河流域日照时数和全国其他地区变化趋势基本相同，有明显的下降趋势，20 世纪 60 年代中期到 80 年代初期为高日照时数期，从 80 年代中期开始日照时数有明显减少趋势。1961~2010 年黄河流域年平均日照时数具有显著的减少趋势，减小速率为 34.5 小时/10 年（全国为 37.6 小时/10 年），低于全国年平均日照时数的减少趋势。夏季、冬季减少速度更为明显，其减小速率分别为 19 小时/10 年、13 小时/10 年。

2.13.1 时间变化

黄河流域年平均日照时数为 2531.2 小时，最大值为 2818.2 小时，出现在 1965 年；1989 年为历年最低，为 2329.7 小时。日照时数的年变化和全国其他地区变化趋势基本相同，有明显的下降趋势，20 世纪 60 年代中期到 80 年代初期为高日照时数期，从 80 年代中期开始日照时数有明显减少趋势。1961～2010 年黄河流域年平均日照时数具有显著的减少趋势，减小速度为 34 小时/10 年（图 2.41a），低于全国年平均日照时数（37.6 小时/10 年）的减少趋势。

四季日照时数的变化：1961～2010 年夏季和冬季日照时数整体均显著减少（通过 95% 的信度标准），夏、冬季（图 2.41b）更为明显，其减小速率分别为 19.4 小时/10 年，13.3 小时/10 年；秋季减少趋势变化不明显（图 2.41c），而春季则略有上升趋势（图 2.41d）。

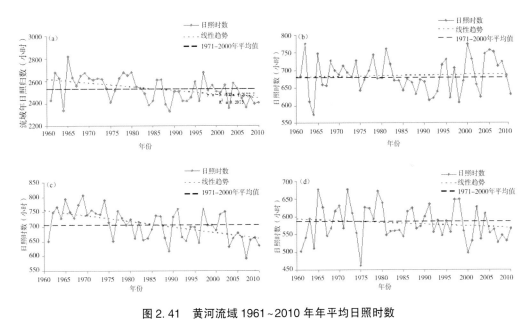

图 2.41 黄河流域 1961～2010 年年平均日照时数

（a）全年；（b）夏季；（c）秋季；（d）春季

由表 2.44 可见黄河流域平均日照时数从 20 世纪 60 年代到 70 年代均为偏多、60 年代相对更多，80 年代以后多为减少，2000 年以来日照时数相对最少。冬（春）季日照时数 60～70 年代均为偏多，70 年代相对最多，80 年代均为偏少，夏（秋）季日照时数年代际变化特征和全年类似。由表 2.44 可见具有较有明显年代际变化特征。

表2.44　黄河流域1961~2010年平均日照时数逐年代平均变化（单位：小时）

年代	全年	春季	夏季	秋季	冬季
1961~1970 年	2604.0/+	682.8/+	749.3/+	582.2/-	590.4/+
1971~1980 年	2595.2/+	693.8/+	731.4/+	603.4/+	565.7/+
1981~1990 年	2484.9/-	678.5/-	687.1/-	575.9/-	539.7/-
1991~2000 年	2510.3/+	-671.2/-	698.2/+	583.7/-	557.2/+
2001~2010 年	2461.4/+	703.4/+	667.2/-	560.5/-	527.8/-

注："+"表示日照日数距平偏多，"-"表示偏少；

　　黄河流域上、中、下游年平均日照时数分别为2782.5、2385.9、2365.6小时，最大值为2976.2小时，出现在上游1965年；最低值为1910.7小时，出现在2003年下游。由图2.42可看出1961~2010年中、下游日照时数具有显著的减少趋势（通过95%信度标准），减少速率分别为39.1小时/10年、95.8小时/10年；高于全国年平均日照时数的减少趋势；上游减少趋势不明显，速度为13.9小时/10年。从上、中、下游四季日照时数的变化来看，同流域变化。近50年来夏季和冬季日照时数整体都显著减少，冬季更为明显，其减小速率为-10~23小时/10年，夏季只有中下游通过（95%的信度标准）检验，为26~41小时/10年；秋季变化趋势不明显，仅下游通过检验（95%的信度标准），而春季上、中游变化速率略呈上升趋势。

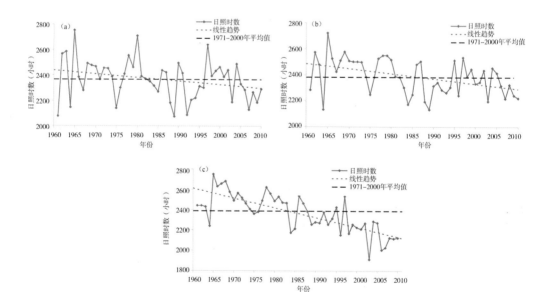

图2.42　黄河流域1961~2010年年平均日照时数

（a）黄河上游；（b）黄河中游；（c）黄河下游

由表 2.45、表 2.46、表 2.47 可知，上游年代际变化不明显，冬（夏）季日照时数 20 世纪 60~70 年代多为偏多，80 年代均多为偏少；由表 2.46、表 2.47 可见，中、下游有明显的年代际变化，呈减小趋势，从 20 世纪 60 年代到 70 年代多为偏多、60 年代相对更多，80 年代以后多为减少，21 世纪以来日照时数相对最少。季节变化 20 世纪 60~70 年代均为偏多，70 年代相对最多，80 年代后基本为偏少。

表 2.45　1961~2010 年黄河上游平均日照时数逐年代平均变化（单位：小时）

年代	全年	春季	夏季	秋季	冬季
1961~1970 年	2811.5/+	738.6/−	771.3/+	650.7/−	651.4/+
1971~1980 年	2811.9/+	748.8/−	766.3/+	660.6/+	636.8/+
1981~1990 年	2765.4/−	740.4/−	752.0/−	653.6/−	616.7/−
1991~2000 年	2773.7/−	735.0/−	759.7/+	655.7/−	623.5/−
2001~2010 年	2749.8/−	753.4/−	748.7/−	639.7/−	605.7/−

表 2.46　1961~2010 黄河中游年平均日照时数逐年代平均变化（单位：小时）

年代	全年	春季	夏季	秋季	冬季
1961~1970 年	2473.8/+	642.6/+	737.8/+	534.6/−	558.1/+
1971~1980 年	2464.8/+	656.9/+	714.1/+	564.2/+	527.7/+
1981~1990 年	2310.9/−	635.5/−	647.2/−	524.4/−	499.8/−
1991~2000 年	2364.1/−	630.7/−	667.4/−	540.7/−	526.1/+
2001~2010 年	2315.8/−	676.8/+	630.3/−	516.1/−	489.4/−

表 2.47　1961~2010 黄河下游平均日照时数逐年代平均变化（单位：小时）

年代	全年	春季	夏季	秋季	冬季
1961~1970 年	2534.0/+	697.1/+	727.1/+	589.0/+	530.8/+
1971~1980 年	2485.6/+	690.5/+	689.8/+	605.1/+	499.1/+
1981~1990 年	2377.3/−	684.2/+	660.2/+	567.0/−	458.9/−
1991~2000 年	2296.7/−	652.0/−	626.8/−	544.7/−	466.9/−
2001~2010 年	2134.2/−	655.1/−	547.9/−	499.9/−	433.1/−

对其做 M-K 突变检验，由图 2.43a 可见，自 20 世纪 60 年代以来，黄河流域平均日照时数有明显的减少趋势，且在 1987 年以后，这种减少趋势是显著的，达到 95% 的显著性水平，两条曲线相交于 1987 年，说明在 1987 年左右发生了由多到少的突变。冬季平均日照时数自 60 年代以来，也有明显的减少趋势，两条曲线交于 1985 年，说明

冬季日照时数在 1985 年左右发生了由多到少的突变（图2.43b）；春季平均日照时数为稳态变化，没有气候突变发生；夏季平均的日照时数自 60 年代以来也呈减小趋势，两条曲线交于 1983 年，说明夏季日照时数在 1983 年左右发生了由少到多的气候突变（图2.43c）；秋季两条曲线交于 1999 年左右，说明秋季天山地区日照时数在 1980 年发生了由少到多的气候突变（图2.43d）。

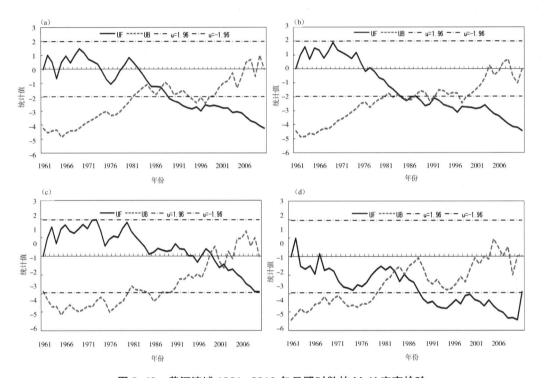

图2.43　黄河流域1961~2010年日照时数的M-K突变检验

（a）全年；（b）冬季；（c）夏季；（d）秋季；虚线为95%信度水平

2.13.2　空间差异

由 1961~2010 年黄河流域年日照时数的空间分布特征发现，日照时数的空间分布特征明显，从西北到东南依次减少。

黄河流域 1961~2010 年年平均日照时数变化趋势的空间分布如图2.44。

由 1961~2010 年黄河流域年日照时数变化趋势的空间分布特征发现，日照时数年际变化趋势的空间分布特征明显，黄河流域中下游和黄河上游北部主要呈显著减少趋势（通过99.9%信度标准），减小速率多在 50~150 小时/10 年，在中游南部部分站点（陕西、甘肃）有增加趋势（最多的为青铜峡、西峰、永寿三站点，达 56 小时/10年），其余地区的变化趋势不明显。黄河流域 1961~2010 年年平均日照时数变化趋势的空间差异如图2.45。

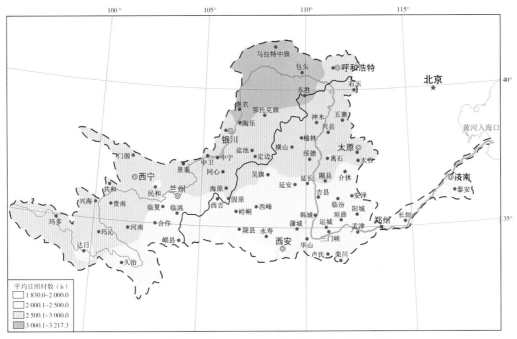

图 2.44　黄河流域 1961~2010 年平均日照时数空间分布

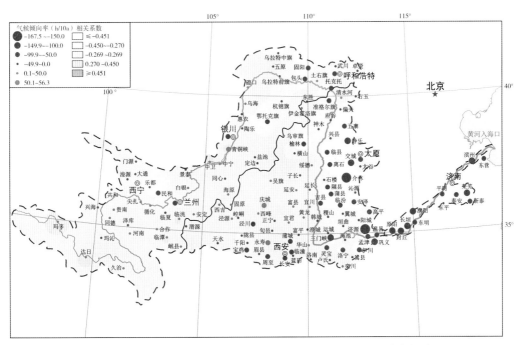

图 2.45　黄河流域 1961~2010 年年平均日照时数变化趋势的空间差异

2.14 平均风速

1961~2010 年黄河流域年平均风速为 2.2 m/s，变化范围为 1.9~2.7 m/s。黄河流域风速具有年际变化：1981 年以前显著大于 1971~2000 年 30 年平均值；在 1982 年后均偏小且呈现出波动特征。年代际变化表现为 20 世纪 60~70 年代偏高，其他年代均偏小。黄河流域年平均风速具有显著的减小趋势，减小速率为 0.14（m/s）/10 年，高于全国年平均风速的减小速率 0.12（m/s）/10 年。

2.14.1 时间变化

1961~2010 年黄河流域年平均风速为 2.2 m/s，最小值为 1.9 m/s（2007 年），最大值为 2.7 m/s（1969 年）。年平均风速具有明显的减小趋势，变化速率为-0.14（m/s）/10 年（图 2.44a，达到 95%的信度标准），高于全国年平均风速的减小趋势。风速的年际变化比较显著，1981 年以前显著大于 1971~2000 年 30 年平均值；在 1982 年后偏小且呈现出波动特征。年代际变化表现为 20 世纪 60~70 年代偏高，余下年代均偏小（表 2.48）。四季变化表现为春季相对较高而秋季相对较低的特征（表 2.48）。四季年平均风速变化趋势与流域的年变化趋势较为接近，减小趋势明显且达到 95%的信度标准；四季的年平均风速减小速率分别为 0.16（m/s）/10 年、0.12（m/s）/10 年、0.12（m/s）/10 年和 0.16（m/s）/10 年。四季的年际变化、年代际变化与流域变化较为接近。突变性检验表明，冬季年平均风速在 1981 年前后出现了一次突变，并呈现出较为明显的下降趋势。

1961~2010 年黄河流域上游年平均风速为 2.3 m/s，最小值为 2.0m/s（2007 年），最大值为 2.9 m/s（1969 年），减小速率为 0.12（m/s）/10 年（图 2.46b，达到 95%的信度标准）。风速的年际变化及年代际变化与流域的变化特征相似（表 2.50）。上游四季年平均风速特征表现为春季相对较高、而秋季相对较低的特征。四季年平均风速的减小速率分别为 0.15（m/s）/10 年、0.10（m/s）/10 年、0.10（m/s）/10 年和 0.12（m/s）/10 年。四季的年际变化及年代际变化特征与流域特征基本一致。突变性检验表明，冬季的年平均风速在 1983 年前后出现了一次突变，且下降趋势较为明显。

黄河流域中游年平均风速为 2.0 m/s。最小值为 1.8 m/s（2007 年），最大值为 2.4 m/s（1969 年）。年平均风速具有明显的减小趋势，减小速率为 0.13（m/s）/10 年（图 2.46c，达到 95%的信度标准）。风速的年际变化及年代际变化与流域的变化相似（表 2.51）。中游四季年平均风速特征表现为春季相对较高、而秋季相对较低的特征。四季的年平均风速减小速率分别为 0.14（m/s）/10 年、0.12（m/s）/10 年、0.11

（m/s）/10 年和 0.15（m/s）/10 年。四季的年际变化及年代际变化特征与流域特征基本一致。突变性检验表明，春、夏、冬季的年平均风速在分别在 1985 年、1987 年和 1983 年前后出现了一次突变，且减小趋势较为显著。

黄河流域下游年平均风速为 2.6 m/s，最小值为 2.0 m/s（2004 年），最大值为 3.7 m/s（1969 年）。年平均风速减小速率为 0.29（m/s）/10 年（图 2.46d）。风速的季节变化、年际变化及年代际变化与流域的变化相似（表 2.52）。四季的年平均风速减小速率分别为 0.35（m/s）/10 年、0.25（m/s）/10 年、0.26（m/s）/10 年和 0.32（m/s）/10 年。四季的年际变化及年代际变化特征与流域特征基本一致。

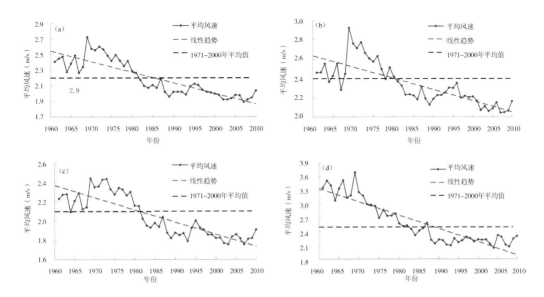

图 2.46　1961~2010 年黄河流域年平均风速的年变化

（a）黄河流域；（b）黄河上游；（c）黄河中游；（d）黄河下游

表 2.48　1961~2010 年黄河流域平均风速的年代变化（单位：m/s）

年代	流域	上游	中游	下游
1961~1970 年	2.4	2.5	2.2	3.4
1971~1980 年	2.5	2.6	2.3	2.9
1981~1990 年	2.1	2.2	2.0	2.4
1991~2000 年	2.0	2.2	1.9	2.2
2001~2010 年	2.0	2.1	1.8	2.2

表2.49　1961~2010年黄河流域季节平均风速的年代变化（单位：m/s）

年代	春季	夏季	秋季	冬季
1961~1970年	2.9	2.3	2.2	2.4
1971~1980年	3.0	2.4	2.1	2.3
1981~1990年	2.5	2.1	1.8	1.9
1991~2000年	2.4	2.0	1.9	1.9
2001~2010年	2.4	1.9	1.7	1.8

表2.50　1961~2010年黄河上游季节平均风速的年代变化（单位：m/s）

年代	春季	夏季	秋季	冬季
1961~1970年	3.1	2.4	2.3	2.3
1971~1980年	3.2	2.5	2.2	2.3
1981~1990年	2.7	2.2	2.0	2.0
1991~2000年	2.7	2.2	2.0	2.0
2001~2010年	2.6	2.1	1.8	1.9

表2.51　1961~2010年黄河中游季节平均风速的年代变化（单位：m/s）

年代	春季	夏季	秋季	冬季
1961~1970年	2.6	2.1	2.0	2.2
1971~1980年	2.7	2.3	2.0	2.2
1981~1990年	2.3	1.9	1.7	1.8
1991~2000年	2.2	1.9	1.7	1.7
2001~2010年	2.2	1.8	1.6	1.7

表2.52　1961~2010年黄河下游季节平均风速的年代变化（单位：m/s）

年代	春季	夏季	秋季	冬季
1961~1970年	4.0	3.0	3.0	3.5
1971~1980年	3.4	2.7	2.4	2.9
1981~1990年	2.9	2.3	2.1	2.3
1991~2000年	2.7	2.1	1.9	2.1
2001~2010年	2.7	2.0	1.9	2.2

2.14.2 空间差异

图 2.47 给出了 1961~2010 年黄河流域年平均风速的空间分布,可以看出黄河流域年平均风速具有显著的地域性差异:上游青海大部及甘肃风速均较低,青海西部、宁夏及内蒙古中西部风速较高;中、下游大部分地区与上游风速较为接近或偏低。图 2.48 给出了 1981~2010 年黄河流域年平均风速的变化趋势空间分布,可以看出黄河流域年平均风速变化趋势具有显著的地域性差异:整个流域以减小趋势的特征最为显著,上中游地区在青海西部、甘肃中南部、宁夏北部及山陕交界处等局部地区存在一定程度的增加趋势。

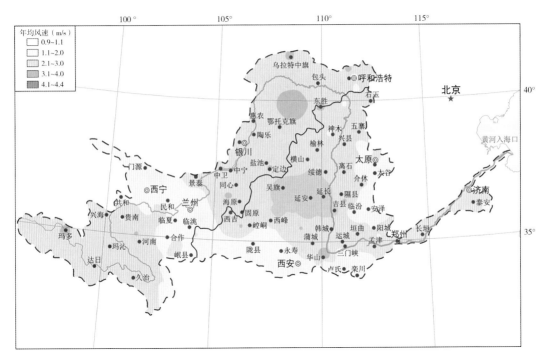

图 2.47　黄河流域 1961~2010 年年平均风速的空间分布

2.15　蒸发皿蒸发量

黄河流域年蒸发皿蒸发量 50 年平均为 1 748.7 mm,最大值为 1 992.1 mm,出现在 1966 年;2003 年为历年最低,达到 1 558.5 mm。1961~2010 年黄河流域年蒸发皿蒸发量具有显著的降低趋势,降低速率为 33.0 mm/10 年(图 2.49),低于全国年蒸发皿蒸发量的减少趋势(-34.5 mm/10 年)。M-K 突变检验表明,在黄河流域年蒸发皿蒸发量的突变年份为 1976 年。

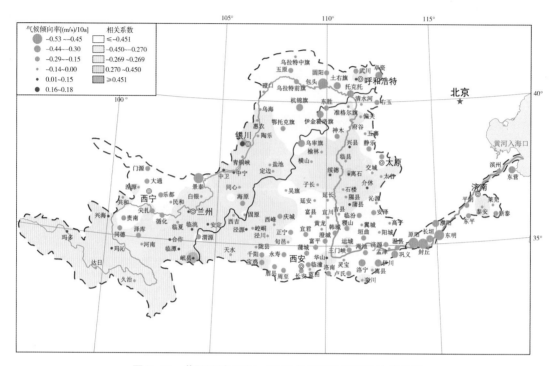

图 2.48　黄河流域 1961～2010 年年平均风速的空间差异

2.15.1　时间变化

黄河流域年蒸发皿蒸发量平均为 1 748.7 mm，最大值为 1 992.1 mm，出现在 1966年；2003 年为历年最低，达到 1 558.5 mm。1961～2010 年黄河流域年蒸发皿蒸发量具有显著的降低趋势，降低速率为 33.0 mm/10 年（图 2.49a），低于全国年蒸发皿蒸发量的减少趋势（-34.5 mm/10 年）。M-K 突变检验表明，在黄河流域年蒸发皿蒸发量的突变年份为 1976 年（图 2.50a）。

黄河上游年蒸发皿蒸发量为 1 877.1 mm，最大值为 2 174.5 mm，出现在 1966 年；1992 年为历年最低，达到 1 681.8 mm。1961～2010 年黄河流域年蒸发皿蒸发量具有显著的降低趋势，降低速率为 47.7 mm/10 年（图 2.49b），高于全国年蒸发皿蒸发量的减少趋势（-34.5 mm/10 年）。M-K 突变检验表明，在黄河上游年蒸发皿蒸发量的突变年份为 1976 年（图 2.50b）。

黄河中游年蒸发皿蒸发量为 1 677.3 mm，最大值为 1 887.8 mm，出现在 1997 年；1964 年为历年最低，达到 1 468.1 mm。1961～2010 年黄河流域年蒸发皿蒸发量具有显著的降低趋势，降低速率为 17.4 mm/10 年（图 2.49c），低于全国年蒸发皿蒸发量的减少趋势（-34.5 mm/10 年）。

黄河下游年蒸发皿蒸发量为 1 742.2 mm，最大值为 2 284.2 mm，出现在 1968 年；2003 年为历年最低，达到 1 458.8 mm。1961~2010 年黄河流域年蒸发皿蒸发量具有显著的降低趋势，降低速率为 80.5 mm/10 年（图 2.49d），高于全国年蒸发皿蒸发量的减少趋势（-34.5 mm/10 年）。M-K 突变检验表明，在黄河上游年蒸发皿蒸发量的突变年份为 1978 年（图 2.50c）。

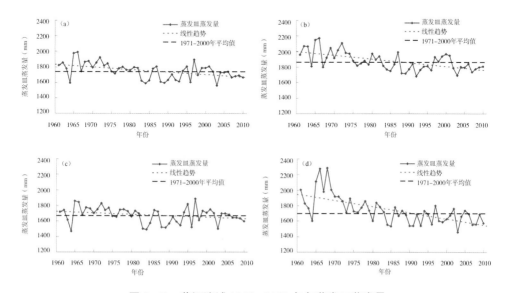

图 2.49　黄河流域 1961~2010 年年蒸发皿蒸发量

（a）黄河流域；（b）黄河上游；（c）黄河中游；（d）黄河下游

黄河流域春季蒸发皿蒸发量为 583.1 mm，最大值为 691.4 mm，出现在 2000 年；1991 年为历年最低，达到 477.0 mm。黄河流域夏季蒸发皿蒸发量为 694.6 mm，最大值为 816.2 mm，出现在 1997 年；1996 年为历年最低，达到 608.7 mm。黄河流域秋季蒸发皿蒸发量为 320.2 mm，最大值为 406.0 mm，出现在 1965 年；1985 年为历年最低，达到 271.1 mm。黄河流域冬季蒸发皿蒸发量为 150.9 mm，最大值为 208.3 mm，出现在 1965 年；2007 年为历年最低，达到 115.2 mm。1961~2010 年黄河流域春季和夏季蒸发皿蒸发量均呈显著的降低趋势，降低速度分别为 10.3 mm/10 年和 17.7 mm/10 年，秋季和冬季蒸发皿蒸发量的年际变化趋势不明显。随年代增加，春夏秋冬四季均表现出减少的趋势。黄河流域 1961~2010 年年蒸发皿蒸发量 M-K 突变检测如图 2.50。

黄河上游春季蒸发皿蒸发量为 631.4 mm，最大值为 749.2 mm，出现在 1966 年；1991 年为历年最低，达到 543.4 mm。黄河上游夏季蒸发皿蒸发量为 759.7 mm，最大值为 888.0 mm，出现在 1965 年；1979 年为历年最低，达到 651.4 mm。黄河上游秋季蒸发皿蒸发量为 344.0 mm，最大值为 439.0 mm，出现在 1965 年；2001 年为历年最低，

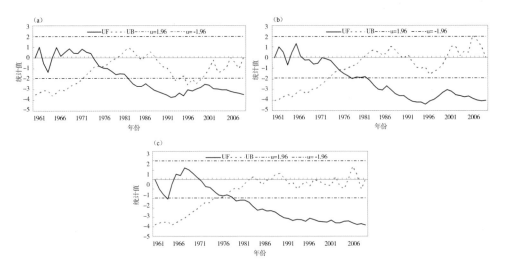

图 2.50　黄河流域 1961~2010 年年蒸发皿蒸发量 M-K 突变检测

（a）黄河流域；（b）黄河上游；（c）黄河下游；虚线为 95% 信度水平

达到 295.9 mm。黄河上游冬季蒸发皿蒸发量为 142.8 mm，最大值为 198.2 mm，出现在 1965 年；1967 年为历年最低，达到 105.1 mm。1961~2010 年黄河上游春季和夏季蒸发皿蒸发量均呈显著的降低趋势，降低速度分别为 19.1 mm/10 年和 22.7 mm/10 年，秋季和冬季蒸发皿蒸发量的年际变化趋势不明显。随年代增加，春夏秋冬四季均表现出减少趋势。

黄河中游春季蒸发皿蒸发量为 556.5 mm，最大值为 697.6 mm，出现在 2000 年；1991 年为历年最低，达到 446.5 mm。黄河中游夏季蒸发皿蒸发量为 664.2 mm，最大值为 831.1 mm，出现在 1997 年；1996 年为历年最低，达到 568.8 mm。黄河中游秋季蒸发皿蒸发量为 302.6 mm，最大值为 380.7 mm，出现在 1997 年；2001 年为历年最低，达到 250.7 mm。黄河中游冬季蒸发皿蒸发量为 153.2 mm，最大值为 214.0 mm，出现在 1998 年；1989 年为历年最低，达到 111.1 mm。1961~2010 年黄河中游夏季蒸发皿蒸发量呈显著的降低趋势，降低速度为 12.3 mm/10 年，春季、秋季和冬季蒸发皿蒸发量的年际变化趋势不明显。随年代增加，春夏秋冬四季均表现出减少的趋势。

黄河下游春季蒸发皿蒸发量为 578.4 mm，最大值为 778.0 mm，出现在 1968 年；1991 年为历年最低，达到 431.7 mm。黄河下游夏季蒸发皿蒸发量为 653.2 mm，最大值为 933.8 mm，出现在 1968 年；2008 年为历年最低，达到 518.1 mm。黄河下游秋季蒸发皿蒸发量为 347.2 mm，最大值为 463.9 mm，出现在 1965 年；1985 年为历年最低，达到 265.9 mm。黄河下游冬季蒸发皿蒸发量为 165.3 mm，最大值为 263.7 mm，出现在 1965 年；1989 年为历年最低，达到 109.5 mm。1961~2010 年黄河下游春季、夏季、秋季和冬季蒸发皿蒸发量均呈显著的降低趋势，降低速度分别为 31.2 mm/10 年、35.4 mm/10 年、9.9 mm/10 年和 6.9 mm/10 年，季节之间以夏季减少的速度最大。随年代增加，春夏秋冬四季均表现出减少的趋势（表 2.49）。

表 2.49　黄河流域 1961~2010 年季节蒸发皿蒸发量逐年代平均值变化（单位：mm）

流域	年代	年	春季	夏季	秋季	冬季
全流域	1961~1970 年	1830.2	605.3	741.9	327.7	159.0
	1971~1980 年	1800.5	605.8	711.7	327.2	155.6
	1981~1990 年	1684.6	562.5	666.2	313.0	141.8
	1991~2000 年	1727.4	564.5	681.1	329.4	152.5
	2001~2010 年	1700.8	577.3	672.0	303.6	145.0
上游	1961~1970 年	1991.0	671.7	813.8	360.7	150.6
	1971~1980 年	1932.7	659.0	780.7	347.1	145.1
	1981~1990 年	1823.2	613.9	740.4	335.8	132.1
	1991~2000 年	1838.8	611.8	734.7	351.2	142.9
	2001~2010 年	1799.6	600.5	729.0	325.1	143.5
中游	1961~1970 年	1716.9	558.6	698.6	301.5	159.6
	1971~1980 年	1729.2	576.9	681.0	312.3	159.0
	1981~1990 年	1606.6	534.8	629.6	295.8	145.3
	1991~2000 年	1678.6	544.6	660.1	316.0	157.4
	2001~2010 年	1655.0	567.9	651.5	287.3	143.8
下游	1961~1970 年	1976.8	665.6	759.4	377.0	185.6
	1971~1980 年	1779.3	598.3	658.3	351.4	171.7
	1981~1990 年	1683.3	554.5	631.5	341.0	154.3
	1991~2000 年	1636.1	520.3	621.0	336.2	155.9

2.15.2　空间差异

如图 2.51、图 2.52 所示，分析 1961~2010 年黄河流域年蒸发量的空间分布特征发现，其空间分布特征明显，表现出北部最高，最高值为 3141.9 mm；中部次之；东部、南部和西部相对较低，最低值为 1122.8 mm。分析 1961~2010 年黄河流域年蒸发量变化趋势的空间分布特征发现，其空间分布特征明显，在黄河流域中下游和黄河上游北部地区主要呈显著减少，最大为 -237.9 mm/10 年；在上游和下游南部地区呈显著增加，最大为 118.7 mm/10 年；其余地区的变化趋势不明显。

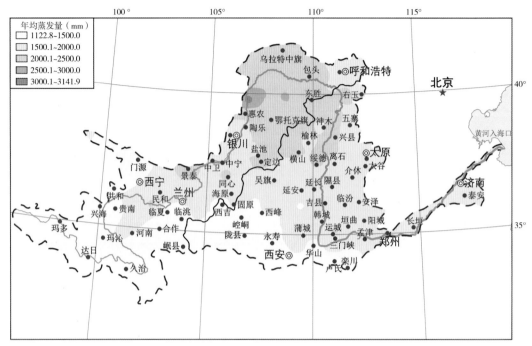

图 2.51　1961~2010 年黄河流域年蒸发皿蒸发量的空间分布特征

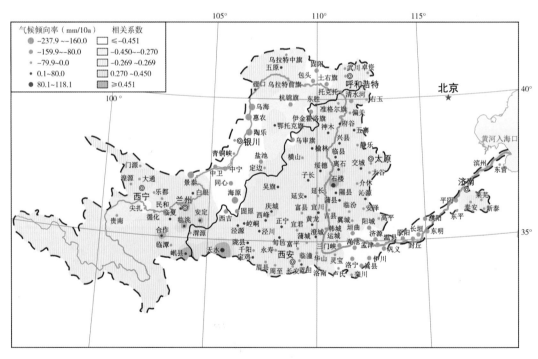

图 2.52　1961~2010 年黄河流域年蒸发皿蒸发量变化趋势的空间分布特征

2.15.3 讨论

不少学者对黄河流域蒸发皿蒸发量进行了研究，Liu 等（2004）研究认为 1961～2000 年黄河流域蒸发皿蒸发量持续下降；任国玉等（2006）研究认为 1956～2000 年黄河流域平均蒸发量为 1683.9 mm，线性变化速率为 −21.1 mm/10 年，达显著水平；Liu 等（2010）研究认为 1959～2000 年黄河流域蒸发皿蒸发量减少站点占全部站点的 70.97%，其趋势为 −5.68 mm/年；邱新法等（2003）研究认为 1961～2000 年黄河上游地区蒸发皿蒸发量呈下降；宁和平等（2011）研究认为 1969～2008 年黄河上游玛曲蒸发皿蒸发量呈明显下降趋势，其线性倾向率为 −44.3 mm/10 年；这些研究结果与本研究的结果较为一致。另外，Zuo 等（2005）研究认为 1961～2000 年全国 66% 的台站蒸发皿观测的蒸发皿蒸发量呈下降趋势，最大下降达 −24.9 mm/年；刘敏等（2009）研究认为 1955～2001 年中国蒸发皿蒸发量存在减少趋势，区域平均减少速率为 17.2 mm/10 年；Yang 等（2012）研究结果显示 1961～2001 年我国蒸发皿蒸发量呈现显著减少，其趋势为 3.1 mm/年，本研究计算的黄河流域蒸发皿蒸发量减少速率高于全国水平。

第三章 黄河流域极端气候事件及高影响天气现象

3.1 连续无降水日数

黄河流域年平均连续无降水日数为 47.3 天，最大值为 101.8 天，出现在 1998 年，1974 年为历年最低，为 30.4 天。年际变化不大。1961~2010 年黄河流域连续无降水日数具有不显著的减少趋势，减少速率为 1.1 天/10 年。整个黄河流域 20 世纪 60 年代和 90 年代，连续无降水日数处于较长期，而 1970 年、1980 年和 2000 年，则处于连续无降水日数的较短期，其中 2000 年为 44.4 天。黄河流域连续无降水日数分布不均，流域南部偏少，而流域宁夏段和陕西中部地区连续无降水日数偏多。

3.1.1 时间变化

黄河流域年平均连续无降水日数为 47.3 天，最大值为 101.8 天，出现在 1998 年，1974 年为历年最低，为 30.4 天。年际变化不大。1961~2010 年黄河流域连续无降水日数具有不显著的减少趋势，减小速率为 1.1 天/10 年。

黄河上游年平均连续无降水日数为 51.5 天，最大值为 94.8 天，出现在 1998 年，2006 年为历年最低，为 35.2 天。年际变化不大。1961~2010 年黄河上游连续无降水日数具有不显著的减少趋势，减小速率为 1.6 天/10 年。

黄河中游年平均连续无降水日数为 44.5 天，最大值为 106.8 天，出现在 1998 年，1963 年为历年最低，为 25.7 天。年际变化不大。1961~2010 年黄河中游连续无降水日数具有不显著的减少趋势，减小速率为 0.9 天/10 年。

黄河下游年平均连续无降水日数为 47.3 天，最大值为 100.0 天，出现在 1998 年，1974 年为历年最低，为 24.2 天。年际变化不大。1961~2010 年黄河上游连续无降水日数具有不明显的增加趋势。增加速率为 0.4 天/10 年。王明军等（2003）的研究也表明，黄河流域下游的河南省内站点，连续无降水日数在 90 天以上。

从逐年代平均变化看，整个黄河流域 20 世纪 60 年代和 90 年代，连续无降水日数处于较长期，分别为 53.3 天和 51.6 天，较平均值偏多 6 天和 4.3 天；而 20 世纪 70 年代、80 年代和 21 世纪以后，则处于连续无降水日数的较短期，其中 21 世纪前 10 年为

44.4 天，为连续无降水日数最短的一个年代。黄河上游连续无降水日数在 60 年代处于最长期，为 59.4 天，而在 21 世纪前 10 年处于最短期，为 49.8 天。20 世纪 70~90 年代则在平均值附近摆动。黄河中游连续无降水日数在 20 世纪 60 年代和 90 年代处于较长期，分别比常年值偏多了 5.9 天和 5.4 天，70 年代和 21 世纪前 10 年处于较短期，分别只有 41.0 天和 40.9 天。黄河下游连续无降水日数在 90 年代处于最长期，比平均值长 6.2 天；21 世纪前 10 年代处于最短期，比平均值短 3.9 天，20 世纪 60~80 年代则在平均值附近摆动，变化不大。黄河流域 1961~2010 年连续无降水日数如图 3.1。

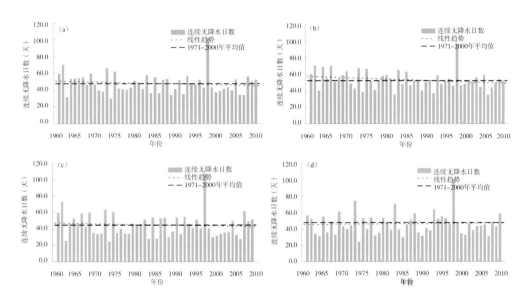

图 3.1　黄河流域 1961~2010 年连续无降水日数变化

（a）黄河全流域；（b）黄河上游；（c）黄河中游；（d）黄河下游

黄河流域 1961~2010 年连续无降水日数逐年代平均变化见表 3.1。

表 3.1　黄河流域 1961~2010 年连续无降水日数逐年代平均变化（单位：天）

年代	全流域平均值	上游平均值	中游平均值	下游平均值
1961~1970 年	53.2	59.5	50.2	44.9
1971~1980 年	45.6	52.5	41.0	44.8
1981~1990 年	45.8	50.6	42.8	44.7
1991~2000 年	51.7	53.8	50.1	53.0
2001~2010 年	44.4	49.7	41.0	42.9

3.1.2 空间变化

从黄河流域 1961~2010 年最长连续无降水日数空间分布（图 3.2）可以看出，黄河流域最长连续无降水日数为 55~352 天，其中黄河源头、甘肃南部、陕西南部、河南西部和内蒙古段东部及山东部分地区为 55~100 天，黄河宁夏段和陕西中部部分地区为 150~200 天，部分地区超过 200 天，其他大部分地区为 100~150 天。

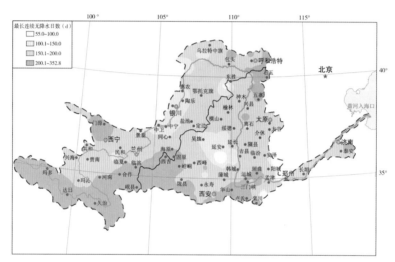

图 3.2　黄河流域 1961~2010 年最长连续无降水日数空间分布

黄河流域 1961~2010 年连续无降水日数呈现全流域较一致的减少趋势，下游部分站点的气候减小速率为 6 天/10 年，但全流域除个别站点外，都没有通过 0.05 的显著性检验（图 3.3）。

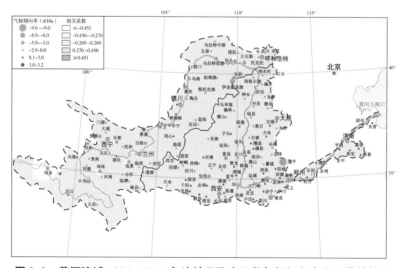

图 3.3　黄河流域 1961~2010 年连续无降水日数气候倾向率和显著性检验

3.2　最长连续降水日数

在全球变暖的大背景下，全球许多地区受到异常天气和极端天气气候事件的侵扰，极大地影响了经济和社会的长期稳定发展。国内外对极端天气气候事件有过诸多的研究，但针对一个地区最长连续降水日数的变化研究尚不多见。较长时间的连续降水日数对农业生产有着较大的影响。近 50 年黄河全流域、黄河上、中游最长连续降水日数减少趋势明显，减小速率分别为 0.229 天/10 年、0.202 天/10 年、0.261 天/10 年，下游有不明显的减少趋势，减小速率为 0.136 天/10 年。

3.2.1　时间变化

黄河全流域年最长连续降水日数为 6.8 天，最大值为 9.5 天，出现在 2007 年；1991 年和 1997 年为历年最低，达到 5.5 天。黄河全流域年最长连续降水日数具有明显的年际变化特征，近 50 年具有显著的减少趋势，通过 0.05 的相关系数信度检验，减小速率为 0.229 天/10 年。从年代际变化上来看，20 世纪 60 年代、70 年代、80 年代最长连续降水日数较大，特别是 60 年代，达到 7.6 天；90 年代较小，仅为 6.2 天。到了 21 世纪有所回升，为 7.0 天。黄河流域 1961~2010 年最长连续降水日数变化如图 3.4 所示。

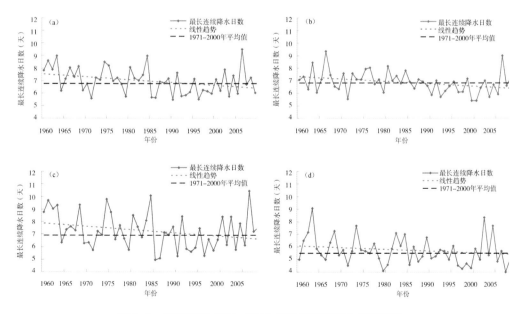

图 3.4　黄河流域 1961~2010 年最长连续降水日数变化

（a）黄河全流域；（b）黄河上游；（c）黄河中游；（d）黄河下游

黄河上游最长连续降水日数为 6.8 天，最大值为 9.4 天，出现在 1967 年；2000 年为历年最低，达到 5.4 天。黄河上游最长连续降水日数具有显著的减少趋势，通过0.05 的相关系数信度检验，近 50 年减小速率为 0.202 天/10 年。从年代际变化上来看，20 世纪 60~80 年代最长连续降水日数值较大，特别是 60 年代，为 7.3 天；90 年代较小，仅为 6.3 天；到了 21 世纪有所回升，达到 6.6 天。

黄河中游最长连续降水日数为 7.0 天，最大值为 10.4 天，出现在 2007 年；1986年为历年最低，达到 5.0 天。黄河中游最长连续降水日数具有显著的减少趋势，通过0.05 的相关系数信度检验，近 50 年减小速率为 0.261 天/10 年。从年代际变化上来看，20 世纪 60 年代、80 年代最长连续降水日数较大，其中 60 年代达到 8.1 天；90 年代较小，仅为 6.3 天；到了 21 世纪，数值有所回升，达到 7.4 天。

黄河下游最长连续降水日数为 5.5 天，最大值为 9.1 天，出现在 1964 年；2008 年为历年最低，达到 4.0 天。黄河下游最长连续降水日数减少速率不明显，未能通过0.05 的相关系数信度检验，近 50 年减小速率为 0.136 天/10 年。从年代际变化上来看，20 世纪 60 年代、80 年代较大，其中 60 年代达到 6.3 天；90 年代较小，仅为 5.1 天；到了 21 世纪，有所回升，达到 6.0 天。

黄河流域 1961~2010 年最长连续降水日数逐年代平均变化见表 3.2。

表 3.2　黄河流域 1961~2010 年最长连续降水日数逐年代平均变化（单位：天）

年代	全流域 平均值	上游 平均值	中游 平均值	下游 平均值
1961~1970 年	7.6	7.3	8.1	6.3
1971~1980 年	7.0	7.1	7.2	5.6
1981~1990 年	7.1	7.1	7.3	5.8
1991~2000 年	6.2	6.3	6.3	5.1
2001~2010 年	7.0	6.6	7.4	6.0

3.2.2　空间变化

黄河流域各地年最长连续降水日数为 6.0~34.0 天，分布趋势为由北向南、由东向西递增。黄河宁夏段中北部、内蒙古段、河南段东部、山东段最长连续降水日数在10.0 天以下；黄河甘肃段大部、宁夏段南部、陕西段中北部、山西段最长连续降水日数为 10.1~15.0 天；黄河青海段中部、西南部、陕西段南部最长连续降水日数在 15.1~34.0 天。最长连续降水日数最小的站为乌海和银川站，仅 6.0 天；最长连续降水日数最大的站为达日站，达到 34.0 天。

流域内 143 个站中有 119 个站最长连续降水日数为减少趋势，最长连续降水日数呈现减少趋势的站点中，有 27 个站通过了 0.05 的相关系数信度检验，这 27 个站主要分布在青海段南部、陕西段、内蒙古段东部；减少趋势最大的是久治站，气候减小速率为 5.664 天/10 年。有 24 个站最长连续降水日数为增加趋势，日最大降水呈现增加趋势的站点中，有 1 个站通过了 0.05 的相关系数信度检验，这 1 个站是偏关站；倾向率中增加趋势最大的偏关站，气候减小速率为 3.487 天/10 年（图 3.5）。

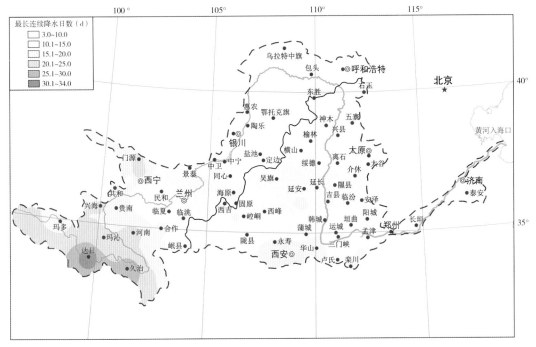

图 3.5　黄河流域（1961~2010 年）最长连续降水日数分布

3.3　日最大降水量

在各类自然灾害造成的总损失中，气象灾害引起的损失占 70% 以上，其中以暴雨所引起的自然灾害为较常见，突发性强降水常常造成农田积涝、城市内涝，出现山洪地质灾害，所以对日最大降水量的研究，能为防灾减灾提供参考依据。近 50 年黄河流域、黄河上、中、下游年日最大降水量都具有不显著的减少趋势，减小速率分别为 0.288 mm/10 年、0.362 mm/10 年、0.240 mm/10 年、0.275 mm/10 年。

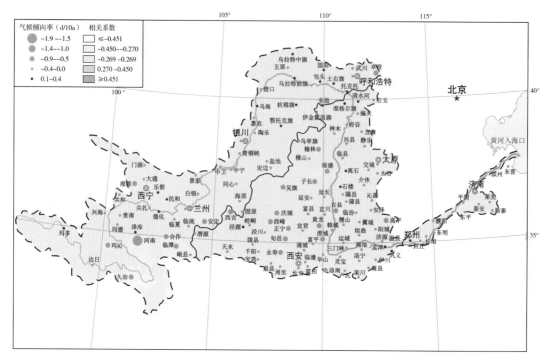

图 3.6　黄河流域最长连续降水日数气候倾向率及显著性检验

3.3.1　时间变化

黄河流域年日最大降水量为 50.6 mm，最大值为 59.0 mm，出现在 1964 年；1965 年为历年最低，达到 37.7 mm。年际变化不大，1961～2010 年黄河流域年日最大降水量具有不显著的减少趋势，减小速率为 0.288 mm/10 年。从年代际变化上来看，20 世纪 60 年代、70 年代日最大降水量年代际值较大，特别是 60 年代，年代际值为 51.7 mm；80 年代，年代际值最小，为 49.5 mm；90 年代和 2000 年代，年代际值有所下降，为 50.9 mm。黄河流域最长连续降水日数气候倾向率及显著性检验如图 3.6。

黄河上游日最大降水量常年值为 34.4 mm，最大值为 46.4 mm，出现在 1967 年；1965 年为历年最低，达到 22.6 mm。年际变化值不大。1961～2010 年黄河上游日最大降水量具有不显著的减少趋势，减小速率为 0.362 mm/10 年。从年代际变化上来看，60～70 年代日最大降水量年代际值较大，特别是 60 年代，达到 36.4 mm；80 年代，年代际值降到最低，为 32.3 mm；90 年代和 2000 年代，年代际值有所回升，分别为 35.9 mm 和 33.7 mm。

黄河中游日最大降水量常年值为 55.8 mm，最大值为 69.9 mm，出现在 1982 年；1965 年为历年最低，达到 43.4 mm。年际变化极不明显，1961～2010 年黄河中游日最大降水量具有不显著的减少趋势,减小速率为 0.240 mm/10 年。从年代际变化上来看,20 世纪 60 年代、70 年代和 80 年代日最大降水量年代际值较大,特别是 60 年代,达到 56.3 mm;90 年代,年代际值降到最低,为 54.5 mm;2000 年代,年代际值升到最高,达到 57.3 mm。

黄河下游日最大降水量常年值为 88.1 mm,最大值为 120.2 mm,出现在 2000 年;1968 年为历年最低,达到 53.4 mm。年际几乎没有变化趋势。1961~2010 年黄河下游日最大降水量减小速率仅为 0.275 mm/10 年。从年代际变化上来看,20 世纪 60 年代日最大降水量年代际值为 89.8 mm;70 年代值有所下降,达到 85.9 mm;80 年代降到最低,仅 84.2 mm;90 年代最高,达到 94.2 mm;2000 年代,年代际值下降到 85.1 mm。黄河流域 1961~2010 年日最大降水量变化如图 3.7。

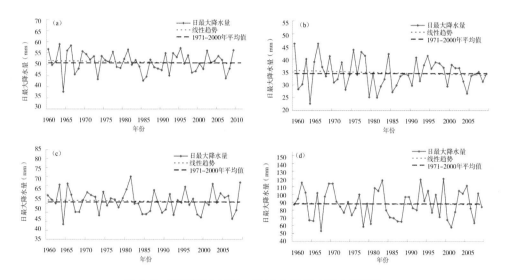

图 3.7　黄河流域 1961~2010 年日最大降水量变化

(a) 黄河全流域;(b) 黄河上游;(c) 黄河中游;(d) 黄河下游

黄河流域 1961~2010 年日最大降水量逐年代平均变化见表 3.3。

表 3.3　黄河流域 1961~2010 年日最大降水量逐年代平均变化（单位：天）

| 年代 | 全流域 | 上游 | 中游 | 下游 |
	平均值	平均值	平均值	平均值
1961~1970 年	51.7	36.4	56.3	89.8
1971~1980 年	51.2	35.1	56.9	85.9
1981~1990 年	49.5	32.3	55.9	84.2
1991~2000 年	50.9	35.9	54.5	94.2
2001~2010 年	50.9	33.7	57.3	85.1

3.3.2　空间变化

黄河流域各地年日最大降水量为 38.3~293.5 mm，分布趋势为由上游向下游递增。黄河青海段大部、甘肃中北部、宁夏大部、内蒙古自治区黄河段的北侧部分地区日最大降水量在 80 mm 以下；黄河甘肃段南部、东部、内蒙古段和陕西段大部分地区、山西段北中部日最大降水量为 80~125 mm；黄河内蒙和陕西段局部、山西段南部日最大降水量为 120~170 mm；黄河下游大部分地区日最大降水量为 170~293.5 mm。日最大降水量最小的站为玛沁站，仅为 38.3 mm；日最大降水量最大的站为长垣站，达到 293.5 mm。

流域内 143 个站中有 84 个站日最大降水量为减少趋势，主要分布在黄河青海段、甘肃段、宁夏段、内蒙古段、陕西东北段、山西段大部、河南段西部、山东段大部分地区，有 2 个站通过了 0.05 的相关系数信度检验，这两个站是托克托县、渑池站；有 59 个站日最大降水量为增加趋势，主要分布在甘肃段东部、宁夏段东部、陕西段中西部、以及河南段和山东段部分地区，有 5 个站通过了 0.05 的相关系数信度检验，这 5 个站是韩城、泾川、旬邑、泽库、周至。日最大降水量减少速率最大的为运城站，为 4.56 mm/10 年；日最大降水量增加速率最大的为运城站，为 6.61 mm/10 年。

黄河流域 1961~2010 年年日最大降水量分布如图 3.8 所示。

3.3.3　春季变化趋势

黄河流域春季日最大降水量常年值为 21.3 mm，最大值为 30.3 mm，出现在 1998 年；1962 年为历年最低，达到 11.1 mm。年际变化不大，1961~2010 年黄河流域春季日最大降水量有较显著的增加趋势，增加速率为 0.567 mm/10 年，通过 0.05 的相关系数信度检验。从年代际变化上来看，20 世纪 60 年代、70 年代春季日最大降水量年代际值较小，特别是 70 年代，只有 19.7 mm；80 年代年代际值最大，达到 22.3 mm；90 年代和 2000 年代，年代际值有所下降，分别是 20.6 mm 和 21.0 mm。

黄河上游春季日最大降水量常年值为 13.9 mm，最大值为 24.9 mm，出现在 1998 年；1995 年为历年最低，达到 6.6 mm。年际变化不大，1961~2010 年黄河上游春季日最大降水量具有不显著的增加趋势，增加速率为 0.342 mm/10 年。从年代际变化上来看，20 世纪 60~70 年代春季日最大降水量年代际值较小，特别是 70 年代，只有 13.1 mm；80 年代，年代际值比常年值稍大，为 14.9 mm；90 年代，年代际值有所下降，为 13.8 mm；2000 年代，年代际值最大，为 15.5 mm。

黄河中游春季日最大降水量常年值为 24.1 mm，最大值为 38.7 mm，出现在 1983 年；2001 年为历年最低，达到 12.3 mm。年际变化极不明显，1961~2010 年黄河中游

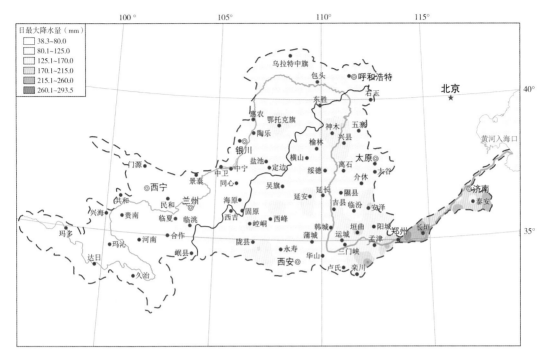

图 3.8 黄河流域（1961~2010 年）年日最大降水量分布

春季日最大降水量增加速度仅为 0.124 mm/10 年。从年代际变化上来看，60~70 年代春季日最大降水量年代际值较小，特别是 70 年代，仅为 23.0 mm；80 年代年代际值最大，为 25.7 mm；90 年代和 2000 年代，年代际值有所下降，分别为 23.6 mm 和 22.3 mm。

黄河下游春季日最大降水量常年值为 30.5 mm，最大值为 66.2 mm，出现在 1993 年；1962 年为历年最低，达到 11.0 mm。年际变化较明显，1961~2010 年黄河下游春季日最大降水量增加速度为 2.392 mm/10 年。从年代际变化上来看，20 世纪 60 年代、70 年代春季日最大降水量年代际值较小，特别是 60 年代，只有 26.7 mm；80 年代，年代际值有所回升，为 33.6 mm；90 年代，年代际值为 30.5 mm，2000 年代，年代际值最大，达到 36.0 mm。

黄河流域春季 1961~2010 年日最大降水量逐年代平均变化见表 3.4。

表 3.4 黄河流域春季 1961~2010 年日最大降水量逐年代平均变化（单位：天）

年代	全流域	上游	中游	下游
1961~1970 年	20.5	14.9	23.8	26.7
1971~1980 年	19.7	13.1	23.0	27.5

年代	全流域	上游	中游	下游
1981~1990 年	22.3	15.5	25.7	33.6
1991~2000 年	20.6	14.4	23.6	30.5
2001~2010 年	21.0	16.3	22.3	36.0

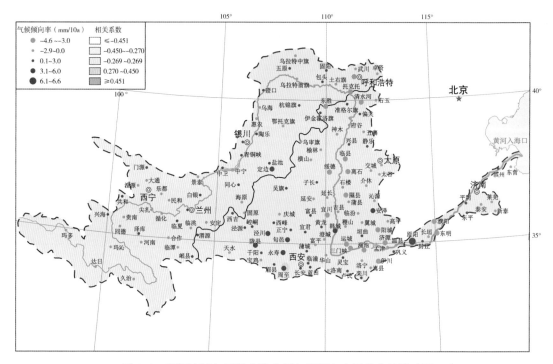

图3.9 黄河流域年日最大降水量气候倾向率及显著性检验图

3.3.4 夏季变化趋势

黄河流域夏季日最大降水量常年值为 47.7 mm，最大值为 56.1 mm，出现在 1967 年；1965 年为历年最低，达到 35.1 mm。年际变化不大，1961~2010 年黄河流域夏季日最大降水量具有不显著的减少趋势，减小速率为 0.242 mm/10 年。从年代际变化上来看，60 年代、70 年代夏季日最大降水量年代际值较大，特别是 60 年代，为 48.9 mm；80 年代，年代际值有明显下降，为 46.5 mm；90 年代，年代际值同 60 年代相同；到了 2000 年代，下降到 48.0 mm。

黄河上游夏季日最大降水量常年值为 33.1 mm，最大值为 45.5 mm，出现在 1967

年；1965 年为历年最低，达到 19.7 mm。年际变化不大，1961~2010 年黄河上游夏季日最大降水量具有不显著的减少趋势，减少速率为 0.587 mm/10 年。从年代际变化上来看，20 世纪 60 年代、70 年代夏季日最大降水量年代际值较大，特别是 60 年代，年代际值为 35.1 mm；80 年代，年代际值有明显下降，仅为 30.8 mm；90 年代，年代际值较大，达到 34.7 mm；到了 2000 年代，年代际值降到 31.3 mm。

黄河中游夏季日最大降水量常年值为 52.2 mm，最大值为 69.2 mm，出现在 1982 年；1965 年为历年最低，达到 40.9 mm。年际变化极不明显，1961~2010 年黄河中游夏季日最大降水量减少速率仅为 0.126 mm/10 年。从年代际变化上来看，20 世纪 60 年代年代际值为 52.2 mm；70 年代夏季日最大降水量年代际值较大，为 53.1 mm；80 年代、90 年代年代际值有所下降，分别为 52.4 mm 和 51.1 mm；到了 2000 年代，年代际值升到 54.7 mm。

黄河下游夏季日最大降水量常年值为 83.3 mm，最大值为 120.2 mm，出现在 2000 年；2003 年为历年最低，达到 45.1 mm。年际变化极不明显，1961~2010 年黄河下游夏季日最大降水量减少速率为 1.113 mm/10 年。从年代际变化上来看，60 年代夏季日最大降水量年代际值较大，为 88.3 mm，70 年代降到 80.8 mm；80 年代，年代际值较小，仅为 78.3 mm；90 年代，年代际值最大，为 90.7 mm；到了 2000 年代，年代际值降到 78.0 mm。

表 3.5　黄河流域夏季 1961~2010 年日最大降水量逐年代平均变化（单位：天）

年代	全流域	上游	中游	下游
1961~1970 年	48.9	35.7	52.2	88.3
1971~1980 年	48.3	34.5	53.1	80.8
1981~1990 年	46.5	31.3	52.4	78.3
1991~2000 年	48.3	35.6	51.1	90.7
2001~2010 年	48.0	32.9	54.7	78.0

3.3.5　秋季变化趋势

黄河流域秋季日最大降水量常年值为 25.1 mm，最大值为 36.2 mm，出现在 1961 年；1998 年为历年最低，达到 16.1 mm。年际变化不大，1961~2010 年黄河流域秋季日最大降水量具有不显著的减少趋势，减少速率为 0.524 mm/10 年。从年代际变化上来看，60 年代和 70 年代秋季日最大降水量年代际值较大，分别为 28.0 mm 和 26.7 mm；80 年代和 90 年代，年代际值较小，两个年代分别为 24.4 mm、24.0 mm；到了 2000 年代，年代际值有所回升，达到 27.2 mm。

黄河上游秋季日最大降水量常年值为 16.1 mm，最大值为 27.3 mm，出现在 2001 年；1986 年为历年最低，达到 10.4 mm。年际变化极不明显，1961～2010 年黄河上游秋季日最大降水量具有不显著的上升趋势，增大速率为 0.280 mm/10 年。从年代际变化上来看，20 世纪 60 年代秋季日最大降水量年代际值较大，为 17.7 mm；70 年代到 90 年代，年代际值较小，特别是 80 年代，年代际值仅为 15.5 mm；到了 2000 年代，年代际值有明显回升，达到 19.6 mm。

黄河中游秋季日最大降水量常年值为 29.3 mm，最大值为 43.3 mm，出现在 1972 年；1998 年为历年最低，达到 18.9 mm。年际变化不明显，1961～2010 年黄河中游秋季日最大降水量减小速率为 0.961 mm/10 年。从年代际变化上来看，20 世纪 60 年代秋季日最大降水量年代际值最大，为 33.7 mm；70 年代下降到 31.0 mm，80 年代下降到 29.2 mm，90 年代年代际值最小，仅为 27.6 mm，到了 2000 年代，年代际值有所回升，达到 31.2 mm。

黄河下游秋季日最大降水量常年值为 37.3 mm，最大值为 75.4 mm，出现在 1983 年；1998 年为历年最低，达到 9.3 mm。年际变化不明显，1961～2010 年黄河下游日最大降水量具有不显著的下降趋势，减小速率仅为 1.236 mm/10 年。从年代际变化上来看，20 世纪 60 年代、70 年代秋季日最大降水量年代际值较大，特别是 70 年代，达到 43.3 mm；80 年代降到最低，为 32.9 mm；90 年代和 2000 年代，年代际值有所回升，分别为 35.6 mm 和 34.7 mm。

黄河流域秋季 1961～2010 年日最大降水量逐年代平均变化见表 3.6。

表 3.6　黄河流域秋季 1961～2010 年日最大降水量逐年代平均变化（单位：天）

年代	全流域 平均值	上游 平均值	中游 平均值	下游 平均值
1961～1970 年	28.0	18.2	33.7	36.3
1971～1980 年	26.7	17.1	31.0	43.3
1981～1990 年	24.4	15.4	29.2	32.9
1991～2000 年	24.0	16.5	27.6	35.6
2001～2010 年	27.2	19.8	31.2	34.7

3.3.6　冬季平均的变化趋势

黄河流域冬季日最大降水量常年值较小，为 3.4 mm，最大值为 5.8 mm，出现在

1978 年；1998 年为历年最低，达到 1.5 mm。年际变化不大，1961～2010 年黄河流域冬季日最大降水量具有较显著的增加趋势，增加速率为 0.243 mm/10 年，通过 0.05 的相关系数信度检验。从年代际变化上来看，60 年代冬季日最大降水量年代际值较小，为 2.8 mm；70 年代值较高，为 3.7 mm；80 年代和 90 年代，年代际值较小，两个年代都为 3.3 mm；2000 年代，年代际值最大，达到 4.2 mm。

黄河上游冬季日最大降水量常年值较小，为 2.4 mm，最大值为 4.4 mm，出现在 2006 年；1998 年为历年最低，仅为 0.6 mm。年际变化不大，1961～2010 年黄河上游冬季日最大降水量具有较显著的增加趋势，增加速率为 0.170 mm/10 年，通过 0.05 的相关系数信度检验。从年代际变化上来看，60 年代冬季日最大降水量年代际值较小，仅为 1.6 mm；70 年代值与常年值相等，80 年代值较高，为 2.5 mm；90 年代，年代际值下降到 2.2 mm；2000 年代，年代际值又有所回升，为 2.6 mm。

黄河中游冬季日最大降水量常年值较小，为 3.7 mm，最大值为 6.0 mm，出现在 1978 年；1998 年为历年最低，仅为 0.6 mm。年际变化不大，1961～2010 年黄河中游冬季日最大降水量具有不显著的增加趋势，增加速率为 0.193 mm/10 年。从年代际变化上来看，60 年代冬季日最大降水量年代际值最小，仅为 3.2 mm；70 年代值有所增加，达到 4.1 mm；80 年代和 90 年代年代际值较小，分别为 3.5 mm 和 3.6 mm；2000 年代，年代际值最大，为 4.4 mm。

黄河下游冬季日最大降水量常年值较小，为 5.3 mm，最大值为 15.0 mm，出现在 2003 年；1998 年为历年最低，仅为 0.5 mm。年际变化极不明显，1961～2010 年黄河下游冬季日最大降水量具有较显著的增加趋势，增加速率为 0.601 mm/10 年。从年代际变化上来看，60～70 年代冬季日最大降水量年代际值较小，特别是 60 年代，达到 4.8 mm；80 年代年代际值降到最低，为 4.6 mm；90 年代和 2000 年代，年代际值有所回升，两个年代分别为 5.4 mm 和 8.1 mm。

黄河流域冬季 1961～2010 年日最大降水量逐年代平均变化见表 3.7。

表 3.7　黄河流域冬季 1961～2010 年日最大降水量逐年代平均变化（单位：天）

年代	全流域平均值	上游平均值	中游平均值	下游平均值
1961～1970 年	2.8	1.7	3.2	4.8
1971～1980 年	3.7	2.6	4.1	5.9
1981～1990 年	3.3	2.7	3.5	4.6
1991～2000 年	3.3	2.3	3.6	5.4
2001～2010 年	4.2	2.6	4.4	8.2

3.4 雷暴日数

20 世纪 60 年代以来黄河流域和上、中、下游雷暴日数均呈明显的减少趋势，其中上游和下游减少速率最大，中游最小；黄河流域雷暴日数呈逐年代减少的特点，以 20 世纪 60 年代最多，21 世纪以来的 10 年最少；中游和下游分别在 1992 年和 1978 年出现了由多到少的突变。黄河流域雷暴日数分布趋势为由上游向下游递减，大多数站点变化趋势通过了 99% 的信度检验。

3.4.1 时间变化

黄河流域年平均雷暴日数为 29.3 天，最多值为 38.5 天，出现在 1964 年；2009 年为历年最少，只有 17.1 天（图 3.10）。黄河流域雷暴日数具有明显的阶段性变化，1962~1978 年明显偏多，1979~1994 年接近常年，1995~2010 年明显偏少。黄河流域雷暴日数呈逐年代减少的变化特点，以 20 世纪 60 年代最多，21 世纪以来的 10 年最少。近 50 年来黄河流域雷暴日数具有显著的减少趋势，减少速率为 2.3 天/10 年，通过了 99% 的信度检验，与全国变化趋势一致，明显小于华南地区 5.5 天/10 年的减小速率。经 M-K 检验，黄河流域年雷暴日数没有出现明显突变。

黄河上游年平均雷暴日数为 34.4 天，最多值为 45.9 天，出现在 1964 年；2009 年为历年最少，只有 21.6 天。黄河上游雷暴日数呈逐年代减少的变化特征，以 20 世纪 60 年代最多，21 世纪以来的 10 年最少，近 50 年来黄河上游雷暴日数具有显著的减少趋势，减小速率为 2.8 天/10 年，通过了 99% 的信度检验。经 M-K 检验，黄河上游雷暴日数没有出现明显突变。

黄河中游年平均雷暴日数为 26.6 天，最多值为 36.2 天，出现在 1977 年；2009 年为历年最少，只有 13.8 天。黄河中游雷暴日数呈逐年代减少的变化特征，以 20 世纪 60 年代最多，21 世纪以来的 10 年最少。近 50 年来黄河中游雷暴日数具有显著的减少趋势，减小速率为 2.0 天/10 年，通过了 99% 的信度检验。经 M-K 检验，黄河中游雷暴日数在 1992 年出现了由多到少的突变。

黄河下游年平均雷暴日数为 24.1 天，最多值为 40.3 天，出现在 1964 年；1981 年为历年最少，只有 17.3 天。黄河下游雷暴日数呈逐年代减少的变化特征，以 20 世纪 60 年代最多，21 世纪以来的 10 年最少。近 50 年来黄河下游雷暴日数具有显著的减少趋势，减小速率为 2.6 天/10 年，通过了 99% 的信度检验。经 M-K 检验，黄河下游雷暴日数在 1978 年出现了由多到少的突变。

黄河流域 1961~2010 年雷暴日数变化如图 3.10。

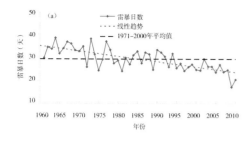 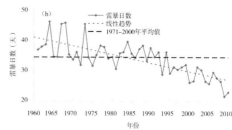

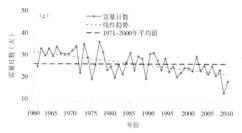 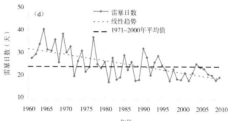

图3.10 黄河流域1961~2010年雷暴日数变化

（a）黄河流域；（b）黄河上游；（c）黄河中游；（d）黄河下游

黄河流域1961~2010年雷暴日数逐年代平均变化见表3.8。

表3.8 黄河流域1961~2010年雷暴日数逐年代平均变化（单位：天）

年代	全流域 平均值	上游 平均值	中游 平均值	下游 平均值
1961~1970 年	34.0	38.8	31.1	32.4
1971~1980 年	31.0	35.8	28.4	26.7
1981~1990 年	29.4	35.7	26.1	22.9
1991~2000 年	27.4	31.5	25.4	22.8
2001~2010 年	24.2	26.9	22.8	21.1

黄河中游和下游1961~2010年雷暴日数M-K突变如图3.11。

3.4.2 空间变化

黄河流域各地年平均雷暴日数为12.3~69.8天，分布趋势为由上游向下游递减。黄河上游的青海大部为多雷暴区，年平均雷暴日数为40~70天；宁夏、陕西、山西3省局部在20天以下；其余地区为20~40天（图3.12）。

流域内140个站中只有2个站雷暴日数呈弱的增加趋势，其余138个站（占总数的99%）均呈减少趋势，有10个站点（占总数的7%）气候减小速率为4.0~7.8天/10

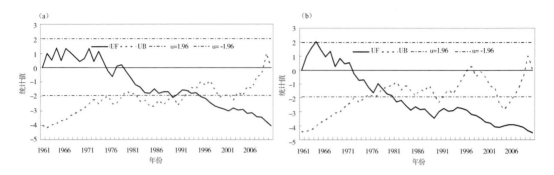

图3.11　黄河中游和下游1961~2010年雷暴日数M-K突变
(a) 黄河中游；(b) 黄河下游

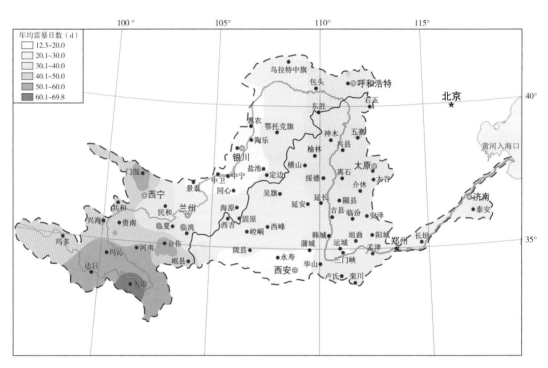

图3.12　黄河流域（1961~2010年）年平均雷暴日数分布图

年，其中上游青海省的部分地区减少趋势最大；有52个站（占总数的37%）气候减小
速率为2.0天/10年以下，内蒙古、宁夏、陕西3省大部减少趋势最小；其余地区76
个站（占总数的54%）为2.0~4.0天/10年。全流域绝大多数站点（占总数的86%）
变化趋势都通过了95%的信度检验，其中青海大部、甘肃西部、内蒙古北部、山西、
陕西、河南三省交界一带及下游大部站点（占总数54%）变化趋势通过了99%的信度
检验（图3.13）。

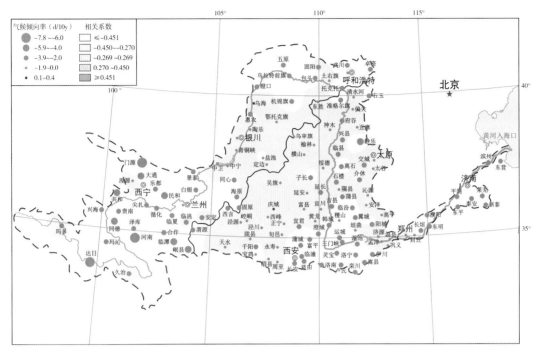

图 3.13　黄河流域雷暴日数气候倾向率及显著性检验图

3.5　沙尘暴日数

　　利用黄河流域 143 个测站的沙尘暴日数资料，分析了 1961~2010 年黄河流域沙尘暴日数的时空变化特征，结果表明：黄河流域沙尘暴日数具有显著的下降趋势。其中上游地区下降趋势明显，减小速率高于全国；中游地区在 1984 年前后发生一次突变，1984 年后下降明显；下游地区在 1979 年前后发生一次突变，1979 年后下降明显。空间变化分布上，黄河源区及上游局部地区沙尘暴日数较多；除上游南部及中游南部大部分地区变化趋势不明显外，大部分地区呈显著下降趋势，部分地区减小速率在 2 天/10年以上。

3.5.1　时间变化

　　黄河流域年平均沙尘暴日数为 2.3 天，最多天数 6.7 天，出现在 1966 年；2007 年为历年最少，仅为 0.7 天。1961~2010 年黄河流域年平均沙尘暴日数具有显著的下降趋势，减小速率为 0.8 天/10 年（图 3.14）。

　　黄河流域上游地区年平均沙尘暴日数为 3.7 天，最多天数为 11.5 天，出现在 1966

年；2008 年为历年最少，仅 0.3 天。1961~2010 年黄河流域上游地区年平均沙尘暴日数具有显著的下降趋势，减小速率为 1.4 天/10 年，高于全国沙尘暴日数 1.07 天/10 年的减小速率。

黄河流域中游地区年平均沙尘暴日数为 1.6 天，最多值为 3.9 天，出现在 1966 年；1991 年为历年最少，仅 0.8 天。1961~2010 年黄河流域中游地区年平均沙尘暴日数具有显著的下降趋势，减小速率为 0.4 天/10 年，低于全国沙尘暴日数的减小速率。对其作 M-K 突变检验，黄河流域沙尘暴日数在 1984 年发生一次突变，突变点以后 UF 值为负，并且超出显著性水平 0.05 临界线，表明 1984 年以后有明显下降趋势（图 3.15）。

黄河流域下游地区年平均沙尘暴日数为 0.8 天，最多值为 4.8 天，出现在 1969 年；1991 年、1992 年、1994 年、1996 年、1998 年、1999 年、2001 年、2002 年、2003 年、2004 年、2005 年、2007 年和 2008 年没有出现沙尘暴天气。1961~2010 年黄河流域下游地区年平均沙尘暴日数具有显著的下降趋势，减小速率为 0.5 天/10 年，低于全国沙尘暴日数的减小速率。对其作 M-K 突变检验，黄河流域沙尘暴日数在 1979 年发生一次突变，1979 年以后有明显下降趋势。

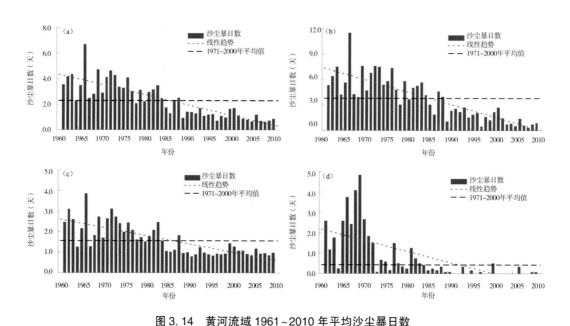

图 3.14　黄河流域 1961~2010 年平均沙尘暴日数

（a）黄河流域；（b）黄河上游；（c）黄河中游；（d）黄河下游

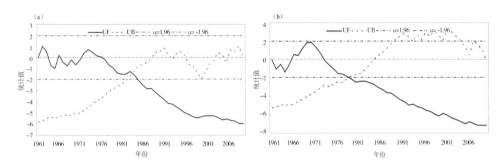

图 3.15　黄河流域 1961~2010 年平均沙尘暴日数的 M-K 突变检验

（a）黄河中游；（d）黄河下游

黄河流域平均沙尘暴日数自 20 世纪 60 年代以来逐年代递减（表 3.9），20 世纪 60 年代最多为 3.7 天，21 世纪以来沙尘暴日数最少，仅为 0.9 天；上游地区在 20 世纪 60 年代最多为 6.1 天，21 世纪以来沙尘暴日数最少，仅为 1.0 天；中游地区在 20 世纪 60 年代最多为 2.3 天，21 世纪以来沙尘暴日数最少，为 1.0 天；下游地区在 20 世纪 60 年代最多为 2.6 天，21 世纪以来沙尘暴日数最少，仅为 0.1 天。

表 3.9　黄河流域 1961~2010 年沙尘暴日数逐年代平均变化（单位：天）

年代	全流域	上游	中游	下游
1961~1970 年	3.7	6.1	2.3	2.6
1971~1980 年	3.4	5.8	2.2	0.7
1981~1990 年	2.2	3.7	1.5	0.4
1991~2000 年	1.2	1.8	1.0	0.1
2001~2010 年	0.9	1.0	1.0	0.1

3.5.2　空间变化

图 3.16 给出了 1961~2010 年黄河流域年平均沙尘暴日数的空间分布。分析结果显示，黄河流域年平均沙尘暴日数大部分地区为 0~4 天；黄河源区及上游局部地区沙尘暴日数较大，其中兴海、盐池、定边等地年平均沙尘暴日数达 10 天以上；上游西北部及东南部、中游西南部及东部、下游地区年平均沙尘暴日数在 1 天以下。

图 3.17 给出了 1961~2010 年黄河流域年平均沙尘暴日数的变化趋势空间分布。分析结果显示，黄河流域平均沙尘暴日数总体呈下降趋势，大部分地区下降趋势明显，其中 83 个站（占站点总数的 59.3%）通过 95% 的显著性检验，部分地区平均沙尘暴日数每 10 年下降 2 天以上，上游南部及中游南部大部分地区变化趋势不明显。

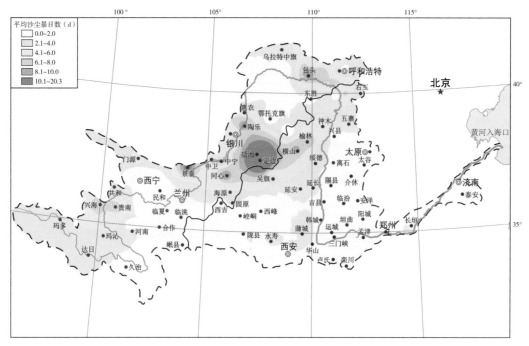

图 3.16　1961~2010 年黄河流域年平均沙尘暴日数的空间分布

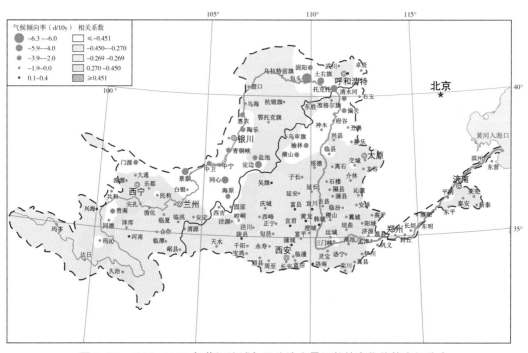

图 3.17　1961~2010 年黄河流域年平均沙尘暴日数的变化趋势空间分布

3.5.3　结论与讨论

（1）1961～2010 年黄河流域沙尘暴日数具有显著的下降趋势，与张存杰（2002）、付光轩（2002）等研究的结论一致。

（2）空间分布上，黄河源区及上游局部地区沙尘暴日数较多，上游西北部及东南部、中游西南部及东部下游地区较少。

（3）黄河流域除上游南部及中游南部大部分地区变化趋势不明显外，大部分地区呈显著下降趋势。其中上游地区下降趋势明显，减小速率高于全国；中游地区在 1984 年前后发生一次突变，1984 年后下降明显；下游地区在 1979 年前后发生一次突变，1979 年后下降明显。

3.6　最大积雪深度

利用黄河流域 143 个测站的年最大积雪深度资料，分析了 1961～2010 年黄河流域年最大积雪深度的时空变化特征，结果表明：黄河流域年最大积雪深度总体具有不显著的减小趋势。其中上游地区在 1992 年前后发生一次突变，2004 年后明显减小；中游地区略有增加，增速低于全国；下游地区有弱减小趋势。空间变化分布上，上中游地区较大，中下游地区较小，下游地区东部较大；变化趋势不显著。

3.6.1　时间变化

1961～2010 年黄河流域年最大积雪深度平均为 7.1 m，最大值为 10.8 cm，出现在 2009 年；1995 年为历年最低，为 3.5 cm。黄河流域年最大积雪深度具有不显著的减小趋势，减小速率仅为 0.02cm/10 年（图 3.18）。

上游地区年最大积雪深度平均为 6.0 cm，最大值为 7.8 cm，出现在 1971 年；1999 年为历年最低，仅为 3.3 cm。1961～2010 年黄河流域上游地区年最大积雪深度具有不显著的减小趋势，减小速率为 0.15 cm/10 年。对其作 M-K 突变检验，黄河流域上游年最大积雪深度在 1992 年发生一次突变，2004 年以后有明显下降趋势。

中游地区年最大积雪深度平均为 8.1 cm，最大值为 14.3 cm，出现在 2009 年；1995 年为历年最低，仅 3.1 cm。1961～2010 年黄河流域中游地区年最大积雪深度具有不显著的增加趋势，增加速率仅为 0.07 cm/10 年，低于全国 0.17 cm/10 年的年最大积雪深度的增速。

下游地区年最大积雪深度平均为 5.8 cm，最大值为 13.3 cm，出现在 1972 年；2007 年为历年最低，仅 0.3 cm。1961～2010 年黄河流域下游地区年最大积雪深度具有不显著的减小趋势，减小速率为 0.02 cm/10 年。

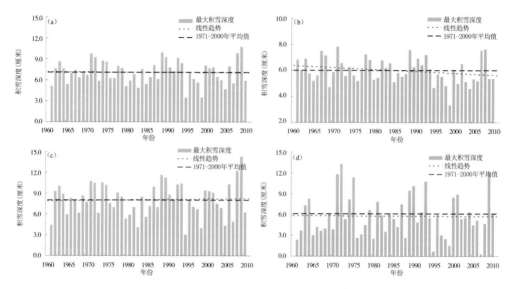

图 3.18　黄河流域 1961～2010 年年最大积雪深度

（a）黄河流域　（b）黄河上游　（c）黄河中游　（d）黄河下游

年代际变化上（表 3.10），黄河流域年最大积雪深度在 20 世纪 70 年代最多为 7.6 cm，90 年代最少为 6.7 cm；上游地区在 20 世纪 60 年代和 70 年代最多为 6.2 cm，90 年代最少为 5.7 cm；中游地区在 20 世纪 70 年代最多为 8.6 cm，90 年代最少为 7.6 cm；下游地区在 20 世纪 70 年代最多为 7.0 cm，60 年代最少为 4.7 cm。

表 3.10　黄河流域 1961～2010 年最大积雪深度逐年代平均变化（单位：cm）

年代	全流域	上游	中游	下游
1961～1970 年	6.9	6.2	7.8	4.7
1971～1980 年	7.6	6.2	8.6	7.0
1981～1990 年	7.1	6.1	7.8	6.3
1991～2000 年	6.7	5.7	7.6	5.0
2001～2010 年	7.3	5.8	8.5	6.0

3.6.2　空间变化

图 3.19 给出了 1961～2010 年黄河流域年最大积雪深度的空间分布。分析结果显示，黄河流域年最大积雪深度为 4～35 cm；黄河上游地区最大积雪深度较小，大部分地区在 15 cm 以下；中游地区中西部大部在 15～20 cm，中游东部地区最大积雪深度较大，

大体在 20~25 cm；下游地区西部在 20 cm 以上，东部在 20 cm 以下。

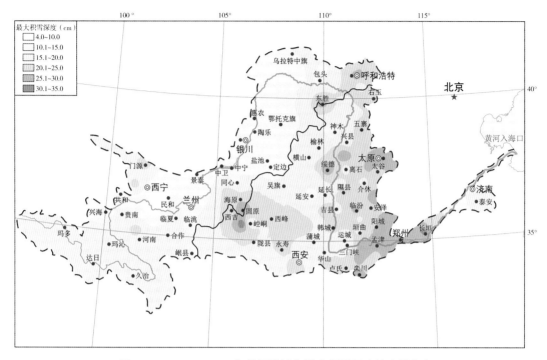

图 3.19　1961~2010 年黄河流域年最大积雪深度的空间分布

图 3.20 给出了 1961~2010 年黄河流域年最大积雪深度的变化趋势空间分布。分析结果显示，黄河流域年最大积雪深度西部及北部以减小趋势为主，东部地区以增加趋势为主，绝大部分地区变化趋势不显著，仅有 7 个站（占站点总数的 5%）通过 95% 的显著性检验。

3.6.3　结论与讨论

（1）1961~2010 年黄河流域年最大积雪深度总体具有不显著的减小趋势，这与任国玉（2005）研究的全国年最大积雪深度的弱增加趋势不同。

（2）空间分布上，黄河流域上中游地区年最大积雪深度较大，中下游地区较小，下游地区东部较大，与车涛（2005）的结论基本一致。

（3）黄河流域上游地区年最大积雪深度在 1992 年前后发生一次突变，2004 年后明显减小；中游地区略有增加，增速低于全国；下游地区有弱减小趋势。

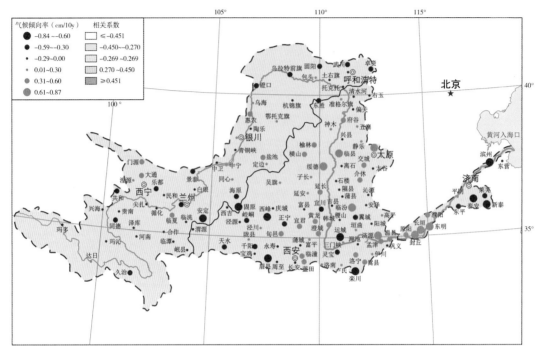

图 3.20　1961~2010 年黄河流域年最大积雪深度的变化趋势

3.7　STARDEX 指标

　　"欧洲地区极端事件统计和区域动力降尺度"项目（STARDEX）提出的基于逐日温度和降水量观测资料的 50 多个极端指数中的 10 个核心指数见表 3.11。

表 3.11　STARDEX 计划中的 10 个核心气象指数

序号	指数名称	新代码	旧代码	定义	单位
1	（较强）高温阈值	txq90	tmax90p	日最高气温的第 90% 分位值	℃
2	（较强）低温阈值	tnq10	tmi10p	日最低气温的第 10% 分位值	℃
3	霜冻日数	tnfd	125Fd	日最低气温≤0 ℃的全部日数	天
4	最长热浪天数	txhw90	txhw90	日最高气温大于基准期第 90% 分位值（最高气温）的最长热浪天数	天
5	（较）强降水阈值	pq90	prec90p	有雨日降水量的第 90% 分位值	mm

序号	指数名称	新代码	旧代码	定义	单位
6	（较）强降水比例	pfl90	691R90T	大于基准期第90%分位的有雨日降水量占总降水量的百分比	%
7	（较）强降水日数	pnl90	692R90N	大于基准期第90%分位的有雨日日数	
8	最大5日降水量	px5d	644R5d	最大的连续5日总降水量	mm
9	日降水强度	pint	646SDII	有雨日的降水量与有雨日数比值	mm/天
10	持续干期	pxcdd	641CDD	最长连续无雨日数	天

注：①第90%分位值算法：取当日及前后两天共5天，基准期为30年，合计150天的日最高气温，取第90%分位值。②第1、2、5个指数的90%或10%分位值计算与年份有关，仅采用当年逐日气温或有雨日资料计算，即不同年的结果不同。第6、7个指数用到的90%分位值是基准期内所有有雨日资料的计算结果，对某一站该分位点值是固定的。③日降水量≥1.0 mm为有雨日，否则为无雨日。

以黄河流域143个气象站1961~2010年50年间逐日平均气温、最高气温、最低气温和降水量作为分析基础资料。选取"欧洲地区极端事件统计和区域动力降尺度"项目（STARDEX）提出的基于逐日温度和降水量观测资料的50多个极端指数中的10个核心指数，综合采用趋势系数法和M-K突变检验方法分析黄河流域极端气温和降水的变化规律。

3.7.1 极端气温

上游地区高、低温阈值变化趋势及突变分析结果和显著性见表3.12。可见，年和四季的高温阈值均为上升趋势，但只有春季的指数变化没有通过显著性检验，其他均为极显著，按50年计算冬、夏、秋及年分别升高了2.5℃、1.5℃、2.1℃和1.3℃。按年代计算，1960年代相应平均高温阈值为5.5℃、28.1℃、21.1℃和25.7℃，到21世纪初为7.7℃、29.4℃、22.5℃和26.8℃。冬、秋季上升的幅度最大，夏季和年升幅次之，春季升幅最小。值得注意的是四季及年高温阈值在20世纪末21世纪初发生突变上升。

年及四季的低温阈值均为极显著上升趋势（即α<0.01），其中年、冬季升温最强，按50年计算分别升高了3.4℃、3.9℃。春、夏、秋季次之，按50年计算分别均升高了2.7℃、2.7℃、2.3℃。低温阈值自1980年开始发生突变上升，其中年及冬季在1985~1986年，春、夏、秋季则均在20世纪90年代初。

不难发现低温阈值升幅大于高温阈值,表明气候变暖在白天和夜间呈现非对称性,与之相关的有些极端事件便会显著增加,如暖夜、闷热、傍晚至夜间的强对流等天气现象会显著增多,暖日、高温热浪也有所增加,有些极端事件(如霜冻日数、冰冻日数等)则会减少(表3.12)。

中游地区高、低温阈值变化趋势及突变分析结果和显著性见表3.13。可见,年及

表3.12 黄河流域上游1961~2010年年及四季的高、低温阈值变化趋势及突变结果

指数	季节	变化速率/ (℃/10年)	显著 性水平	突变结果	50年变幅 /℃	50年平均值 /℃
高温 阈值	冬季	0.51	0.000***	1997年(+)	2.5	6.4
	春季	0.15	0.106	2002年(+)	0.8	23.2
	夏季	0.30	0.001***	1996~1997年(+)	1.5	28.5
	秋季	0.41	0.000***	2002年(+)	2.1	21.6
	年	0.26	0.000***	2000年(+)	1.3	25.9
低温 阈值	冬季	0.70	0.000***	1985~1986年(+)	3.4	−19.4
	春季	0.54	0.000***	1990年(+)	2.7	−7.5
	夏季	0.53	0.000***	1990年(+)	2.7	7.8
	秋季	0.46	0.000***	1994年(+)	2.3	−8.9
	年	0.77	0.000***	1985~1986年(+)	3.9	−15.0

注:"*"、"**"、"***"表示分别通过了0.1、0.05、0.01的显著性检验;括号内"−"表示为减(降)趋势,"+"为增(升)趋势;"/"表示不显著或无突变。

表3.13 黄河流域中游1961~2010年年及四季的高、低温阈值变化趋势及突变结果

指数	季节	变化速率 (℃/10年)	显著性 水平	突变结果	50年变幅 (℃)	50年平均值 (℃)
高温 阈值	冬季	0.49	0.001***	1993年(+)	2.4	9.6
	春季	0.31	0.013**	/	1.6	27.6
	夏季	0.17	0.028**	/	0.9	33.1
	秋季	0.37	0.004***	1986年(+)	1.9	25.4
	年	0.16	0.036**	1999年(+)	0.8	30.4
低温 阈值	冬季	0.44	0.002***	1981年(+)	2.2	−13.1
	春季	0.32	0.009***	1996年(+)	1.6	−2.6
	夏季	0.30	0.000***	1992年(+)	1.5	13.5
	秋季	0.12	0.412	2002(+)	0.6	−3.5
	年	0.50	0.000***	1988年(+)	2.5	−9.2

四季的高温阈值均为上升趋势，且均通过了显著性检验。按50年计算，冬、春、夏、秋及年分别升高了2.4℃、1.6℃、0.9℃、1.9℃、0.8℃。按年代计算，1960年相应平均高温阈值为8.8℃、27.2℃、33.0℃、24.7℃、30.4℃，到21世纪初为10.8℃、28.5℃、33.8℃、25.8℃、31.0℃。冬、春、秋季增加的幅度最大，夏季和年升幅次之。值得注意的是冬、秋季及年高温阈值在20世纪末发生突变上升。

年及四季的低温阈值均为上升趋势，只有秋季没有通过显著性检验。其中年、冬季升温最强，按50年计算分别升高了2.5℃、2.2℃，按年代计算，1960年代平均分别为-10.2℃、-14.3℃，到21世纪初则分别上升为-8.3℃、-12.4℃。春、夏季次之，按50年计算分别均升高了1.6℃、1.5℃，秋季最小，只有0.6℃。低温阈值自1980年代开始发生突变上升，其中年及冬季在20世纪80年代，春、夏、秋季则均在20世纪末21世纪初。

下游地区高、低温阈值变化趋势及突变分析结果和显著性见表3.14。可见：年及四个季的高温阈值呈现出有升有降的变化趋势，但只有秋季的指数变化通过极显著性检验，且春、夏季没有通过显著性检验，按50年计算秋季升高了1.4℃。按年代计算，1960年代相应平均高温阈值为27.9℃，到21世纪初为28.8℃。冬、秋季增加的幅度较大，而其他季节和年出现较小的减小趋势。值得注意的是四季及年高温阈值的突变均较明显，秋季在20世纪80年代发生突变上升，冬季在20世纪70年代和90年代出现两次突变上升，其他季节及年在20世纪70年代突变下降。

表3.14 黄河流域下游1961~2010年年及四季的高、低温阈值变化趋势及突变结果

指数	季节	变化速率（℃/10年）	显著性水平	突变结果	50年变幅（℃）	50年平均值（℃）
高温阈值	冬季	0.33	0.037**	1978年（+），1993年（+）	1.6	11.4
	春季	-0.11	0.367	1974年（-）	-0.6	29.2
	夏季	-0.13	0.107	1973年（-）	-0.7	34.8
	秋季	0.27	0.010***	1988年（+）	1.4	28.5
	年	-0.12	0.067*	1971年（-）	-0.6	32.3
低温阈值	冬季	0.65	0.000***	1986年（+）	3.2	-9.0
	春季	0.58	0.000***	1994年（+）	2.9	0.1
	夏季	0.26	0.000***	1991年（+）	1.3	17.8
	秋季	0.16	0.271	2002年（+）	0.8	0.1
	年	0.59	0.000***	1989年（+）	3.0	-5.3

年及四季的低温阈值均为上升趋势，除了秋季未通过显著性检验，其他均为极显著。其中年、冬季升温最强，按50年计算分别升高了3.2℃、3.0℃，到21世纪初则分别上升为4.2℃、7.8℃。春、夏次之，按50年计算分别均升高了2.9℃、1.3℃，秋季最小，只有0.8℃。低温阈值自1980年代开始发生突变上升，其中年及冬季在80年代末，春、夏、秋季则在20世纪末21世纪初。

3.7.2 霜冻日数、最长热浪天数

3.7.2.1 黄河上游地区

由表3.15可见：霜冻日数呈极显著减少趋势，年及秋季均在1990年代末突变下降。按50年计算年霜冻日数减少20.6天，其中春季减少10.3天，夏、秋季则各减少2.7天和6.8天。这个结果与低温阈值极显著上升趋势是一致的。

而年和四季的最长热浪天数则以延长为主，且年和四季指标均通过显著性检验，冬、春、夏、秋季和年50年分别延长2.5天、1.4天、2.3天、1.7天、2.7天，这种变化从1960年代开始，但从20世纪80年代开始最长热浪天数增加的幅度开始增大。从年值上看，1990年代末至今最长热浪天数较多，而20世纪80年代较70年代比较有减少趋势，如果从1980年代开始，增加趋势还是很明显的。

表3.15 黄河流域上游1961~2010年年及四季霜冻日数和最长热浪天数变化趋势及突变结果

指数	季节	变化速率（天/10年）	显著性水平	突变结果	50年变幅（天）	50年平均值（天）
霜冻日数	冬季	-0.18	0.008***	/	-0.9	90.0
	春季	-2.05	0.000***	1989年（-）	-10.3	44.0
	夏季	-0.54	0.000***	1973~1976年（-）	-2.7	3.0
	秋季	-1.35	0.000***	1994年（-）	-6.8	43.8
	年	-4.11	0.000***	1992年（-）	-20.6	180.8
最长热浪天数	冬季	0.52	0.000***	2005年（+）	2.5	3.2
	春季	0.27	0.007***	2002~2005年（+）	1.4	3.0
	夏季	0.46	0.003***	2004年（+）	2.3	3.2
	秋季	0.34	0.011**	2003年（+）	1.7	3.2
	年	0.53	0.000***	2008年（+）	2.7	5.1

3.7.2.2 黄河中游地区

由表 3.16 可见：除了夏、秋季，霜冻日数呈极显著减少趋势，年及冬季均在 1990 年代突变下降。夏季没有出现霜冻。按 50 年计算年霜冻日数减少 14.8 天，其中冬季减少 6.9 天，春、秋季则各减少 6.2 天和 1.8 天。这个结果与低温阈值显著上升趋势是一致的。

而年和四季的最长热浪天数则以延长为主，只有冬、春季和年指标通过显著性检验，50 年分别延长 2.5 天、1.6 天、2.3 天。从年值上看，1990 年代末至今最长热浪天数较多。

表 3.16 黄河流域中游 1961~2010 年年及四季霜冻日数和最长热浪天数变化趋势及突变结果

指数	季节	变化速率/（天/10 年）	显著性水平	突变结果	50 年变幅/天	50 年平均值/天
霜冻日数	冬季	−1.41	0.000***	1992 年（−）	−6.9	84.1
	春季	−1.23	0.001***	1995 年（−）	−6.2	20.7
	夏季	0	/	/	0.0	0.0
	秋季	−0.35	0.310	/	−1.8	22.2
	年	−2.95	0.000***	1996 年（−）	−14.8	127.0
最长热浪天数	冬季	0.52	0.001***	1997 年（+）	2.5	3.2
	春季	0.31	0.005***	2004 年（+）	1.6	3.0
	夏季	0.19	0.270	/	1.0	3.2
	秋季	0.32	0.102	/	1.6	3.3
	年	0.45	0.021**	1997 年（+）	2.3	5.2

3.7.2.3 黄河下游地区

由表 3.17 可见：除夏、秋季外，霜冻日数呈极显著减少趋势，年及秋季均在 20 世纪 80 年代末、90 年代初突变下降。按 50 年计算年霜冻日数减少 26.5 天，其中冬季减少 14.4 天，春、秋季则各减少 9 天和 3 天。这个结果与低温阈值显著上升趋势是一致的。

年和四季的最长热浪天数则以延长为主，但年和四季指标均未达到显著程度，只有夏季通过了 0.1 的显著性检验，夏季的最长热浪天数出现缩短的变化规律，50 年缩短 1.2 天，这种变化从 1960 年代开始，但从 90 年代开始最长热浪天数开始增加。从年值上看，最长热浪天数呈现"U"型变化，1960 年代至 1970 年代、1990 年代至今最长热浪天数均较多，而中间时段较少。此外，四季及年该指标突变趋势均不明显。

表 3.17　黄河流域下游 1961~2010 年年及四季霜冻日数和最长热浪
天数变化趋势及突变结果

指数	季节	变化速率/ （年/10 年）	显著性 水平	突变结果	50 年变 幅/年	50 年平均 值/年
霜冻 日数	冬季	−2.94	0.000***	1989（−）	−14.4	78.0
	春季	−1.80	0.000***	1989（−）	−9.0	10.1
	夏季	0	/	/	0.0	0.0
	秋季	−0.60	0.123	1997（−）	−3.0	9.6
	年	−5.29	0.000***	1992（−）	−26.5	97.7
最长热 浪天数	冬季	0.16	0.246	/	0.8	3.1
	春季	0.13	0.199	/	0.7	2.9
	夏季	−0.23	0.094*	/	−1.2	2.8
	秋季	0.22	0.181	/	1.1	3.3
	年	0.12	0.425	/	0.6	4.7

3.7.3　极端高温、霜冻日数、最长热浪天数变化趋势

3.7.3.1　高温阈值和低温阈值的变化趋势

结合极端气候指数线性变化率空间分布图（图 3.21）可以看出：高温阈值增幅较大的地区主要位于吉县气象站控制地区，其增加速率为 0.55~0.7℃/10 年；减幅较大的地区主要位于孟津气象站控制地区，其减小速率为 0.15~0.2℃/10 年。高温阈值的变化趋势整体上大部分地区以增加为主。

低温阈值增幅较大的地区主要分布在黄河流域上游西北大部分地区，其增加的速率为 1.0~1.3℃/10 年；减幅较大的地区主要分布在河南气象站控制地区，减小速率为 0.4~0.8℃/10 年；总体上看，整个黄河流域大部分地区的低温阈值均处于增加的变化趋势，仅有河南气象站控制地区出现了减小的变化趋势，分析产生这种演变规律与该地区的海拔高度有关。

3.7.3.2　霜冻日数、最长热浪天数的变化趋势

结合极端气候指数线性变化率空间分布图（图 3.21c、d）可以看出：霜冻日数增幅较大的地区主要分布在河南和西吉气象站控制地区，其增加的速率为 2.0~3.5 天/10

年；减幅较大的地区主要分布在包括门源气象站控制地区在内的大部分西北部地区、长恒气象站控制地区。总体上霜冻日数在黄河流域大部分地区呈现减少趋势。

最长热浪天数增幅较大的地区主要分布在呼和浩特、包头及吉县气象站控制地区，其增加速率为 0.7~1.0 天/10 年；减幅较大的地区主要分布在流域下游泰安气象站控制地区。但从总体上看，黄河流域大部分地区的最长热浪天数以增加为主。

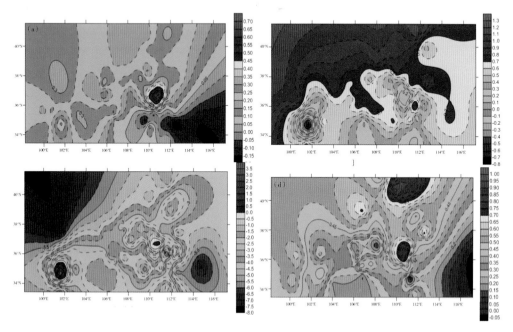

图 3.21　年极端气温指数线性变化空间分布图

（a）高温阈值；（b）低温阈值；（c）霜冻日数；（d）最长热浪天数

3.7.4　极端降水

3.7.4.1　时间分布规律

（1）强降水阈值、比例及日数的变化趋势。上游地区年及夏季 3 个强降水指数变化趋势及其显著性见表 3.18。可见：除了夏季强降水日数略有减少外，其余时段指数均略为增大（上升）。年及夏季 3 个强降水指数的变化趋势均没有通过显著性检验。年强降水比例 50 年升幅只有 5%，夏季和年 50 年平均值分别为 31.0%、32.5%，可以看出强降水对年和季节的降水量贡献是比较明显的，突变主要发生在 1993 年左右；夏季和年强降水阈值增加速率分别为 0.03 mm/年、0.17 mm/年，变幅较小，按 50 年计算，分别为 0.2 mm、0.9 mm，突变发生时间同强降水比例相同；夏季和年强降水日数 50 年分别减少 0.1 天和增加 0.1 天，可以推测出降水在时间上的分布不均匀，降水在四季中比例有所改变。从年值上看，强降水日数从 1970 年代的 4.9 天增加到 21 世纪初的 5.4

天。此外，可以看出强降水日数趋势变化的突变不明显。

表 3.18　黄河流域上游 1961~2010 年年及夏季强降水阈值、比例及日数变化趋势

指数	季节	变化速率（10 年）	突变结果	50 年变幅	50 年平均值
强降水阈值（mm）	夏季	0.03	1993 年（+）	0.2	17.5
	年	0.17	1992~1993 年（+）	0.9	14.7
强降水比例（%）	夏季	0.04	1992 年（+）	0.2	31.0
	年	1.00	1991~1992 年（+）	5.0	32.5
强降水日数（天）	夏季	−0.01	/	−0.1	2.5
	年	0.02	/	0.1	5.2

中游地区年及夏季 3 个强降水指数变化趋势及其显著性见表 3.19。可见：除了强降水比例基本保持稳定不变外，其余时段指数均略为减小（下降）。年及夏季 3 个强降水指数的变化趋势均没有通过显著性检验，且均没有突变发生。夏季和年强降水比例 50 年平均值分别为 34.6%、36.6%，可以看出强降水对年和季节的降水量贡献比上游更明显；夏季和年强降水日数 50 年分别减少 0.2 天、0.8 天，值得注意的是，从年指数的年代值上看，强降水日数呈现锯齿状的变化趋势。夏季和年强降水阈值变化率按 10 年计算，分别减少0.03、0.04 mm，变幅较小；按 50 年计算，分别减少 0.2 mm、0.2 mm。

表 3.19　黄河流域中游 1961~2010 年年及夏季强降水阈值、比例及日数变化趋势

指数	季节	变化速率 10 年	突变结果	50 年变幅	50 年平均值
强降水阈值（mm）	夏季	−0.03	/	−0.2	26.3
	年	−0.04	/	−0.2	20.8
强降水比例（%）	夏季	0.00	/	0.0	34.6
	年	0.00	/	0.04	36.6
强降水日数（天）	夏季	−0.03	/	−0.2	2.4
	年	−0.16	/	−0.8	5.8

下游地区年及夏季 3 个强降水指数变化趋势及其显著性见表 3.20。可见：各时段指数均略微增大（上升）。年及夏季 3 个强降水指数的变化趋势中，只有年强降水阈值通过了 0.1 的显著性检验，变化速率为 0.86 mm/10 年，按 50 年计算增加 4.3 mm，气候平均值为 31.0 mm。此外，夏季强降水阈值在 1993 年突变上升。年和夏季强降水比例 50 年升幅分别只有 0.09%、5.0%，但 50 年平均值分别为 36.3%、41.1%，可以看出强降水对年和季节的降水量贡献比中游更加明显，该指数突变不明显；夏季和年强

降水日数 50 年分别增加 0.2 天和 0.3 天。从年值上看，强降水日数从 1980 年代开始强降水日数出现增加的趋势。此外，可以看出强降水日数没有明显的突变点。

表 3.20 黄河流域下游 1961~2010 年年及夏季强降水阈值、比例及日数变化趋势

指数	季节	10 年变化速率	突变结果	50 年变幅	50 年平均值
强降水阈值（mm）	夏季	0.61	1993 年（+）	3.1	41.2
	年	0.86*	/	4.3	31.0
强降水比例（%）	夏季	0.02	/	0.09	36.3
	年	1.00	/	5.0	41.1
强降水日数（天）	夏季	0.04	/	0.2	2.2
	年	0.05	/	0.3	4.9

（2）最大 5 日降水量、日降水强度、持续干期的变化趋势。黄河上游地区与暴雨洪涝、干旱相关的 3 个指数的变化趋势见表 3.21。可见，各时段指数均未通过显著性检验。夏季和年最大 5 日降水量及年持续干期几乎均为一致性减少趋势，表明降水在夏季有减弱的趋势，同时夏季持续干期延长也为其提供了佐证；但是日降水强度在夏季和年呈现出增加趋势，50 年分别增加 0.3、0.2 mm/天，且突变均发生在 1993 年左右。夏季和年最大 5 日降水量 50 年分别减少 3.4 mm、2.6 mm，突变不明显。持续干期的变幅较大，夏季和 50 年分别增加 1.1 天和减少了 1.9 天，其中年值在 1967 年突变减少。

表 3.21 黄河上游 1961~2010 年年及夏季最大 5 日降水量、
日降水强度、持续干期变化趋势

指数	季节	10 年变化速率	突变结果	50 年变幅	50 年平均值
最大 5 日降水量/（mm）	夏季	−0.68	/	−3.4	51.0
	年	−0.52	/	−2.6	53.9
日降水强度（mm/天）	夏季	0.06	1992 年（+）	0.3	7.9
	年	0.04	1992~1993 年（+）	0.2	6.5
持续干期（天）	夏季	0.21	/	1.1	14.0
	年	−0.37	1967 年（−）	−1.9	66.0

黄河中游地区与暴雨洪涝、干旱相关的 3 个指数的变化趋势见表 3.22。可见，各时段指数均未通过显著性检验。夏季和年最大 5 日降水量及年日降水强度几乎均为一致性减少趋势，表明降水在全年有减弱的趋势，同时年持续干期延长也为其提供了佐

证；但是夏季日降水强度呈现出增加趋势，更反映了降水分布时间分布不均匀性，夏季和年最大 5 日降水量 50 年分别减少 3.5、9.5 mm，50 年气候平均值分别为 81.6、89 mm 夏季和年突变时间均发生在 20 世纪 70 和 80 年代；夏季和年持续干期均出现了增加趋势，50 年分别增加 0.8 天、1.8 天，表明中游地区干旱情势逐渐趋于严峻。此外，日降水强度和持续干期的突变均不明显。

表 3.22　黄河中游 1961~2010 年年及夏季最大 5 日降水量、
日降水强度、持续干期变化趋势

指数	季节	10 年变化速率[-1]	突变结果	50 年变幅	50 年平均值
最大 5 日降水量（mm）	夏季	-0.70	1974 年（-）	-3.5	81.6
	年	-1.89	1971 年（-），1982 年（-）	-9.5	89.0
日降水强度（mm/天）	夏季	0.07	/	0.4	11.4
	年	-0.01	/	-0.1	8.9
持续干期（天）	夏季	0.16	/	0.8	13.9
	年	0.35	/	1.8	48.1

黄河下游地区与暴雨洪涝、干旱相关的 3 个指数的变化趋势见表 3.22。可见：各时段指数均未通过显著性检验。夏季和年最大 5 日降水量及夏季持续干期几乎均为一致性减少趋势，表明下游降水有减弱的变化趋势；夏季和年最大 5 日降水量 50 年分别减少 8.7 mm、4.9 mm，50 年平均值较大，分别为 123.1 mm、128.7 mm，年值突变减少时间发生在 1964~1965 年。同时，夏季和年持续干期变化趋势相反，按 50 年计算前者缩短 2.3 天，后者延长 5.8 天。下游地区日降水强度呈现出增加趋势，夏季和年值变化速率分别为 +0.17 mm/天、0.23 mm/天，50 年增幅分别为 0.9、1.2 mm/天，也反映了下游降水也逐渐趋向极端化。此外，夏季和年日降水强度和持续干期指数突变均不明显。

表 3.23　黄河下游 1961~2010 年年及夏季最大 5 日降水量、
日降水强度、持续干期变化趋势

指数	季节	10 年变化速率	突变结果	50 年变幅	50 年平均值
最大 5 日降水量（mm）	夏季	-1.74	/	-8.7	123.1
	年	-0.97	1964~1965 年（-）	-4.9	128.7
日降水强度（mm/天）	夏季	0.17	/	0.9	17.2
	年	0.23	/	1.2	12.4
持续干期（天）	夏季	-0.46	/	-2.3	14.8
	年	1.16	/	5.8	49.2

3.7.4.2　空间分布规律

（1）强降水阈值、比例及日数的变化趋势。强降水阈值增幅较大的地区主要分布在下游泰安气象站控制地区，增加的速率可达到 1.2～1.6mm/10 年，强降水阈值呈现增加趋势的地区主要集中在下游地区；减幅较大的地区主要分布在久治、平凉、临汾气象站控制地区，其减小速率为 0.4～0.7 mm/10 年，从图 3.22a 上可以看出出现下降趋势的地区主要分布在黄河流域的上、中游，以中游地区为主。

强降水比例增幅较大的地区主要分布在银川、盐池、同心气象站控制地区，以及中游的兴县、栾川部分气象站控制地区；减幅较大的地区主要分布在久治、吉县气象站控制地区。从图中可以看出，黄河流域总体上大部分地区都处于增加趋势，说明黄河流域降水正以较强烈的形式出现（图 3.22b）。

强降水日数增幅较大的地区主要分布在门源、达日、呼和浩特气象站控制地区；减幅较大的地区主要分布在上游地区的西南小部分地区及中游的大部分地区，其中久

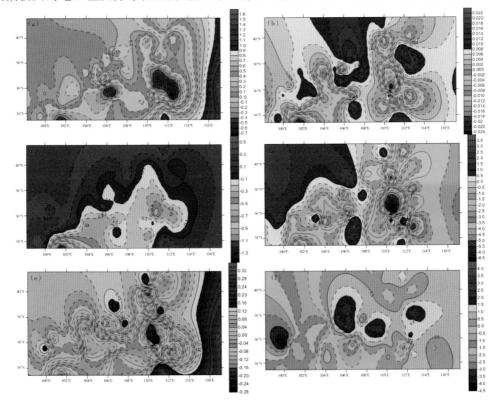

图 3.22　年极端降水指数线性变化空间分布图

（a）强降水阈值；（b）强降水比例；（c）强降水日数；（d）最大 5 日降水量；

（e）日降水强度；（f）持续干期

治气象站控制地区的减幅较大。就整个流域来看，大部分地区强降水日数主要以增加趋势为主（图 3.22c）。

（2）最大 5 日降水量、日降水强度、持续干期的变化趋势。最大 5 日降水量增幅较大的地区主要分布在西北部大部分地区及陇县气象站控制地区，增加速率最大可达到 2.0～3.5 mm/10 年；减幅较大的地区主要分布在吉县气象站控制地区，其减小的速率可达到-5～-7 mm/10 年。总体来看，上游以增加趋势为主，中下游以减小趋势为主（图 3.22d）。

日降水强度增幅较大的地区主要分布在栾川、泰安气象站控制地区；呈现下降趋势的地区主要分布在上游小部分地区、中游大部分地区，其中以吉县气象站控制地区减小的幅度较大（图 3.22e）。

持续干期增幅较大的地区主要分布在海原气象站控制地区；减小幅度较大的地区主要分布在河源区的兴海气象站控制地区。从总体上看，西南部大部分地区持续干期呈现减少的变化趋势，其他大部分地区则呈现增加趋势（图 3.22f）。

3.7.5　结论

（1）除了下游地区外，黄河流域其他大部分地区的高温阈值均呈现上升趋势，除了上游地区的春季未通过显著性检验外，其他大部分时段该指标均为极显著；低温阈值指数除了中、下游秋季未通过显著性检验外，其他均为极显著上升趋势。且高、低温阈值的突变较为突出，突变大多发生在 20 世纪 80～90 年代。

（2）黄河流域（包括上、中、下游）霜冻日数主要以减少趋势为主，而最长热浪天数主要以增加为主，且上游地区的变化趋势均通过显著性检验，中、下游地区除了夏、秋季霜冻日数和最长热浪天数外，其他各时段指数也通过显著性检验。

（3）除了中游地区外，强降水阈值、比例、日数等 3 个指数以增加趋势为主，其中只有下游年强降水阈值通过了显著性为 10% 的检验，但增加速率较小，仅有 0.86 mm/10 年，50 年增幅为 4.3 mm。

（4）上游地区夏季最大 5 日降水量、日降水强度主要呈现出减少趋势，但从空间年值上看，主要呈现出增加趋势，反映了降水的时空分布不均性逐渐突出。从总体上看，西南部大部分地区持续干期呈现减少的变化趋势，其他大部分地区则呈现增加趋势。

（5）通过比较发现，黄河流域的极端气温指数的变化趋势比极端降水指数更显著，并且极端气温指数除了霜冻日数呈现减少趋势外，其他均呈现增加趋势，从而反映了整个黄河流域的气温事件极端高温化愈发严峻；降水呈现增加趋势的地区主要分布在黄河流域上游地区，从而导致流域上游容易形成洪涝灾害，中、下游造成旱灾。

第四章 黄河流域未来气候变化预估

区域气候模式对黄河流域气候变化的预估结果表明：在 SRES A1B 情景下，未来黄河流域地区气温将升高，21 世纪初期夏季升温幅度最大，21 世纪中期和末期冬季升温则更为明显。未来冬季降水的变化在各个时期都是以增加为主，增加值下游较上游的大。夏季降水的变化在 21 世纪初期以减少为主，21 世纪中期和末期则以增加为主。年平均降水量在 21 世纪初期变化不大，21 世纪中期大部分地区都是增加的，21 世纪末期，整个流域内降水量基本都是增加的。温室气体的增加，将使整个流域内的高温日数明显增加。极端降水的变化在 21 世纪初期、中期和末期表现各不相同。其中 RR1 在 21 世纪初期以变化不大为主，21 世纪中期流域北部大部分地区为增加，21 世纪末期增加的区域进一步扩大；RR10 在 21 世纪初期为增加和减少的相间分布，21 世纪中期几乎都是增加的，21 世纪末期的变化与中期的类似，但增加值进一步增大；21 世纪初期 RR20 在黄河上游地区、流域西北部大都是增加的，流域南部、中部减少较为明显，21 世纪中期在整个流域内基本都是增加的，21 世纪末期 RR20 在中期增加的基础上继续增加，且幅度明显较 RR1 和 RR10 的显著。

4.1 背景介绍

自 1979 年的召开第一次世界气候大会之后，人们逐渐认识到气候变化会给经济社会带来巨大的风险和损失。由于气候系统的复杂性，尽管研究工作在逐步深入，但仍存在很多不确定性。1988 年 11 月，世界气象组织（World Meteorological Organization，WMO）和联合国环境署（United Nations Environment Programme，UNEP）联合成立了政府间气候变化专门委员会（Intergovernmental Panel on Climate change，IPCC），为国际社会就气候变化问题提供科学咨询。IPCC 对气候变化的研究思路是：首先利用观测资料，分析气候已发生了哪些变化，然后建立气候数值模式，并将模式对当前和过去的气候模拟结果进行验证，最后通过数值模拟对未来气候会发生哪些变化进行预估。

耦合模式比较计划（CMIP）是世界气候研究计划下属的 JSC/CLIVAR 耦合模式工作组于 1995 年设立的。CMIP 旨在为开展气候研究的科学家们提供一个标准的边界条件强迫下，诸多耦合模式积分结果的数据库，由研究者通过对不同模式的模拟结果分析比较，揭示模式的不确定性，为改进模式提供科学依据。CMIP 计划已经历了前期的四个阶段，提供了迄今为止时间最长、内容最为广泛的气候变化模式资料库，为预估未来的气候变化，提供了不可替代的科学依据和基础。

本报告中使用的全球模式结果为 CMIP3 中提供的全球模式结果，其使用的排放情景为 SRES 系列排放情景。

SRES 排放情景于 2000 年提出，主要由四个框架组成：

（1）A1 框架和情景系列。该系列描述的未来世界的主要特征是：经济快速增长，全球人口峰值出现在 21 世纪中叶，随后开始减少，未来会迅速出现新的和更高效的技术。它强调地区间的趋同发展和能力建设、文化和社会的相互作用不断增强、地区间人均收入差距持续减少。A1 情景系列划分为 3 个群组，分别描述了能源系统技术变化的不同发展方向，以技术重点来区分这 3 个 A1 情景组：矿物燃料密集型（A1F1）、非矿物能源型（A1T）、各种能源资源均衡型（A1B，此处的均衡定义为：在假设各种能源供应和应用技术发展速度相当的条件下，不过分依赖于某一特定的能源资源）。

（2）A2 框架和情景系列。该系列描述的是一个发展极不均衡的世界。其基本点是自给自足和地方保护主义，地区间的人口出生率很不协调，导致人口持续增长，经济发展主要以区域经济为主，人均经济增长与技术变化日益分离，低于其他框架的发展速度。

（3）B1 框架和情景系列。该系列描述的是一个均衡发展的世界。与 A1 系列具有相同的人口，人口峰值出现在 21 世纪中叶，随后开始减少；不同的是，经济结构向服务和信息经济方向快速调整，材料密度降低，引入清洁、能源效率高的技术。其基本点是在不采取气候行动计划的条件下，在全球范围更加公平地实现经济、社会和环境的可持续发展。

（4）B2 框架和情景系列。该系列描述的世界强调区域经济、社会和环境的可持续发展。全球人口以低于 A2 的增长率持续增长，经济发展处于中等水平，技术变化速率与 A1、B1 的相比趋缓，发展方向多样。同时，该情景所描述的世界也朝着环境保护和社会公平的方向发展，但所考虑的重点仅局限于地方和区域一级。

4.1.1 全球气候模式简介

IPCC 第四次评估报告（AR4）共包含 20 多个复杂的全球气候系统模式对过去和未来的全球气候变化进行的模拟（表 4.1）。其中，美国 7 个（NCAR_ CCSM3, GFDL_ CM2_ 0, GFDL_ CM2_ 1, GISS_ AOM, GISS_ E_ H, GISS_ E_ R, NACR_ PCM1），日本 3 个（MROC3_ 2_ M, MROC3_ 2_ H, MRI_ CGCM2），英国 2 个（UKMO_ HADCM3, UKMO_ HADGEM），法国 2 个（CNRMCM3, IPSL_ CM4）、加拿大 2 个（CCCMA_ CGCM3_ T47 和 CCCMA_ CGCM3_ T63），中国 2 个（BCC-CM1, IAP_

FGOALS1.0），德国（MPI_ ECHAM5）、德国/韩国（MIUB_ ECHO_ G）、澳大利亚（CSIRO_ MK3_ 0）、挪威（BCCR_ CM2_ 0）、俄罗斯（INMCM3_ 0）各有 1 个。参加的国家之广、模式之多都是前几次全球模式比较计划没有的。IPCC 第四次评估报告的气候模式的主要特征是：大部分模式都包含了大气、海洋、海冰和陆面模式，考虑了气溶胶的影响，其中大气模式的水平分辨率和垂直分辨率普遍提高，对大气模式的动力框架和传输方案进行了改进；海洋模式也有了很大的改进，提高了海洋模式的分辨率，采用了新的参数化方案，包括了淡水通量，改进了河流和三角洲地区的混合方案等，这些改进都减少了模式模拟的不确定性；冰雪圈模式的发展也使模式对海冰的模拟水平进一步提高。

表 4.1　气候模式基本特征

模式	国家	大气模式	海洋模式	海冰模式	陆面模式
BCC-CM1	中国	T63L16 1.875°×1.875°	T63L30 1.875°×1.875°	热力学	L13
BCCR_BCM2_0	挪威	ARPEGE V3 T63 L31	NERSC-MICOM V1L35 1.5°×0.5°	NERSC 海冰模式	ISBA ARPEGE V3
CCCMA_3 （CGCMT47）	加拿大	T47L31 3.75°×3.75°	L29 1.85°×1.85°		
CNRMCM3	法国	Arpege-Climatv3 T42L45 （2.8°×2.8°）	OPA8.1 L31	Gelat° 3.10	
CSIRO_MK3_0	澳大利亚	T63L18 1.875°×1.875°	MOM2.2　L31 1.875°×0.925°		
GFDL_CM2_0	美国	AM2 N45L24 2.5°×2.0°	OM3　L50 1.0°×1.0°	SIS	LM2
GFDL_CM2_1	美国	AM2.1 M45L24 2.5°×2.0°	OM3.1　L50 1.0°×1.0°	SIS	LM2
GISS_AOM	美国	L12　4°×3°	L16	L4	L 4-5
GISS_E_H	美国	L20　5°×4°	L16 2°×2°		
GISS_E_R	美国	L20　5°×4°	L13 5°×4°		
IAP_FGOALS1.0	中国	GAMIL T42L30 2.8°×3°	LICOM1.0	NCAR CSIM	

续表

模式	国家	大气模式	海洋模式	海冰模式	陆面模式
IPSL_CM4	法国	L19 3.75°×2.5°	L19 (1°-2°)×2°		
INMCM3_0	俄罗斯	L20 5°×4°	L33 2°×2.5°		
MIROC3_2_M	日本	T42 L20 2.8°×2.8°	L44 (0.5°-1.4°)×1.4°		
MIROC3_2_H	日本	T106 L56 1.125°×1°	L47 0.2812°×0.1875°		
MIUB_ECHO_G	德国	ECHAM4 T30L19	HOPE-G T42 L20	HOPE-G	
MPI_ECHAM5	德国	ECHAM5 T63 L32(2°×2°)	OM L41 1.0°×1.0°	ECHAM5	
MRI_CGCM2	日本	T42 l30 2.8°×2.8°	L23 (0.5°-2.5°)×2°		SIB L3
NCAR_CCSM3	美国	CAM3 T85L26 1.4°×1.4°	POP1.4.3 L40 (0.3°-1.0°)×1.0°	CSIM5.0 T85	CLM3.0
NCAR_PCM1	美国	CCM3.6.6 T42L18(2.8°×2.8°)	POP1.0 L32 (0.5°-0.7°)×0.7°	CICE	LSM1 T42
UKMO_HADCM3	英国	L19 2.5°×3.75°	L20 1.25°×1.25°		MOSES1
UKMO_HADGEM	英国	N96L38 1.875°×1.25°	(1°-0.3°)×1.0°		MOSES2

（参见 http://www-pcmdi. llnl. gov/ipcc/model_documentation/ipcc_model_documentation. php）

4.1.2 区域气候模式简介

全球模式的出现，使数值模拟有了长足的发展。但由于计算条件的限制，它们的分辨率一般较粗，不能适当的描述复杂地形、地表状况和某些物理过程，难以真实地反映与复杂地形和陆面状况有关的区域气候特征，从而在区域尺度的气候模拟及气候变化试验等方面产生较大偏差，影响其可信度。

通过缩小模式网格距，提高模式分辨能力，可以在一定程度上改进模拟能力，但这将大大增加计算时间，特别是对于全球模式来说。目前，在区域尺度进行气候变化情景预估方面，除了利用统计降尺度方法对全球模式结果进行统计方法上的修正外，在模式本身方面，使用区域气候模式进行区域气候的模拟是较为普遍和通用的方法（即动力降尺度方法）。

使用有限区域模式进行区域气候研究的想法，最早由 Dickinson et al.（1989）、

Giorgi and Bates（1989）提出。其原理是将全球环流模式模拟的结果或大尺度气象分析资料作为初始场和边界条件，提供给区域模式，再用它来进行选定区域的气候模拟，以揭示大尺度背景场下区域气候更准确、更详细的特征。

20世纪80年代末，第一代区域气候模式NCAR RegCM（Giorgi and Bates，1989）在中尺度模式MM4基础上建立，其动力框架源于MM4，为可压的、静力平衡的有限差分模式，垂直方向采用σ坐标。经对第一代RegCM扩充和改进，至1992年后形成第二代区域气候模式RegCM2（Giorgi et al.，1993a，1993b）。RegCM2是基于NCAR CCM2（Hack et al.，1993）和中尺度模式MM5基础上形成的。RegCM2形成后，模式在气候和气候变化各领域及世界各地得到了广泛研究和应用。

经对RegCM2不断改进和完善，至2003~2004年间，形成新版本的RegCM3（Pal et al.，2007）。新版的模式在物理过程上的主要改进为：使用CCM3辐射传输包（Kiehl et al.，1996），改进大尺度云和降水的参数化方案（Pal et al.，2000），增加了新的海表通量参数化方案（Zeng et al.，1998），增加了更多对流参数化方案如Betts–Miller（Betts，1986）和Emanuel（Emanuel，1991）等，在陆面模式中增加SUB–BATS选项（Giorgi et al.，1993a）。此外，用USGS的全球陆地覆盖特征和全球$2'\sim 60'$多种高度资料创建模式地形，使模式能更精确地表示出下垫面的状况，改进模式的资料输入等。

RegCM系列模式在世界各地应用的同时，本身也一直处在不断发展之中，2011年5月，RegCM模式开发组推出了新版的RegCM4.1模式，与RegCM3相比，新版模式有了较大的改动，如将模式主程序由Fortran 77改为目前国际上通用的Fortran 90，增加了陆面模式CLM3.5及环热带模式等。

4.1.3 观测资料和分析方法

4.1.3.1 观测资料

用于和全球、区域模式模拟对比的观测资料中，气温资料采用的是国家气象信息中心根据751个观测台站的气温资料所整理得到的$0.5°\times 0.5°$格点资料（CN05）（Xu et al.，2009），降水资料采用的是Xie等（Xie et al.，2007）所发展的东亚$0.5°\times 0.5°$（纬度×经度）日降水数据集，其在中国使用了700多个气象站点和位于黄河流域的1000多个水文站点的观测资料。

4.1.3.2 线性倾向估计

在对21世纪不同变量的时间变化曲线进行分析时，计算了各曲线的线性变化趋势，其方法如下：

假定，x_i是样本量为n的某一气候变量，用t_i表示x_i所对应的时间，建立x_i与t_i之间的一元线性回归

$$x_i = a + bt_i \ (i = 1, \ 2, \ 3, \dots, \ n) \tag{3.5}$$

其中，a 是回归常数，b 是回归系数。对观测数据 x_i 及相应的时间 t_i，常数 a 和回归系数 b 的最小二乘估计为

$$\begin{cases} b = \dfrac{\sum\limits_{i=1}^{n} x_i t_i - \dfrac{1}{n}(\sum\limits_{i=1}^{n} x_i)(\sum\limits_{i=1}^{n} t_i)}{\sum\limits_{i=1}^{n} t_i^2 - \dfrac{1}{n}(\sum\limits_{i=1}^{n} t_i)^2} \\[4ex] a = \bar{x} - b\,\bar{t} \end{cases} \tag{3.6}$$

其中 $\bar{x} = \dfrac{1}{n}\sum\limits_{i=1}^{n} x_i$，$\bar{t} = \dfrac{1}{n}\sum\limits_{i=1}^{n} t_i$

利用回归系数 b 与相关系数之间的关系，求出时间 t_i 与变量 x_i 之间的相关系数为

$$r = b \cdot \sqrt{\dfrac{\sum\limits_{i=1}^{n} t_i^2 - \dfrac{1}{n}(\sum\limits_{i=1}^{n} t_i)^2}{\sum\limits_{i=1}^{n} x_i^2 - \dfrac{1}{n}(\sum\limits_{i=1}^{n} x_i)^2}} \tag{3.7}$$

回归系数 b 的符号表示气候变量 x 的趋势倾向。b 的符号为正，即 $b > 0$，说明随时间 t 的增加 x 呈上升趋势；当 b 的符号为负，即 $b < 0$，说明随时间 t 的增加，x 呈下降趋势。b 值的大小反映了上升或下降的速率，即表示上升或下降的倾向程度。因此，通常称 b 为倾向值（趋势值），将这种方法叫作线性倾向估计。

相关系数 r 表示变量 x 与时间 t 之间线性相关的密切程度。当 $r = 0$ 时，回归系数 b 为 0，即用最小二乘法估计确定的回归直线平行于 x 轴，说明 x 的变化与时间 t 无关；当 $r > 0$ 时，$b > 0$，说明 x 随时间 t 的增加呈上升趋势；当 $r < 0$ 时，$b < 0$，说明 x 随时间 t 增加呈下降趋势。$|r|$ 越接近 0，x 与 t 之间的线性相关就越小。反之，$|r|$ 越大，x 与 t 之间的线性相关就越密切。

4.2　全球气候模式对黄河流域气候变化的模拟和预估

本章使用的全球气候模式数据为国家气候中心在《中国地区气候变化预估数据集》Version1.0 中发布的 SRES A1B、SRES A2、SRES B1 情景下多模式简单集合平均数据。已有研究证明，多个模式的平均效果优于单个模式的效果。由于各数据分辨率不同，为便于相互比较，将所有数据统一插值为 0.25°×0.25°，气温、降水距平以 1980~1999 年 20 年平均值作为相对气候平均值，区域平均值为区域内所有格点的算术平均值。

4.2.1 全球模式对黄河流域 1961~2000 年气温降水变化的模拟

4.2.1.1 全球模式对黄河流域 1961~2000 年气温、降水变化的模拟

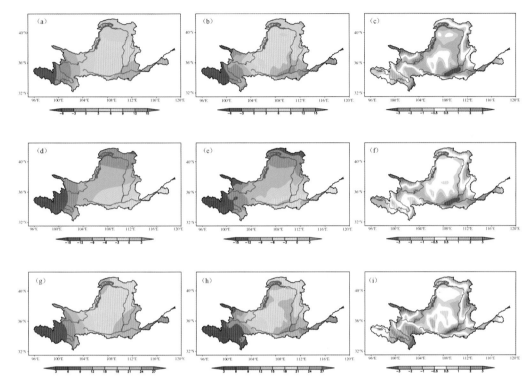

图 4.1 观测和全球气候模式模拟的黄河流域年平均和冬、夏季平均气温（单位：℃）

（a）年平均观测；（b）年平均模拟；（c）年平均模拟与观测的差；（d）冬季观测；（e）冬季模拟；
（f）冬季模拟与观测的差；（g）夏季观测；（h）夏季模拟；（i）夏季模拟与观测的差

　　图 4.1 给出观测和模拟的黄河流域 1961~2000 年年平均、冬季和夏季气温的地理分布。从中可以看出，全球气候模式能够较好地模拟出黄河流域年平均气温的空间分布特征（图 4.1a，b）；而从模拟值与观测值之间的差值（图 4.1c）可以看出，黄河流域中部大部分地区年平均气温模拟值偏低，渭河流域部分地区偏低较为明显，可偏低 2.0℃以上，上游地区以及东部汾河流域大部分地区模拟值偏高。冬季气温模拟效果与年平均模拟结果类似，只是中部地区模拟值偏低幅度较小，而在上游地区模拟值偏高不明显（图 4.1f）。夏季气温模拟效果与年平均模拟结果类似（图 4.1i）。

　　图 4.2 给出 1961~2000 年观测值和模拟值的距平曲线以及两者之间的时间相关关系。观测表明，黄河流域平均气温（图 4.2a）在 20 世纪 80 年代以前升高趋势不明显，80 年代中期以后区域平均气温开始持续增加，整体上表现出较明显的变暖趋势，1961~2000 年气温变化的线性趋势为 0.29℃/10 年。全球气候模式能够表现出黄河流域的

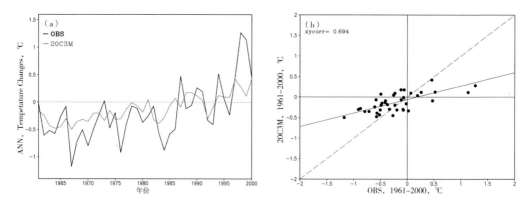

图 4.2 观测和全球气候模式模拟的黄河流域 1961~2000 年平均气温年际变化曲线 （单位：℃）

（a）气温变化曲线；（b）观测值和模拟值的相关关系；（相对于 1980~1999 年）

变暖趋势，40 年的线性趋势为 0.17℃/10 年（图 4.2a），模拟的变暖趋势小于观测的变暖趋。对于气温距平曲线，观测值和模拟值之间的时间相关系数可达到 0.697（图 4.2b）。

4.2.1.2　全球气候模式对黄河流域 1961~2000 年降水变化的模拟

观测（图 4.3b）表明，40 年的年平均线水量空间分布表现出由南向北递减的特征，上游地区、下游地区等地年平均降水量较大，而河套地区略小。模拟值（图 4.3a）一定程度上能够表现出黄河流域降水量的纬向分布特征，年平均降水量模拟值流域南部地区较多。与观测值相比（图 4.3c），年平均降水量模拟值在整个黄河流域都偏多，尤其是在中上游地区，降水模拟值偏多 100% 以上。冬季降水量的模拟值明显偏多，上游地区可偏多 400% 以上（图 4.3d，e，f）。夏季降水量的模拟效果与年平均模拟结果类似，也表现为中上游地区偏多（图 4.3i）。

而对于黄河流域降水量的年际变化，观测结果为较明显的减少趋势，且年际间变率较大，40 年内降水的线性趋势为 -2.0%/10 年。全球气候模式不能很好地再现观测到的降水减少特征，40 年内降水线性趋势为 0.3%/10 年，但是观测值和模拟值之间的时间相关系数达到 0.213，说明模拟结果一定程度上能够反映出降水量的年际变化特征（图略）。

4.2.2　全球模式对黄河流域 2011~2100 年气温、降水变化的预估

4.2.2.1　黄河流域年平均气温变化

图 4.4 给出不同温室气体排放情景下黄河流域年平均气温和降水的变化，表 4.2 给出了 30 年平均的黄河流域气温降水变化值。由表 4.2 和图 4.4 可看出，不同 SRES 情景下黄河流域气温均持续上升，SRES B1 情景下增温幅度较小。2030 年以前，不同排

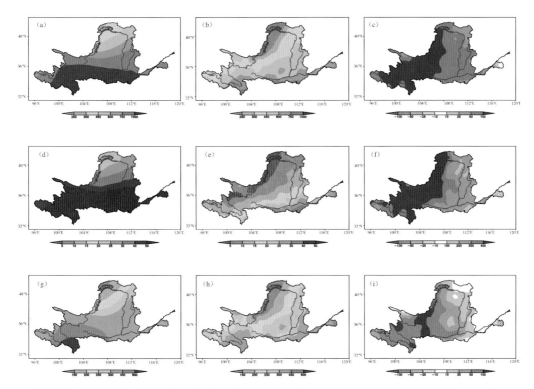

图 4.3 观测和全球气候模式模拟的黄河流域年平均和冬、夏季平均降水量（单位：mm）

（a）年平均观测；（b）年平均模拟；（c）年平均模拟与观测的差；（d）冬季观测；（e）冬季模拟；（f）冬季模拟与观测的差；（g）夏季观测；（h）夏季模拟；（i）夏季模拟与观测的差；降水量单位：mm，模拟与观测差为百分数

放情景下增温幅度差异不大，2011～2040 年黄河流域增温幅度在 1.0℃左右；2030～2080 年 SRES A1B、SRES A2 情景下增温幅度差异较小，2041～2070 年气温分别增加 2.5℃、2.2℃，而 SRES B1 情景下增温幅度为 1.7℃；2080 年以后，SRES A2 情景下增温幅度最大，2071～2100 年三种情景下气温分别增加 3.5℃、3.9℃和 2.4℃。根据表 4.2 中数据计算结果，SRES A1B、SERS A2 情景下，对于 2011～2100 年黄河流域气温变化的线性趋势，分别为 0.39℃/10 年和 0.47℃/10 年，SRES B1 情景下的为 0.23℃/10 年。

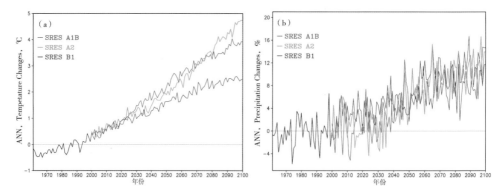

图 4.4　不同 SRES 情景下黄河流域 21 世纪年平均气温

（a）降水；（b）变化曲线（相对于 1980~1999 年）

表 4.2　SRES 情景下 2011~2100 年黄河流域气温、降水年平均变化及其线性趋势

	气温变化（℃）			降水量变化（%）		
	SRES A1B	SRES A2	SRES B1	SRES A1B	SRES A2	SRES B1
2011~2040	1.2	1.0	0.9	1	1	4
2041~2070	2.5	2.2	1.7	8	6	6
2071~2100	3.5	3.9	2.4	10	11	8

　　对于气温变化的地理分布特征，不同情景下黄河流域所有地区气温都将增加，增温幅度表现出一定的纬向分布特征，增温幅度由东南往西北逐渐增大，黄河流域上游地区和河套地区增温幅度最大，下游地区增温幅度较小（图 4.5）。

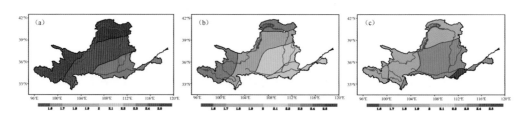

图 4.5　不同情景下黄河流域 2041~2070 年年平均气温变化（单位：℃）

（a）SRES A1B；（b）SRES A2；（c）SRES B1；气温单位：℃（相对于 1980~1999 年）

4.2.2.2　黄河流域年平均降水变化

　　不同 SRES 情景下，整个黄河流域 21 世纪降水量整体上表现为增加趋势（图 4.4b），2040 年以前降水量平均增加不超过 6%，2040 年以后黄河流域降水量明显增加，到 21 世纪末降水量将增加 10% 左右。不同 SRES 情景下，2011~2040 年降水量分别增加 1%、1%、4%，2041~2070 年降水量分别增加 8%、6%、6%，2071~2100 年降

水量分别增加 10%、11%、8%（表 4.2）。根据表 4.2 数据计算结果，2011~2100 年，SRES A1B、SRES A2、SRES B1 情景下黄河流域降水量变化线性趋势分别为 1.57%/10 年、1.62%/10 年、0.78%/10 年（表 4.2）。

不同情景下、不同时期内黄河流域降水量多表现为增加，并且北部地区增加幅度相对较大。2011~2040 年，SRES A1B（图 4.6a）、SRES A2（图 4.6b）情景下渭河流域部分地区降水量为减少，其他地区降水增加；SRES B1 情景下整个流域降水量都表现为增加，并且增加幅度大于 A1B、A2 情景，河套地区降水增加 6% 左右（图 4.6c）。2041~2070 年，不同情景下黄河流域平均降水量明显增加，北部地区增幅相对较大，SRES A1B 情景下降水量增加幅度相对较大（图 4.7a）。2071~2100 年，黄河流域平均降水量继续增加，SRES A1B、SRES A2 情景下降水量增加幅度类似，SRES B1 情景下降水量增加幅度略小。

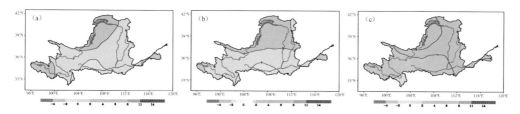

图 4.6　不同情景下黄河流域 2011~2040 年年平均降水变化（单位：mm）

（a）SRES A1B；（b）SRES A2；（c）SRES B1

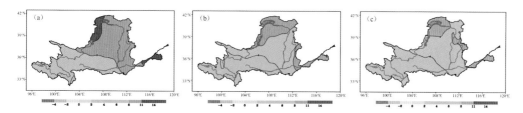

图 4.7　不同情景下黄河流域 2041~2070 年年平均降水变化（单位：mm）

（a）SRES A1B；（b）SRES A2；（c）SRES B1

总体来说，SRES 情景下全球气候模式模拟结果认为黄河流域未来年平均气温、降水量都将增加，河套地区增幅相对较大。

4.2.2.3　黄河流域季节平均气温降水变化

不同情景下黄河流域冬季气温增幅大于其他季节的，也大于年平均增温幅度。降水量季节变化与之相类似，冬季降水量增加幅度大于其他季节的，也大于年平均增加幅度（图 4.8、图 4.9）。

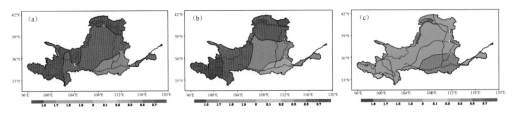

图 4.8　SRES 情景下黄河流域 2041~2070 年冬季平均气温变化（单位：℃）

（a）SRES A1B；（b）SRES A2；（c）SRES B1

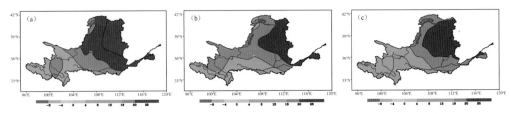

图 4.9　SRES 情景下黄河流域 2041~2070 年冬季平均降水变化（单位：℃）

（a）SRES A1B；（b）SRES A2；（c）SRES B1

4.2.3　全球模式对黄河流域 2011~2100 年极端事件的预估

使用 CMIP3 数据库中提供的 5 个模式的集合平均预估结果，分析了黄河流域极端气候变化。5 个模式分别为 GFDL_ CM2_ 0、GFDL_ CM2_ 1、INMCM3_ 0、IPSL_ CM4 和 MIROC3_ 2_ M，分析的指数为热浪指数（HWDI）、5 天最大降水量（R5D）、大于 10mm 降水日数（R10）、降水强度（SDII）。

4.2.3.1　热浪指数（HWDI）变化

不同情景下，黄河流域热浪指数表现为持续增加，并且时间变化特征与年平均气温的相类似（图 4.10a），不同 SRES 情景下黄河流域热浪日数将持续增加。就区域来说，与平均气温不同，HWDI 表现为在流域中部地区增加较明显，上游地区增加幅度相对较小（图 4.11a~图 4.11c）。

4.2.3.2　5 天最大降水量（R5D）变化

不同情景下，黄河流域 R5D 为持续增加的趋势（图 4.10b），不同 SRES 情景下的差异较小（图 4.11）。就区域来说，2011~2040 年，SRES A1B（图 4.12a）、SRES B1（图 4.12c）情景下，流域中南部地区（渭河流域）增加较明显，其他地区增加幅度相对较小；SRES A2（图 4.12b）情景下，与之相反，中南部地区增加不明显。2041~2070 年，SRES A1B、SRES A2 情景下，中南部地区增加较明显；SRES B1 情景，R5D 都为增加，区域性差异不明显。2071~2100 年，三种情景下中南部地区 R5D 均增加明显。

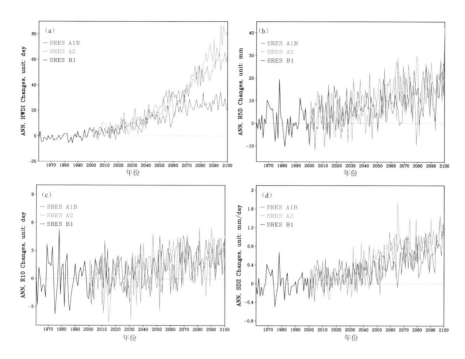

图 4.10　不同 SRES 情景下黄河流域 21 世纪热浪指数 HWDI

（a）5 天最大降水量 R5D；（b）大于 10mm 降水日数 R10；

（c）降水强度 SDII；（d）变化曲线

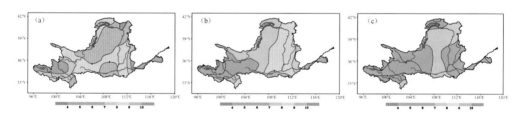

图 4.11　不同 SRES 情景下黄河流域 2011~2040 年 HWDI 变化

（a）SRES A1B；（b）SRES A2；（c）SRES B1

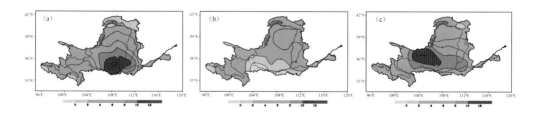

图 4.12　不同 SRES 情景下黄河流域 2011~2040 年 R5D 变化

（a）SRES A1B；（b）SRES A2；（c）SRES B1

4.2.3.3 大于10mm降水日数（R10）变化

不同情景下，黄河流域R10整体上表现为增加的趋势（图4.10c），2050年以前增加趋势不明显，2050年以后明显增加。

就区域来说，2011~2040年，SRES A1B（图4.12a）、SRES A2（图4.12b）情景下，R10多为减少，流域中南部地区减少较为显著，而上游地区则为增加；SRES B1（图4.12c）情景下，R10都为增加。2041~2070年及2071~2100年，三种情景下R10的空间变化较为一致，上游地区增加明显，中下游地区增加幅度较小，中南部渭河流域部分地区增加不明显，或略微减少（图4.13）。

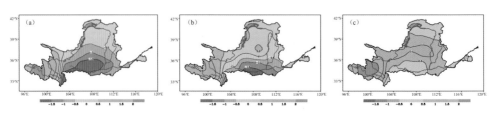

图4.13 不同SRES情景下黄河流域2011~2040年R10变化

（a）SRES A1B；（b）SRES A2；（c）SRES B1

4.2.3.4 降水强度（SDII）变化

不同情景下，黄河流域SDII整体上为持续的增加趋势（图4.10d）。就区域来说，不同时期内流域内降水强度都将增加，汾河、渭河流域及下游地区增加幅度较大。

4.3 区域气候模式对黄河流域气温、降水变化的模拟和预估

4.3.1 试验设计和资料介绍

本节中使用的区域模式为意大利国际理论物理中心（The Abdus Salam International Center for Theoretical Physics）发展的区域气候模式RegCM3（Pal et al.，2007）。试验中模式中心点取为35°N、109°E，东西方向格点数为288，南北方向为219，模式的水平分辨率取为25 km，范围覆盖整个中国及周边地区（图4.14b）。模式垂直方向分18层，顶层高度为10 hPa。模拟中的辐射采用NCAR CCM3方案，陆面过程使用BATS1e（生物圈－大气圈传输方案），行星边界层方案使用Holtslag方案，积云对流参数化选择基于Fritsch－Chappell闭合假设的Grell方案，大尺度降水采用SUBEX方案。缓冲区设为24个格点。此外，参照MM5模式，引入了地表发射率。

模式使用的地形由美国地质勘探局（United States Geological Survey）制作的10′×10′（经度×纬度）地形资料插值得到。植被覆盖在中国区域内使用由中国农业科学院

遥感中心基于文献（刘纪远等，2002）制作的实测资料，中国区域外使用 USGS 基于卫星观测反演的 GLCC（Global Land Cover Characterization）资料。初始场和侧边界值由全球模式 MIROC3.2_ hires 得到，侧边界场采用指数松弛边界方案，每 6h 输入模式一次。

图 4.14 给出区域模式在黄河流域的地形分布及区域模式的模拟范围。由图 4.14 可以看出，区域模式由于分辨率较高，能够较为细致和精确地描述黄河流域地形分布，如从区域西部青藏高原的巴颜喀拉山山脉到东部的华北平原，这种地势由高到低的转化都得到了较准确地刻画。

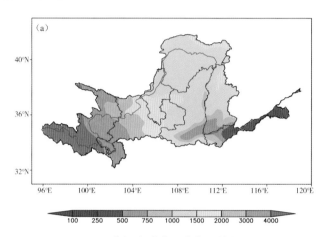

图 4.14　黄河流域地形分布（单位：m）

试验的积分时间为 1948 年 1 月 1 日到 2100 年 12 月 31 日，共计 153 年，其中 1948~1950 年 3 年作为模式初始化时段，不予分析。

4.3.2　区域模式对黄河流域 1961~2000 年气温、降水变化的模拟

4.3.2.1　区域模式对黄河流域温度的模拟

气温对地形有较强的依赖关系。由于区域模式能准确地描述地形，因此，它能够较好地模拟气温的空间分布。这一点可以从观测及区域模式模拟的黄河流域年平均和冬、夏季平均地面气温的分布及模拟与观测数据的差中得到验证（图 4.15）。

从图 4.15 中可以看到，区域模式模拟的黄河流域年平均地面气温的分布效果较好，与黄河上游、河套北部地区气温较低，黄河下游、南部渭河流域气温较高的观测结果相符。与观测结果相比，模式模拟的年平均气温上游地区偏低，偏差值大都在 1 ℃以上；其他大部分地区模拟较好，模拟与观测数据的差值大都在 ±0.5 ℃之间（图 4.15c）。

观测数据显示，冬季平均气温除上游地区外，其他地区呈由南向北逐渐降低的趋

势。区域模式的模拟也呈此趋势，与观测结果较为吻合。模式模拟结果在上游地区表现为冷偏差，偏差值大都在-1~-3 ℃之间；在流域中部为暖偏差，差值在0.5~2 ℃之间外；其他大部分区域偏差值较小，基本都在±0.5 ℃之间（图4.15f）。

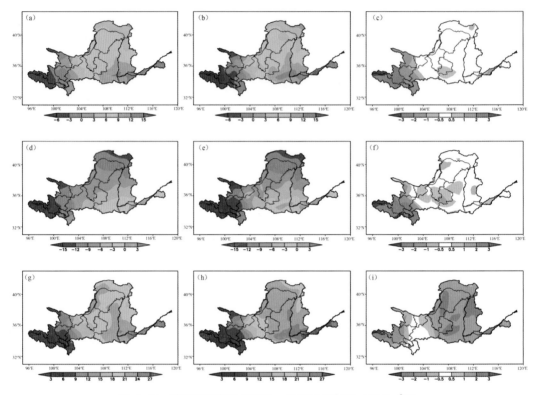

图4.15 黄河流域年平均和冬、夏季平均气温（单位：℃）

（a）年平均观测；（b）年平均模拟；（c）年平均模拟与观测的差；（d）冬季观测；（e）冬季模拟；
（f）冬季模拟与观测的差；（g）夏季观测；（h）夏季模拟；（i）夏季模拟与观测的差

观测结果表明，夏季气温在黄河下游为高值区，上游为低值区。区域模式模拟结果与观测结果类似，上游地区气温较低，下游地区气温较高。但模拟的中游大部分地区气温偏高，模拟气温值在21 ℃以上，相同地区的气温观测值则大都在18~24 ℃之间。两者的差值（图4.15f）除上游地区为冷偏差外，其他大部分地区为暖偏差，偏差值大都在1 ℃以上。

4.3.2.2 区域模式对黄河流域降水的模拟

图 4.16 给出观测及区域模式模拟的黄河流域年平均和冬、夏季平均地面降水量的分布及模拟与观测值的差。从图中可以看到，区域模式模拟的年平均降水量分别基本再现了中南部渭河流域降水多，北部河套地区降水少的观测结果分布，模拟的降水量从南部的 1000 mm 以上逐渐下降到北部的 250 mm 以下。与观测结果相比，模拟降水量存在偏多的问题，偏差值大都为 25% ~ 100%。

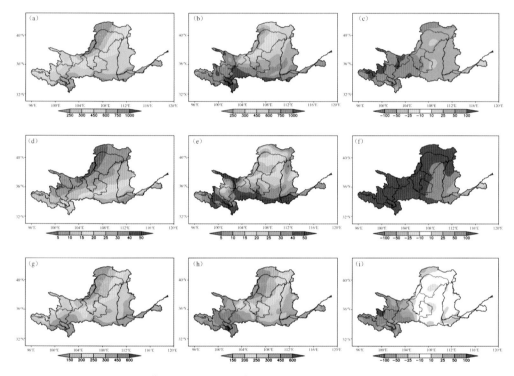

图 4.16 黄河流域年平均和冬、夏季平均降水量（单位：mm）

（a）年平均观测；（b）年平均模拟；（c）年平均模拟与观测的差；（d）冬季观测；（e）冬季模拟；（f）冬季模拟与观测的差；（g）夏季观测；（h）夏季模拟；（i）夏季模拟与观测的差

观测结果表明，冬季降水量基本呈由东南向西北逐渐减少的分布，数值从 30 mm 以上减少到西北部的 5 mm 以下。区域模式的模拟与观测结果有较大的差异。模拟的降水量在整个南部渭河流域较多，大都在 40 mm 以上，北部地区的较少，在 10 ~ 15 mm 之间。模拟值较观测值明显偏多，在上游地区大都在偏多 1 倍以上，在下游部分地区偏多 25% ~ 50%。

区域模式对夏季降水量的模拟要优于对各季降水量的模拟。模拟结果为流域南部多、北部少，与观测结果类似。模式但模拟的夏季降水量在黄河流域上游地区偏多，偏多 25% 以上；在其他地区模拟偏差值大都在 ±10% 之间，模拟效果较好。

4.3.3 区域模式对黄河流域 2011~2100 年气温、降水变化的预估

4.3.3.1 区域模式对黄河流域 2011~2100 年温度变化的预估

在对区域模式的模拟性能进行检验的基础上，分别将气温和降水在 2011~2040 年、2041~2070 年和 2071~2100 年的年平均值与 1980~1999 年的年平均值相减，作为 A1B 排放情景下 21 世纪初期、中期和末期黄河流域的变化，对模拟结果进行了分析。图 4.17 给出区域模式模拟的 2011~2100 年每 30 年的年平均和冬、夏季平均地面气温的分布。

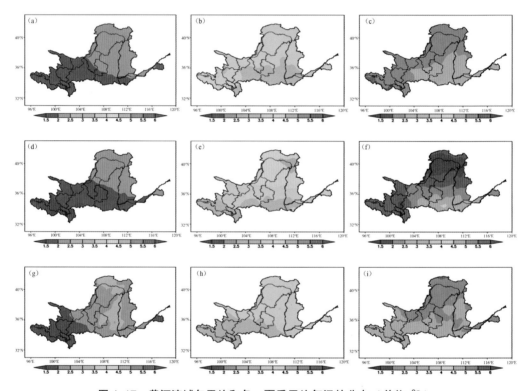

图 4.17 黄河流域年平均和冬、夏季平均气温的分布（单位:℃）

（a）（b）（c）分别为 2011~2040 年、2041~2070 年和 2071~2100 年年平均气温的分布；（d）（e）（f）分别为 2011~2040 年、2041~2070 年和 2071~2100 年冬季气温的分布；（g）（h）（i）分别为 2011~2040 年、2041~2070 年、2071~2100 年夏季气温的分布

从图 4.17 中可以看出，无论是冬季、夏季还是年平均，气温都是随时间逐渐增加的。其中，年平均气温在 21 世纪初期升温值最小，为 1.5~2.5 ℃，且南北差异较小；21 世纪中期升温值增加 3~4 ℃，且流域南部的较低，北部的较高；21 世纪末期升温值进一步增大到 4.5 ℃ 以上，其中流域北部和上游地区增温较南部的要高。

冬季气温升值的分布在 21 世纪初期基本为由西南向东北逐渐升高，数值从 1.5 ℃以下逐渐上升到 2 ℃以上；21 世纪中期气温升值也大致呈此分布，但数值明显较前一个 30 年的要高，整个流域的气温增加值都在 3 ℃以上，流域北部部分地区甚至达到 4.5 ℃以上；21 世纪末期气温进一步升高，升温值基本都在 4.5 ℃以上，流域北部、上游大部分地区升温值都在 5.5 ℃甚至 6 ℃以上。

夏季升温值在 21 世纪初期基本在 1.5~3 ℃之间，上游的较低，下游的较高；21 世纪中期升温值进一步增大，整个流域数值都在 3 ℃以上，部分地区达到 4 ℃以上；21 世纪末期的 30 年升温值更高，基本都在 4.5 ℃以上，且呈北部较南部升温值高的分布，这与冬季气温升值的分布相似。

冬、夏季与年平均值相比，21 世纪初期夏季升温值最大，但在之后的两个 30 年里，冬季升温值明显较夏季和年平均升温值大，特别是在 21 世纪末期的流域北部地区，升温值将达到 6 ℃以上。

2011~2100 年黄河流域年平均气温呈明显的上升趋势，至 21 世纪末升温值达到 6 ℃，线性趋势值为 0.53 ℃/10 年（图 4.18）。

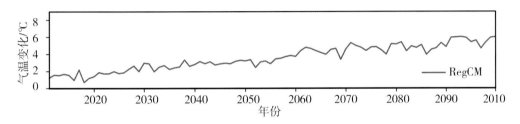

图 4.18　SRES A1B 情景下黄河流域 2011~2100 年区域年平均气温变化曲线

（相对于 1980~1999 年）

4.3.3.2　区域模式对黄河流域 2011~2100 年降水变化的预估

降水作为一个重要的气候变量，对经济、生态和人民生活等都产生重要影响。相对于气温，未来降水的不确定性更大，其如何变化是大家更为关注的一个问题。图 4.19 给出区域模式模拟的 21 世纪初期、中期和末期年平均和冬、夏季平均地面降水量的变化分布。

从图 4.19 中可以看到，总体来说，未来年平均降水量的变化在 21 世纪初期以变化不大为主，仅上游少部分地区为增加的，下游少部分地区为减少的，且增加和减少值都较小，在 5%~10% 之间。21 世纪中期，流域内降水量除下游少部分地区变化不大外，其他地区均是增加的，且增加值大都在 10% 以上。21 世纪末期，整个流域内降水量基本都是增加的，增加值分布与中期的较为类似，为北部的增加较多，南部的增加较少。

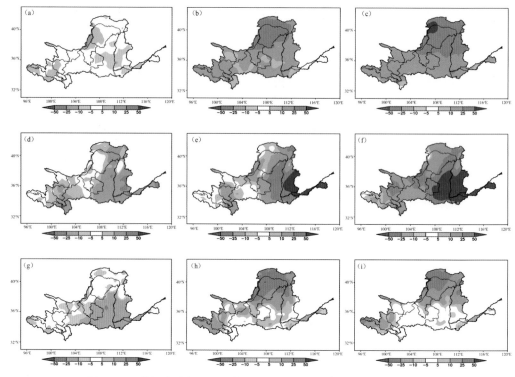

图4.19 黄河流域年平均和冬、夏季平均降水量的变化（单位:%）

（a）（b）（c）分别为2011~2040年、2041~2070年和2071~2100年年平均降水量的变化分布；

（d）（e）（f）分别为2011~2040年、2041~2070年和2071~2100年冬季降水量的变化分布；（g）

（h）（i）分别为2011~2040年、2041~2070年、2071~2100年夏季降水变化的分布；降水变化量
用百分数表示

冬季降水的变化在各个时期都是以增加为主，增加值一般都在10%以上，且增加值在下游地区较上游地区的要大。其中21世纪初期增加幅度相对较小，一般在5%~25%之间；21世纪中期增加值大都在10%~50%之间，黄河流域下游部分地区是增加的大值区，增加值在50%以上；21世纪末期增加值在50%以上的地区进一步扩大至陕西至宁夏东部，其他区域也大都是增加的。

21世纪初期，夏季降水量的变化以减少为主，在黄河流域的中下游大部分地区减少值在10%以上；到了21世纪中期，降水变化有了较大的转变，流域内降水以增加为主，特别是流域北部地区，降水增加值在25%~50%之间；到21世纪末期的30年，降水变化的分布与中期的类似，但降水为增加的区域略有减少，进而转为变化不大的区域。

2011~2100年黄河流域年平均降水量呈微弱的增加趋势，趋势值为每10年增加2.69%（图4.20）。

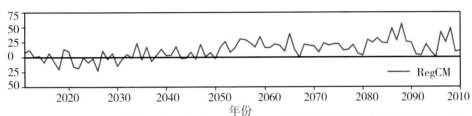

图 4.20   SRES A1B 情景下黄河流域 2011～2100 年区域平均的降水量变化曲线（单位：%）

4.3.4   区域模式对黄河流域 2011～2100 年极端事件的预估

4.3.4.1   对极端事件的模拟和检验

（1）高温日数和热浪指数。本报告中，选用了 2 个指标对高温事件进行评价，一个是每年日最高气温≥35℃的天数（T35D），这是一个很常用和直观的指标，但它没有考虑相对湿度对人体炎热感觉的影响；另外一个指标为考虑相对湿度的炎热指数（HI）一年中在 35℃（95°F）及以上的天数（HI35D），HI 的计算公式如下（Steadman，1979）：

$$HI = -42.379 + (2.04901523 \times T) + (10.14333127 \times RH)$$
$$- (0.22475541 \times T \times RH) - (6.83783 \times 10-3 \times T2) - (5.481717 \times 10-2 \times RH2)$$
$$+ (1.22874 \times 10-3 \times T2 \times RH) + (8.5282 \times 10-4 \times T \times RH2)$$
$$- (1.99 \times 10-6 \times T2 \times RH2)$$

其中，T 为日平均气温（°F），RH 为相对湿度（%）。此公式适用于地面气温高于 26.7℃（80°F），相对湿度大于 40% 的区域。由于 H1 考虑了湿度因素，因此，它比单纯的气温更能适合对人体舒适度的度量。注意到与 T35D 可能会出现的午后气温较高，而早晚和夜间比较凉爽的情况，HI35D 衡量的是全天给人体带来不适宜感觉的天数，其数值一般小于 T35D。需要说明的是，由于缺乏格点化的相对湿度资料，在计算观测的 HI35D 时，用的是区域模式同时段的输出结果。

图 4.21a、b 分别给出观测和区域模式模拟的 T35D。由图中可以看到，观测资料中年平均高温日数在下游地区数值相对较大，在 1 天以上，其余大部分地区数值在 1 天以下，表明黄河流域地区一年中日最高气温≥35℃的天数较少。

模式模拟的 T35D 分布与观测结果类似，下游地区数值较大，上游地区较小，但模拟值明显较观测偏高，其中下游部分地区数模拟值可以达到 40 天以上，而此区域中观测值为 5～10 天，模拟的 T35D 中心值范围和位置与观测结果也有所差异。日最高气温高于 35℃ 的情况主要发生在夏季，模式模拟的 T35D 较观测值偏多，与其模拟的夏季日最高气温在北方较观测值偏高有关。

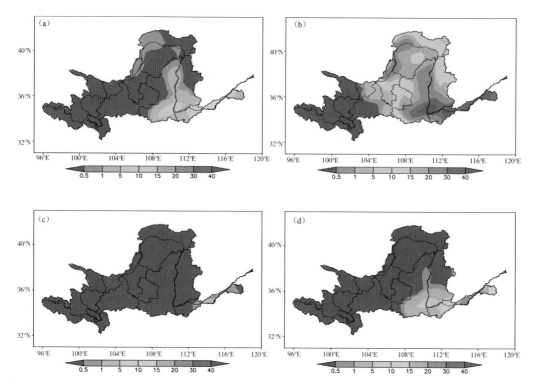

图 4.21　观测（a、c）和区域模式模拟（b，d）的黄河流域 T35D（a、b）和 HI35D（c、d）的分布（单位：天/年）

图 4.21c、d 分别为由观测资料计算和区域模式模拟的 HI35D。由图中可以看出，由观测资料计算为 HI35D 除黄河流域下游部分地区外，数值基本都在 1 天甚至 0.5 天以下。HI35D 由于引入了相对湿度因子，其反映的是高温高湿天气使人体所产生的异常闷热感觉。我国北方地区相对湿度较低，在出现高温天气时相对湿度并不高，因此北方地区的 HI35D 值较 T35D 的偏低。

模式模拟的 HI35D 分布与观测结果总体来说较为吻合，大部分地区模拟数值在 0.5 天以下，模拟数值在 1 天以上的地区明显较观测值为 1 天的范围要大。

（2）不同强度的降水。参照 Frich et al.（2002）对极端降水的定义，与石英等（2010）的定义相同，使用 3 个指标，描述不同强度的降水事件。3 个指标分别为每年日平均降水量在 1~10mm 之间的日数 RR1，10~20mm 之间的日数 RR10 和 20mm 以上的日数 RR20。RR1、RR10 和 RR20 可以分别被视为小雨、中雨和大雨事件。

图 4.22 给出观测和区域模式模拟的 1961~2000 年 RR1、RR10 和 RR20 的多年平均分布。由图中可以看到，观测的 RR1、RR10 和 RR20 分布的主要特征为流域南部多、北部少，这和黄河流域年平均降水量的分布表现出一定的一致性（图 4.16h）。

观测的 RR1（图 4.22a）的中心（>100 天）偏于流域的西南部，即上游地区，流域北部大部分地区数值在 50 天以下，西北地区数值最低，在 10 天以下。区域模式模拟出的 RR1 中心（图 4.22d）和观测的较为类似，总体位于流域西南部，但模式模拟的 RR1 值，在大部分地区较观测值偏多，偏多幅度在许多地方达到 25 天以上。

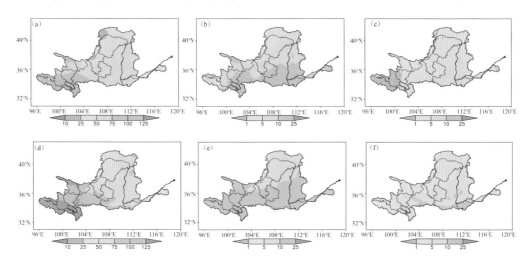

图 4.22　观测（a、b、c）和模拟（d、e、f）的黄河流域 RR1（a、d）、RR10（b、e）和 RR20（c、f）的分布（单位：天/年）

模式对 RR10 的分布型及量级的模拟效果优于对 RR1 的模拟效果。观测的 RR10（图 4.22b）基本呈由东南向西北递减的分布。区域模式的模拟值（图 4.22e）在流域西北部与观测值十分吻合，但在流域南部大部分地区 RR10 的模拟值在 10 天以上，较观测值偏多。

模式对 RR20 的模拟值与观测值相比，在流域西南部出现较大差别（4.22c，f）。此区域的观测值大都在 5 天甚至 1 天以下，但模式模拟值一般在 1～10 天之间，较观测值偏多。其他区域模式模拟的 RR20 与 RR1、RR10 值均较观测值偏多，这与模式模拟的平均降水量在北方偏多有关。

4.3.4.2　对极端事件的预估

（1）高温日数和热浪指数。图 4.23a、b、c 给出 A1B 情景下，区域模式模拟的 21 世纪初期、中期和末期 T35D 的变化。由图中可以看到，无论是在 21 世纪初期、中期还是末期，除上游地区外，温室气体的增加将使得整个流域内的高温日数明显增加。21 世纪初期增加值除黄河上游地区外，一般都超过 10 天，21 世纪中期增加值则大都在 20 天以上，21 世纪末期变化值在初、中期增加的基础上继续增大，除上述上游地区增加值在 1 天以下外，其余大部分地区都在 40 天以上。

图 4.23d，e，f 给出区域模式模拟 21 世纪初期、中期和末期 HI35D 的变化分布。由图中可以看出，在 A1B 情景下，21 世纪初期 HI35D 的变化除下游地区增加值在 5 天以上外，其他大部分地区增加值都较小，在 1 天以下；21 世纪中期 HI35D 的变化值在 1 天以上的区域较初期的大，且下游地区增加值大都在 5 天以上；21 世纪末期 HI35D 增加值进一步增大，整个下游大部分地区增加值都在 5 天以上，增加中心值在 40 天以上。

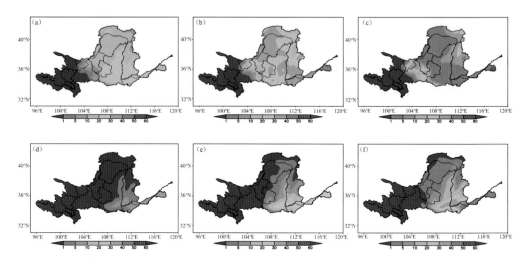

图 4.23　黄河流域 2011~2100 年每 30 年 T35D（a、b、c）和 HI35D（d、e、f）的变化

（单位：天/年）

（2）不同强度降水。图 4.24 中给出了 21 世纪初期、中期和末期 RR1、RR10 和 RR20 的变化。由图中可以看到，在 A1B 温室气体排放情景下，21 世纪初期 RR1 在整个流域以变化不大为主（图 4.24a），仅有流域中部的小部分地区是减少的；21 世纪中期 RR1 在流域北部大部分地区表现为增加，增加值一般在 5%以上，其他大部分地区变化不大；21 世纪末期 RR1 为增加的区域进一步扩大，除上游和下游少部分地区为变化不大和略有减少外，其他大部分地区都将增加，且增加值大都在 10%以上。

相对于 RR1 以变化不大为主，21 世纪初期 RR10 的变化为增加和减少的相间分布。总体来看，上游地区、流域西北部增加区域较多，增加值一般在 10%以上，流域南部和北部减少区域相对较多，减少值一般在 5%以上。21 世纪中期在整个流域内，RR10 的变化几乎都是增加的，增加百分率最大的地方位于流域西北部，增加值在 50%以上。21 世纪末期的变化与中期的类似，同一区域增加值较 21 世纪中期值进一步增大，整个区域大部分地区增加值都在 10%以上。

21 世纪初期 RR20 的变化（图 4.24g）与 RR10 的变化相对较为相似，上游地区、流域西北部地区大都是增加的，增加值大都在 10%以上，流域南部、中部减少较为明显，减少值大都在 10% 以上。21 世纪中期 RR20 的变化在整个流域内基本都是增加的，流域北部、西南部为增加的大值区，增加值在 50% 以上。21 世纪末期 RR20 在中期增加的基础上继续增加，增加值大都在 25% 以上，且幅度明显较 RR1 和 RR10 的显著。

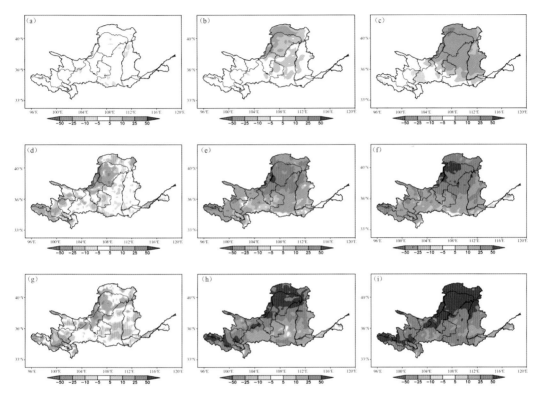

图 4.24 黄河流域 2011~2100 年每 30 年 RR1(a，b，c)、RR10(d，e，f)和 RR20(g，h，i)的变化
(单位：天/年)

4.4 气候变化模拟和预估中不确定性分析

气候变化预估的不确定性是一个非常重要的问题，它决定着气候变化预估的可靠性与准确度。鉴于地球气候系统的复杂性，现阶段人类对其的理解有限，因此，国际上现有各种不同复杂程度的气候模式本身亦存在着较大的不确定性，目前气候变化预估结果给出的只是一种可能变化的趋势和方向，还包含很大的不确定性。

4.4.1 对气候系统过程与反馈认识的不确定性

气候系统本身极其复杂，目前尚无法完全了解气候变化的内在规律。对碳循环中地球物理化学过程认识及各种碳库估算、各种反馈作用及其相对地位的认识存在不确定性。

4.4.2 可用于气候研究和模拟的气候系统资料不足

海洋、高山、极地台站分布稀少，因而站网布局、观测内容等都不能满足气候系统和气候变化模拟的要求。龚道溢和何学兆（2002）讨论了有关全球变暖研究中存在的一些不确定性，主要包括三个方面：资料方面的不确定性、气候变化机制方面的不确定性和预测方面的不确定性。王芳等（2009）从 IPCC 采集引用的数据源角度对其揭示的近百年地表增温结论进行了不确定性分析，具体包括地表气温观测网络空间分布、温度序列时间尺度、数据可信度、人类活动对温度的影响等，结果表明：百年尺度全球地表气温观测网络覆盖范围较少；经纬度单元网格内数据源分布不均匀；长时间尺度的温度序列记录有限；且不同年代气温记录数量存在显著差异；大量站点观测连续性差；年平均温度可信度低；目前使用的地面温度观测记录大部分来自城市，对城市化的热岛效应考虑不足。

4.4.3 温室气体的气候效应认识不足

目前我们对温室气体、气溶胶的源汇和分布及其与辐射强迫的非线性关系并不完全清楚。从以往的气候历史看 CO_2 与温度的关系，一些学者研究认为历史上 CO_2 的变化要落后于温度的变化（Monnin et al.，2001；Fischer et al.，1999；Petit et al.，1999）。在气候模式模拟预估过程中，各种强迫因子的强度只能给出一个可能的变化范围，同时各种参数化方案也会引起预估结果的不确定性问题。不能排除气候的自然变率是造成气温升高主要原因的可能性。气候长期自然变化的噪音和一些关键因素的不确定使得定量确定人类对全球气候变化影响仍存在一定困难。

4.4.4 气候模式的代表性和可靠性

气候的复杂特性和资料的有限性，决定了气候模拟必然存在缺陷。由于对气候系统内部过程与反馈缺乏足够认识，致使气候模式对这些过程与反馈的描述存在不确定性。首先，气候模式采用有限时空网格的形式来刻画现实中的无限时空，而用次网格结构的物理量参数化代替真实的物理过程，影响利用气候模式预估未来气候变化的可信度。其次，准确的初边值难于获得。气候模式还存在另一类不确定性问题，主要包括模式的计算稳定性、参数化的有效性、物理过程描述的合理性等，也就是目前通常说的模式不确定性问题。

另一个问题是关于气候模式的气候敏感度。气候敏感度是指全球平均表面温度在大气中 CO_2 浓度加倍后的平衡变化。而水汽反馈、陆面反馈，尤其是云反馈机制的复杂性被认为是影响气候敏感度的最大不确定源。IPCC 第三次评估报告所使用气候模式的平衡气候敏感度在 1.5~4.5℃之间。IPCC 第四次评估报告所使用气候模式的气候平衡敏感度是在 2.0~4.5℃之间，最可能的值是 3℃，对瞬变气候响应的限制优于平衡气候敏感性的限制，很可能大于 1℃，很不可能大于 3℃。各种云反馈是模式间平衡气候敏感性差异的主要原因，低云是最主要的原因。现在对不同模式平衡气候敏感性的差异原因已有较好的认识，但还需进一步完善。

4.4.5 未来温室气体排放情景的不确定性

由于人类活动变化的复杂性，温室气体的排放情景研究还存在很大的不确定性。鉴于未来经济发展、技术进步和政策等方面的不确定性，温室气体的排放情景还只是一系列假设前提下的估计。人类社会经济发展路径不同、政府政策干预程度不同以及人类自身对环境意识的改变，都会对未来温室气体排放情景产生影响，从而进一步影响到未来气候变化。具体来说有以下几方面：

（1）温室气体排放量估算方法中的主要不确定性。化石燃料燃烧所释放 CO_2 排放量，固定源、流动源所排放 CH_4，N_2O 排放量计算方法中的不确定性。

（2）政策对温室气体排放量估算所造成的不确定性。与温室气体相关的各种政策，直接影响到未来温室气体排放量的估计。由于未来各种能源政策具有很大的不确定性，只能依据假设或构想来预估未来能源利用，所以，政策对未来温室气体排放量有很大的影响。

（3）技术进步对温室气体排放量估算所造成的不确定性。

（4）新型能源开发对温室气体排放量估算所造成的不确定性。

总之，从目前温室气体排放清单数据与温室气体排放量估计方法来看，不确定性主要来自估计模型与实际的近似程度、模型中的各种假设、未来排放的构想与情景假设、不得不使用不完全数据等等。正是由于未来温室气体和气溶胶排放存在不确定性，IPCC 只能给出一定估计范围的强迫情景。而由于模拟的复杂性和成本限制，海气耦合模式只能在一些特定情景（如 IPCC 推荐的情景）下对气候变化进行预估，这进一步增加了未来气候变化预估的不确定性（Webster et al.，2002）。IPCC AR4（2007）指出：目前全球气候模式大部分模式仍不能控制气候漂移，特别是在深海的气候漂移；在估测气候系统中不同反馈的强度时，模式间存在较大的差异；对一些变率模态，特别是 Madden-Julian 振荡、周期性大气阻塞和极端降水的模拟仍然存在各种问题；在大部分模式对南大洋的模拟中都发现了系统误差，这同瞬变气候响应中存在的不确定性相关；气候模式的制约因素仍然存在，包括现在计算机资源能够达到的空间分辨率有限，需要更加广泛的集合运算，以及需要把更多的额外过程纳入其中。

　　此外对于当前气候变化预估中，还有一个重要问题是关于多模式集合计算方法。使用不同的多模式集合方法，对预估结果也有一定的影响。国家气候中心发布的《中国地区气候变化预估数据集》Version1.0 和 Version2.0 中，分别提供了简单集合平均（ME）和 REA（Reliability Ensemble Averaging，Xu et al.，2010；Filippo et al.，2002，2003）加权平均得到的中国地区温度降水预估数据。

第五章 气候变化对黄河流域水资源影响及适应对策

黄河流域具有水少沙多、水沙异源、河道形态独特、水土流失严重、水旱灾害频繁等特点，气候变化将进一步对黄河流域水资源产生重要的影响。本报告深入系统地评估了气候变化对黄河流域水资源的影响，评估结果表明：黄河流域观测到的水资源量呈明显的减少趋势，20世纪90年代干流主要水文站径流量相对于常态值减少幅度为15%～44%，2001～2010年度减少幅度为10%～36%，未来黄河流域水资源形势不容乐观。鉴于此，提出了严格水资源管理制度、健全现代水利管理体系等增强适应能力的对策。

5.1 水资源概况特点

黄河流域1956～2000年平均水资源总量706.6亿m³，其中地表水资源量594.4亿m³，降雨入渗净补给量112.2亿m³。后者与地表水资源量分布一样，主要分布在黄河上游的龙羊峡以上和黄河中游的龙门——三门峡区间，黄河内流区最少。黄河流域第二次水资源评价结果与第一次水资源评价成果相比，降水量减少了4.0%，地表水资源量偏少了10.2%，地下水资源量偏少了6.9%，水资源总量减少了5.1%。黄河流域多年平均水资源可利用量406.3亿m³，其中地表水可利用量324.8亿m³，水资源可开发利用率57%。黄河水资源具有年际变化大、年内分配集中、空间分布不均等我国北方河流的共性，同时还具有水少沙多、水沙异源等特有的个性，黄河流域的水资源特点主要表现在以下几方面。

5.1.1 水资源贫乏

黄河流域1956～2000年平均降水量3554亿m³，相当于降水深447.1mm，约有83.4%消耗于地表水体、植被和土壤的蒸散发以及潜水蒸发，只有16.6%形成了地表水资源，即594.4亿m³，占全国地表水资源量27375亿m³的2.2%，居全国七大江河的第五位。人均年径流量544m³，不到全国人均年径流量的26%，居全国七大江河的第五位。亩均年径流量244m³，仅为全国亩均年径流量水平的18%，居全国七大江河的第六位（表 5.1）。黄河流域水资源总量占全国水资源总量 2.5%，居全国七大江河的第五位，人均水资源总量 647m^3，不到全国水资源总量的 30%，居全国七大江河的第五位。亩均水资源量 290m^3，仅是全国亩均水资源总量水平的 20%，居全国七大江河的第六位。因此，黄河流域水资源相当贫乏。

表 5.1　全国七大江河水资源状况对比统计

河流	计算面积 10^{4}km^2	年降水深 (mm)	年降水量 (亿 m^3)	年径流深 (mm)	年径流量 (亿 m^3)	水资源总量 (亿 m^3)	人均径流量 (m^3/人)	人均水资源量 (m^3/人)	亩均径流量 (m^3/亩)	亩均水资源量 (m^3/亩)
长江	178. 27	1 086. 6	19 370	552. 9	9 857. 4	9 959. 7	2 223	2 246	1 981	2 001
松花江	93. 84	504. 8	4 719	138. 6	1 295. 7	1 491. 9	2 026	2 333	472	544
黄河	79. 50	447. 1	3 554	74. 8	594. 4	706. 6	544	647	244	290
珠江	57. 78	1 548. 5	8 948	814. 8	4 708. 2	4 722. 5	3 182	3 191	2 829	2 838
淮河	33. 00	838. 5	2 767	205. 1	676. 9	916. 3	338	457	256	347
海河	32. 00	534. 8	1 712	67. 5	216. 1	370. 4	171	293	124	213
辽河	31. 41	545. 2	1 713	129. 9	408	498. 2	744	909	364	444
全国	946. 93	642. 6	60 854	281. 9	27 375	28 412	2 115	2 195	1 385	1 437

5.1.2　水沙异源、水土资源分布不一致

黄河河川径流地区分布极不均匀。全河径流的一半以上来自兰州以上，宁夏、内蒙古河段产流很少，河道蒸发渗漏强烈，下游为地上悬河，支流汇入较少。上、中、下游径流量分别占全河的 62.0%、37.6%和 0.4%。黄河沙量的 90%来自中游，其中河口镇至龙门区间输沙量高达 6.78 亿吨左右，占全河输沙量的 59.3%。兰州以上流域来沙量仅占全河的 10%，是黄河清水的主要来源区。黄河多沙，举世闻名。三门峡站多年平均（1956~2000 年）实测输沙量为 11.4 亿吨，平均含沙量达 32kg/m^3，在国内外大江大河中居首位。沙多是黄河复杂难治的症结所在。

黄河河源地区集水面积约占全流域的 17%，水资源量占全流域的 29.3%，但由于其人口和耕地面积占全流域不足 1%，其人均和亩均资源量在全流域都是最高的，分别是流域人均和亩均水平的 53 倍和 63 倍。黄河上游的兰州—河口镇区间，其集水面积占全流域 21%，其水资源却仅占全流域的 5.7%，加上其人口和耕地面积占全流域比例分别达到了 14%和 21%，造成其人均水资源量不足全流域人均水资源量的一半，亩均水资源量不足全流域亩均水资源量的 1/3，其他二级区由于地形、气候和产流条件等因素的影响，其人均、亩均水资源量与全流域平均情况也有一定的差距。因此，黄河流域

分区之间水土资源差别很大，一些地区水资源缺乏严重，直接影响当地国民经济可持续发展。

5.1.3 径流年际变化大、年内分配集中，连续枯水段长

黄河是降水补给型河流，黄河流域又属典型的季风气候区，降水季节性强，连续最大 4 个月降水量大部分地区出现在 6~9 月，可占年降水量的 70%~80%，而且多以暴雨形式出现。由于流域内河川径流量主要由降水形成，在降水季节性变化极大的情况下，径流年内分配也十分集中，主要集中在汛期 7~10 月，可占年径流量 60% 以上，个别支流可达到 85%。每年 3~5 月天然来水，仅占年径流量 10%~20%，个别以地下水补给为主的支流，汛期来水比例一般只有 35% 左右。黄河水资源年内分配十分不均匀，为黄河流域水资源合理开发利用、管理等方面带来了一定的困难，尤其是遇上连续丰水或枯水年份。黄河自有实测资料以来，相继出现了 1922~1932 年、1969~1974 年、1977~1980 年、1990~2000 年的连续枯水段，四个连续枯水段平均河川天然径流量分别相当于多年均值的 74%、84%、91% 和 83%。

黄河河川径流年际变化大、年内分配集中，连续枯水段长，给黄河流域水资源的可持续利用造成严重的威胁。

5.1.4 黄河水资源演变趋势

由于气候变化和人类活动对下垫面的影响，黄河流域自 20 世纪 80 年代后水资源情势发生了变化，尤其黄河中游变化显著，水资源数量明显减少。1980~2000 年和第一次水资源评价的 1956~1979 年两个时段水文系列相比较，黄河流域平均降水总量减少了 7.2%，而天然径流量和水资源总量却分别减少了 18.1% 和 12.4%。引起黄河水资源量明显减少的原因，一是降水偏少，二是流域下垫面条件变化导致降雨径流关系变化。以人类活动较小的黄河源区为例，地表水资源量减少主要是降水量减少引起的。黄河中下游地区由于农业生产发展、水土保持生态环境建设、雨水集蓄利用以及地下水开发利用等活动，改变了下垫面条件，使得降水径流关系发生明显改变，尤其黄河中游更加突出，在同等降水条件下，河川径流量比以前的有的所减少。

随着水土保持作用的发挥和近 20 年降水量尤其历史暴雨次数的减少，进入黄河下游的沙量也相应减少。黄河三门峡站 1956~1979 年实测输沙量 14.2 亿吨，1980~2000 年实测输沙量 8.2 亿吨，减少了 42%。

黄河流域水资源量主要受降水量和下垫面条件的影响。下垫面条件的变化直接影响产汇流关系的改变，在未来 30 年的时期内，黄土高原水土保持工程的建设、地下水的开发利用，都将影响产汇流关系向产流不利的方向变化，即使在降水量不变的情况

下，天然径流量将进一步减少。此外，水利工程建设引起的水面蒸发量的增加，也将减少天然径流量。

5.2 观测到的气候变化对水资源的影响

气候变化对黄河流域水资源系统的影响，主要表现在两方面：一是气候变化导致黄河流域降水、蒸发及旱涝特征的变化，二是气候变化所导致的流域地表、地下水资源的时空分布特征发生变化。根据《气候变化国家评估报告》，气候变化影响是指"气候变化对自然和人为系统造成的后果，包括已有的影响和未来潜在的影响"，即气候变化引发的自然和人为系统已经发生并可能发生的一系列变化。气候变化对径流的影响，是指气温升高或降水增减引起的径流变化。对过去几十年的实测资料分析结果表明，气候变化已经引起中国水资源不同程度的变化。

5.2.1 观测到的径流量变化

5.2.1.1 干流主要控制站径流变化情况

1980～2010 年，黄河干流实测径流量较 1956～2000 年的均值减少 5%～35%，天然径流量减少幅度为 3%～11% 之间，实测径流量减少比天然径流量减少明显，减少幅度从上游站点到下游站点逐渐增加。利津站实测径流量和天然径流量分别减少 34.86% 和 10.39%，1990～2000 年减少幅度比 1980～2000 年减少幅度还大。刘昌明和张学成（2004）分析了黄河流域干流主要水文站径流量变化情况，结果表明，仅时段的降水量较多年年平均值（指 1956～2000 年）减少幅度达到了 17%～58%，与 20 世纪 90 年代以前年平均值相比，减少了 20%～65%，与 50～60 年代年平均值相比减少了 23%～73%。进入 90 年代后期，黄河下游频繁断流，最严重的 1997 年利津断面断流时间达到了 226 天，之后通过黄河干流水量统一调度，断流现象得到了有效缓解，但是断流现象还是延续到了黄河河源区。自 1998 年以来，黄河河源区已连续 3 年出现跨年度断流，分别发生在 1998 年 10 月 20 日至 1999 年 6 月 3 日，1999 年 12 月至 2000 年 3 月，2000 年 12 月至 2001 年 3 月。其中除了 1998 年 10 月 20 日至 1999 年 6 月 3 日断流发生在扎陵湖与鄂陵湖之间河段外，其他几次断流均发生在黄河沿河段。但 20 世纪 80 年代的径流量并未达到 1920 年以来的最低值，径流减少的趋势在下游比上游的更为显著。

根据《黄河流域水资源评价》和 2001～2010 年《黄河水资源公报》统计的黄河干流主要水文站实测年径流量，分析对比的相对于水文长系列（1956—2000 年）不同年代的变幅情况分别见表 5.2 和图 5.1。除了 1956～1979 年系列唐乃亥控制站平均径流量减少的幅度较小外（比长系列减少 0.9%），其他各站实测径流量减少的幅度在 5%～

60%之间，减少幅度从上游站点到下游站点逐渐增加，且利津站1990～2000系列实测径流量均值减少幅度最大，达到了58%，2001～2010系列实测径流量减少幅度次之，也超过了50%以上。龙门、三门峡和花园口站2000年后实测径流量较20世纪90年代的减少更多，分别减少35.7%、42.8%和37.9%，减少幅度均高于其他年代际的，利津站减少幅度高于1956～1979和1980～2000系列均值，但低于1990～2000系列均值。相关研究也表明了相同的变化规律。

表5.2　黄河干流主要水文控制站不同系列实测径流量平均值统计（单位：亿 m^3）

水文控制站	1956～2000年	1956～1979年	1980～2000年	1990～2000年	2001～2010年
唐乃亥	204.0	202.2/-0.9	206.0/10	174.1/-14.7	178.7/-12.4
兰州	313.1	329/5.1	294.9/-6.8	259.7/-17.1	273.0/-12.8
龙门	272.8	307.3/12.	233.3/-14.	194.4/-28.7	175.5 /-35.7
三门峡	357.9	408.8/14.2	299.8/	235.1	204.6
花园口	390.6	447	326.3	248.6	242.7
利津	315.3	411.4	205.4	132.4	155.4

注：斜线后的数据为径流量实测值较1956～2000年均值的变幅，为百分数。

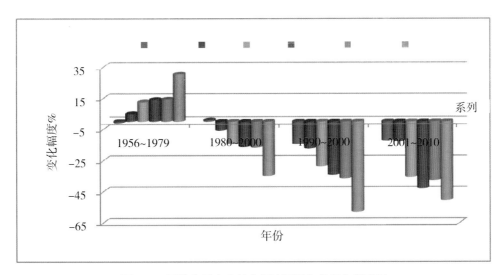

图5.1　干流主要水文站点径流不同年份变化幅度图

河流是气候等自然地理因素及人类活动影响的产物。降水和气温决定气候湿润或干燥程度，对径流的形成和地域分布也有重要的作用。黄河流域径流减少趋势在增加，且与气温的增加和降水的减少有一定程度的相关性。

表 5.3　黄河干流主要控制站径流及其控制面积内降水、气温不同系列变化统计表

控制站	气温(℃)					降水量(mm)					径流量(亿 m³)				
	1971~2000年	1961~1979年	1980~2000年	1990~2000年	2001~2010年	1971~2000年	1961~1979年	1980~2000年	1990~2000年	2001~2010年	1971~2000年	1961~1979年	1980~2000年	1990~2000年	2001~2010年
唐乃亥	-0.7	-1.1/-57.1	-0.6/14.3	0.4/62.9	0.3/127.3	491.9	489.8/0.4	493.2/0.3	471.8/-4.1	511.5/0.4	207.4	212.8/2.6	206.0/-0.7	174.1/-16.1	178.7/-16.0
兰　州	3.4	3.0/-11.8	3.5/2.9	3.7/8.8	4.2/23.5	455.8	467.2/2.5	451.1/-1.0	445.3/-2.3	466.7/2.4	303.8	341.1/12.3	294.9/-2.9	259.7/-14.5	273.0/-10.1
龙　门	6.9	6.5/5.8	7.0/1.4	7.3/5.8	7.8/13.0	370.4	396.5/70	364.2/-1.7	363.2/-1.9	372.9/0.7	250.0	314.2/25.7	233.3/-6.7	194.4/-22.2	175.5/-29.8
三门峡	8.4	8.1/-3.6	8.5/1.2	8.8/4.8	9.3/10.7	426.8	453.2/6.2	421.6/-1.2	408.2/-4.4	427.2/0.1	317.7	414.8/30.6	299.8/-5.6	235.1/-260	204.6/-35.6
花园口	8.9	8.6/-3.4	9.0/1.1	9.3/10.7	9.7/9.0	447.2	473.7/5.9	442.4/-1.1	428.5/0.4	449.3/0.5	343.2	456.5/33.00	326.3/-4.	248.6/-2.8	242.7/-29.8
利　津	9.5	9.2/-3.2	9.6/1.1	9.9/4.2	10.3/8.4	474.2	500.5/5.5	469.6/-1.0	458.8/-3.2	479.2/1.1	235.7	422.7/19.3	205.4/-12.8	132.4/-43.8	155.4/-34.1

注：1971~2000 对应的数据为常系列均值，斜线后数据是百分数，为变化幅度。

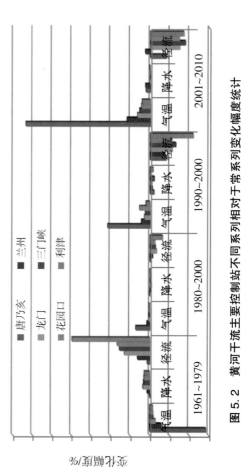

图 5.2　黄河干流主要控制站不同系列相对于常系列变化幅度统计

　　表 5.3 和图 5.2 分别是干流主要控制站径流及其控制面积内降水、气温不同年份相对常系列值（1971~2000 年）的变化统计结果。可见，相对于常系列气温总体呈增加的趋势，唐乃亥增加幅度最大，进入 21 世纪后增加幅度为 127.3%。

　　降水量 2000 年前为减少趋势，进入 21 世纪后，降水量有所增加，上游增加值多于中下游的。径流 1980 年前的值高于常系列值，其中利津站的径流量比常系列值高出的最多，变化幅度达到 79.3%，唐乃亥站的径流量仅此常系列值高 2.6%；1980 年后各水文站的径流量低于常系列值，且 90 年代最明显，尤其是利津站，减少幅度达到 43.8%，兰州站减少最小，减少幅度为 14.5%；进入 21 世纪后，不同站点变化程度不同，龙门、三门峡和花园口减少幅度增加，分别由 1990~2000 年的 22.2%、26.0% 和 21.8% 增加到 29.8%、35.6% 和 29.3%，而唐乃亥、兰州和利津站减少幅度减小，变化幅度分别由 1990~2000 年的 16.1%、14.5% 和 43.8% 减少到 16.0%、10.1% 和 34.3%。

　　总体而言，黄河流域径流在 21 世纪初呈减少趋势。这些变化说明径流的变化有不同于气温和降水的变化，径流的变化并不仅仅是气候变化的影响，黄河流域的人类活动影响下的环境变化对径流的形成有着一定的影响。

　　张建云和王国庆等（2009）分析了黄河中游重点控制站的实测径流变化，分析结果表明，头道拐、龙门和三门峡站径流变化规律一致，3 站 20 世纪 50~60 年代各区间径流量保持稳定，且明显高于其他年代的径流量，20 世纪 70 年代，花园口站径流量较多年均值偏小，而其余站较多年均值偏大。三站在 20 世纪 90 年代以来，实测径流量均小于多年均值，其中，进入 21 世纪以来，减少趋势更为明显，各站实测径流距平均值均低 40%，龙门—三门峡区间径流量递减趋势显著。

5.2.1.2　黄河源区

　　黄河源区是黄河的产流区，近 40% 的黄河总径流来自黄河源区。黄河源区地处高寒地带，人类活动影响相对比较少，对气候变化较为敏感。因此，关于黄河源区径流变化的研究比较多。源区唐乃亥站 1980 年前，气温和降水低于常系列均值，气温和降水分别低于常系列均值 57.1% 和 0.4%，而径流高于均值 2.6%。1980 年后，1980~2000 年间，气温和降水分别高于均值 14.3% 和 0.3%，而径流减少 0.7%。进入 21 世纪后，2001~2001 年间气温升高了 127.2%，降水增加了 4.4%，径流减少了 16.0%/因此，径流进入 21 世纪后，升温明显，降水变幅不大，径流减少明显。多数学者认为，20 世纪 90 年代以来黄河源区径流量大幅度减少，主要表现为汛期径流减少幅度比较大，非汛期减少幅度相对较少。源头区频繁断流的现象，也主要发生在 20 世纪 90 年代后期。

5.2.1.3　黄河主要支流

　　根据基础资料统计，黄河流域现有一级支流 111 条，集水面积合计 61.72 万 km²，黄河流域集水面积大于 1 万 km² 的一级支流共有 10 条，支流是干流径流的主要来源。根据《黄河流域水资源评价》和《黄河流域水资源公报》整理的主要支流湟水河、汾河、渭河和伊洛河支流的径流相对于水文长系列 1956~2000 年和常态 1971~2000 年的变化分别见表 5.4 和图 5.3。由表 5.4 和图 5.3 可见，1971~2000 系列年均值均低于 1956~2000 年年均值，1956~1979 年段径流年均值均高于 1956~2000 年和 1971~2000 年系列年均值，而 1990~2000 和 2001~2010 年段系列均值均低于两长系列均值，说明支流径流均有减少趋势，且减少趋势在增加。而各支流气温增加趋势明显，降水有一定的减少趋势，但在 20 世纪 90 年代减少幅度最大，表明气候变化仅是径流减少的一方面原因。黄河流域进入 20 世纪 80 年代后，黄河流域水利工程的建设和中游大量的水土保持措施，同样影响着径流的变化。

表 5.4 黄河流域主要支流控制站径流变化幅度分析

支流	控制站	集水面积（km²）	不同系列流量年均值/亿 m³					
			1956~2000 年	1971~2000 年	1956~1979 年	1980~2000 年	1990~2000 年	2001~2010 年
湟水河	民和	32863	16.21	14.57	16.82	14.70	13.58	13.44
汾河	河津	39471	10.67	6.97	16.05	5.68	4.76	4.75
渭河	华县	134766	70.55	58.89	79.56	60.25	39.51	42.11
沁河	武陟	13532	8.19	5.08	11.56	4.57	3.76	5.05
伊洛河	黑石关	18881	26.72	21.45	29.96	21.94	14.47	19.36

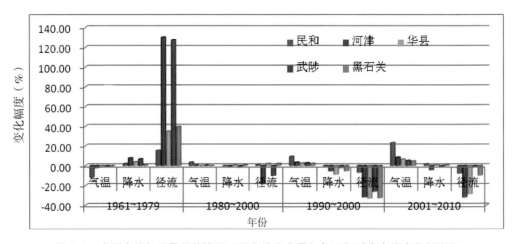

图 5.3 主要支流径流量及其控制面积上的降水量和气温相对常态值变化幅度图

相关研究也证实了黄河支流径流量减少的事实。粟晓玲和康绍忠 2007 年的研究表明，与多年平均值相比，20 世纪 90 年代渭河入黄径流减少了 29.04 亿 m³。汾河、沁河的径流分析也表明，汾河、沁河入黄径流减少趋势明显，河津站的实测径流在 20 世纪 70 年代开始明显减少并低于多年平均值（11.9 亿 m³），武陟站的实测径流在 20 世纪 60 年开始减少并在 20 世纪 70 年代开始低于多年平均值（10.3 亿 m³）。皇甫川流域径流从 50 年代至今一直呈递减趋势，50 年代流域径流量达 24 160 万 m³，至 90 年代已减至 9 031.3 万 m³。2000~2005 年流域年平均径流量仅 4 298 万 m³，比 50 年代下降 19 862 万 m³，下降幅度达 82.2%。窟野河温家川水文站 20 世纪 50 年代至 70 年代，流域年径流量大于 7 万 m³，到 80 年代递减至 5.2 万 m³，90 年代减少到 4.48 万 m³，2000~2005 年年径流流量仅为 1.86 万 m³。在一定显著水平下，窟野河流域径流量在多年变化中均呈明显下降趋势，近年来下降趋势更为明显。

5.2.2 观测到的极端水文事件变化

黄河流域的水旱灾害主要有两种类型，即水灾和旱灾。黄河流域的水灾主要是雨洪、水土流失和泥石流、涝渍盐碱、冰凌洪水、冰雹和雪灾等灾害。黄河上游每年 11 月到翌年 4 月，黄河下游每年 12 月到翌年 3 月，为凌汛期。宁夏和内蒙古河段与黄河下游河道，因冰塞、冰坝、壅水、决溢造成的凌洪灾害，以及青藏高原和内蒙古牧区的雪灾，均发生在凌汛期间。黄河每年 7~9 月称为"伏秋大汛期"，7 月和 8 月又称为"伏汛期"，雨洪、涝渍、水土流失、泥石流等灾害多发生在伏秋大汛期。其中，黄河下游每年最大洪峰平均以 77% 的概率出现在 7 月下旬至 8 月上旬，黄河流域的雹灾也集中在 7~8 月，黄河流域的"伏汛期"，是最易发生洪、涝、渍灾及冰雹灾的季节。

黄河流域的干旱按受旱对象，可以分为农业干旱、牧业干旱、农村人畜生活缺水、城市生活缺水及工业缺水等引起的灾害。因此，在黄河流域一年四季都可能发生干旱，并且有连季旱、连年旱等多种组合。黄河流域旱灾的主要特点表现为灾情重、频率高，黄土高原区平均每 10 年、5 年、2 年和 1.25 年，有 94%、73% 和 50% 的面积发生中等以上程度的干旱，有 53%、49%、36% 和 22% 的面积发生重级以上的干旱。大量的历史文献文物考证发现，黄河流域大约从宋代开始，向愈来愈旱的方向演化。据历史文献较翔实的山西、河南两省资料统计，12 世纪（北宋）以前，平均每世纪发生严重干旱分别为 6.2 次和 3.2 次；13~19 世纪，平均每世纪发生严重干旱 49 次和 17 次。流域内以春旱为主的地区大致分布在吴堡至龙门区间、汾河中上游、沁河上游及大汶河区，以夏旱为主的地区大致分布在渭河宝鸡以下、泾洛河及汾河下游以及龙门至花园口区间，流域内其他地区春旱夏旱出现的概率基本相同。

5.2.2.1 洪水灾害

在 230 年花园口水文资料记录中,花园口站年最大洪峰流量的均值为 9 400 m³/s,最大值为 1843 年的 33 000 m³/s,最小值为 1877 年的 2 160 m³/s,离差系数 $Cv = 0.59$。其中大于 10 000 m³/s 的洪水有 67 次,平均 3.5 年出现一次;大于 20 000 m³/s 的洪水 14 次,平均 16.5 年出现一次。

花园口发生大洪水(洪峰流量大于 20 000 m³/s)的年份主要有 1761 年、1958 年、1843 年和 1933 年,其中前两场洪水是三门峡至花园口间来水,后两场洪水主要是以三门峡以上来水为主的洪水。较大洪水(洪峰流量在 10 000~20 000 m³/s)发生的年份有 1949 年、1953 年、1954 年、1957 年、1958 年、1977 年和 1982 年。

20 世纪黄河流域发生洪水灾害共 7 次,分别发生在 1933 年、1938 年、1949 年、1954 年、1958 年、1982 年和 1996 年,其中 1938 年为黄河扒决花园口成灾。1933 年的暴雨和洪水灾害创实测记录,中下游 364 万人受灾,京汉铁路桥被冲断,黄河下游漫滩,决口 100 余处,造成了空前的环境破坏。1938 年 6 月 9 日,国民党军在郑州花园口扒开黄河大堤,致使滔滔黄河水以不可阻挡之势,向东漫流,夺淮入江归海,溃水殃及豫、皖、苏 3 省 44 县(市),1 250 万人受灾,391 万人流离失所,89.3 万人死亡。1958 年进入汛期后,因连续降雨,7、8 月间花园口站出现了 5 000 m³/s 以上洪峰 13 次,10 000 m³/s 以上洪峰 5 次,其中最大的即为 7 月 17 日 24 时,花园口站的 22 300 m³/s 洪峰,相应水位为 94.42 m,是该站有水文观测以来的最大洪水(相当于 60 年一遇)。这次大洪水主要由三门峡至花园口区间的降雨形成,属于"下大洪水","58·7"大洪水,具有水位高、水量大、来势猛、含沙量小和持续时间长的特点。1982 年,三门峡至花园口区间 5 天暴雨使花园口站出现了仅次于 1958 年的洪峰流量,下游洪水水位普遍高于 1958 年的洪水水位,花园口先后出现了 6 350 m³/s 和 15 300 m³/s 的洪峰(表5.5),最高水位 93.99 m,黄河滩区全面漫滩,频频出险。1996 年为黄河流域形成的"小流量、高水位、大漫滩"洪水,该次洪水的量级仅相当于 2~3 年一遇的中常洪水,但洪水情势异乎寻常,花园口站洪水水位 94.73 m,比 1958 年 22 300 m³/s 的洪水位高出 0.91 m,比 1982 年 15 300 m³/s 的洪水位高出 0.74 m,成为花园口站有实测记录以来的最高水位。1996 年的中小洪水造成豫、鲁两省 241 万人受灾。

图 5.4 为 1950~2005 年花园口最大洪峰流量变化图。1950~2010 年花园口年最大洪峰流量统计见表 5.5。由表 5.5 可见,61 年中花园口年最大洪峰流量大于 10 000 m³/s 的共有 6 年,其中 20 世纪 50 年代 4 次,70 年代 1 次,80 年代 1 次。90 年代前发生概率最高的是 5 000~10 000 m³/s 的洪水,21 年中的发生概率达 16.7%。90 年代后,花园口发生概率最高的洪水是 5 000m³/s 以下的洪水,21 年中的发生频率达 52.7%。进入90 年代,在花园口洪峰流量明显减小,21 年中有 5 年最大洪峰流量小于 4 000 m³/s,

因此，近年来下游发生大洪水的次数明显减少。

表 5.5　花园口历年最大洪峰流量统计（单位：次）

流量（m³/s）	1950~1959 年	1960~1969 年	1970~1979 年	1980~1989 年	1990~2000 年	2001~2010 年	1950~2010 年	1986~2010 年
>20 000	1						1	
15 000~20 000	1			1			2	
10 000~150 000	2		1				3	
5 000~10 000	6	8	7	6	3	1	31	6
≤5 000		2	2	3	8	9	24	19
≤4 000					5	6	11	11

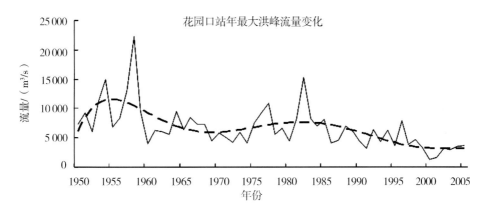

图 5.4　1950~2005 年花园口最大洪峰流量年际变化

5.2.2.2　水文干旱

干旱缺水是黄河的主要问题。据观测资料记录，黄河自有实测资料以来，相继出现了 1922~1932 年、1969~1974 年、1977~1980 年、1990~2000 年的连续枯水段，四个连续枯水段平均河川天然径流量分别相当于多年均值的 74%、84%、91% 和 83%。

1922~1932 年黄河出现的连续 11 年的枯水期，类似于历史上明崇祯五年至十五年的特大旱灾，两次大旱的共同特点是连续干旱都是从黄河中游开始，逐渐向东、向南扩展；都大体持续 11 年；都从始旱年起。先经过 6 年干旱的肆虐，当耗尽了民间和政府的粮食储备之后，于第 7~9 年再骤然加重旱情，造成了特别严重的恶果。

1980~1982 年出现大旱，黄河流域 1980 年、1982 年年平均降水量比多年平均值分别偏少 10.9%、6.7%，1981 年的接近多年均值。黄河流域最大支流渭河在 1980 年和1982 年径流量较多年均值偏少 37%，无定河 1980~1982 年 3 年平均流量较常年值偏少

28%，窟野河偏少 35%；伊洛河 1980 年偏少 37%、1981 年偏少 52%；沁河 1980 年偏少 78%，1981 年偏少 86%。1980～1982 年大旱期间，黄河下游断流 53 天。黄河流域 3 年平均受旱面积 388 万公顷，成灾面积 278 万公顷，绝收面积 46 万公顷，受灾人口 1636 万人，减产粮食 299 万吨，3 年大旱所造成的损失居历年之首。

20 世纪 90 年代以来，干旱程度不断加剧，范围逐渐扩大。2009 年 2 月出现了全流域范围的特大干旱。河南、甘肃、陕西、山西、山东等省累计受旱面积 753 万公顷，部分地区出现临时性人畜饮水困难。气候变化导致的来水量减少是流域干旱的重要原因。

王云璋和张永兰等（2004）重建了黄河中游 1575 年以来的干旱指数序列，分析了干旱的历史规律和变化趋势。分析结果表明，干旱具有明显的阶段性，近 429 年大体经历了 6 个干旱段和 5 个不旱段。干旱段中特旱、大旱出现概率分别是不旱段的 3.3 倍，而不旱段中涝、不旱出现的概率则分别是干旱段的 6.5 倍和 1.8 倍，且干旱变化具有显著的周期性，主要周期长度为 5 年、7 年、22.5 年、32 年、55 年、69 年和 123 年。图 5.5 为黄河中游 1900 年以来夏半年干旱指数拟合及未来 30 年外延曲线。由图 5.5 可见，未来 30 年除近期数年和 21 世纪 20 年代中期前仍是以干旱年为主外，其余大多年份可能以不旱和涝为主。

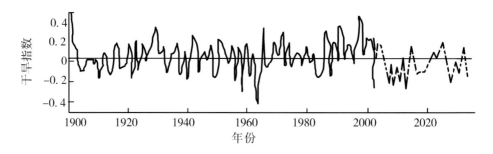

图 5.5　黄河中游 1900 年以来夏半年干旱指数拟合及未来 30 年外延曲线

黄河流域由于大旱缺水而使黄河断流的情况在历史上十分少见，1997 年黄河因干旱而断流，创下了 7 个历史之最。根据《崇祯长编》记述，明末崇祯十二年至十四年（公元 1639-1641 年），黄河流域曾因大范围 17～19 个月无雨，或仅有小雨，致使黄河豫西段发生过短暂的断流。但这种情况千年不遇，极其罕见。然而进入 20 世纪 70 年代，黄河断流的次数、天数及断流河段长度呈急剧增加趋势。从 1972 年 4 月 23 日山东利津河段首次出现枯河断流，即开始了长达 20 多年的频繁断流。1972～1999 年 28 年中，共有 22 年累计 1092 天发生断流。每个断流年份平均断流 50 天，平均断流长度 302km。其中，有 5 年断流河段由河口延展到河南省境内。特别引人关注的是，黄河下游断流河段长度、断流天数包括主汛期天数都有增加的趋势，每年断流的起始时间，也呈现提前的趋势，不但来水偏枯年份断流，来水偏丰的年份也发生断流。如发生断流的 1975 年、1976 年和 1983 年，花园口实测径流量都在 500 亿 m³ 以上，特别是 1983 年，花园口实测年径流量 610 亿 m³，超过该站多年平均天然径流量。1997 年，黄河断流出现了 7 个历史之最：①断流时间最早——2 月 7 日利津水文站就出现断流；②断流河段最长——断流从河口至开封柳园口，共长 700 km；③断流频次最高—利津站全年断流 13 次；④断流天数最多——利津站断流共计 226 天，河口有 295 天无水入海；⑤断流月份最多——全年有 11 个月断流；⑥断流首次在汛期出现——在 9 月份黄河秋汛首次出现断流；⑦首次跨年度断流—断流从 1997 年底至 1998 年初。1997 年是黄河有实测水文资料以来仅次于 1928 年的第二枯水年，黄河全年入海水量仅有 15.4 亿 m³，占当年黄河天然径流量 348.4 亿 m³ 的 4.42%，相当于保证输沙用水量的 1/14（20 世纪中国水旱灾害警示录）。

5.2.2.3 旱涝演变

李月洪和张正秋（1993）研究发现，黄河中下游区域 20 世纪 10 年代出现了涝转旱的气候突变，上游区虽然没有突变产生，但也在同时期有旱涝指数上升即转旱的趋势。

黄河流域涝的频率由东向西递减，旱的频率则由中部的黄土高原向东、西两侧递增。中上游地区旱涝频率相差最为悬殊，如兰州旱的频率为 13%，而涝的频率仅为 3%，两者差达 4 倍，说明这一地区旱灾较为频繁，发生涝的几率却很小。中游的黄土高原区，从 500 年平均状况看，旱的频率要比中上游和下游地区的低，但仍明显高于涝的频率，南部的关中平原则涝略多于旱；下游地区旱涝几率几乎均等，基本在 10% 左右。进入 20 世纪以来，中上游、中游地区（除西安）旱、涝频率有明显的上升趋势，下游地区的则相反，旱涝频率呈下降趋势。大致以太行山为界，太行山以西的高原山地区 20 世纪已进入了旱、涝灾害多发期，而太行山以东的平原区旱涝灾害有所缓解，其中又以涝的频率减少最为明显。此期旱的频率由东向西递增，涝的频率则以黄土高原最大，然后向东、西两侧递减。

近 500 年来黄河流域发生流域性大旱 13 次，出现在 1484、1528、1586、1587、1635、1640、1720、1721、1722、1877、1900、1929、1965 年，流域性大涝两次，发生在 1570 年和 1964 年。从每世纪大旱大涝频率分布看，大旱约有 200 年左右的转换周期，而流域性大涝出现几率很低，为 200~300 年才出现一次。较大范围的区域性旱涝在 520 年间共发生过 114 次，其中大旱 69 次，大涝 45 次（表 5.6）。18 世纪旱涝最为频繁，出现 29 次，其次是 20 世纪为的 26 次，16 和 19 世纪的最少，均在 15 次左右。大旱以 18 世纪的最多，出现 20 次，平均每隔 5 年有 1 次范围较大的旱灾发生；大涝以 17 世纪的最多，有 12 次，平均每 8 年可发生 1 次区域性洪涝。从分区看，上中游大旱连片发生过 6 次，分别出现在 1582 年、1629 年、1759 年、1892 年、1928 年、1941 年，除 20 世纪有过 2 次外，基本为每世纪出现 1 次；大涝仅有 2 次，发生在 1844 年和 1958 年。中下游连片大旱较少，有 3 次，出现在 1638、1639 和 1952 年；大涝有 2 次，出现在 18 世纪中叶的 1751 年和 1761 年。此外，中上、中下游各区还发生过多次区域性大旱、大涝。其中，中上游地区大旱最为频繁，出现过 31 次，大涝以下游最多，发生过 20 次。中上游区大旱又以 18 和 20 世纪的最多，各有 10 次，大涝较少，仅有 5 次，主要集中在 20 世纪。中游区大旱 16 和 18 世纪较多，各为 4 次，17 和 20 世纪最少，仅有 1 次；大涝在 17、19、20 世纪出现次数最多，各有 4 次。下游区 18 世纪大旱最多，有 5 次，大涝在 17 世纪最频繁，发生过 8 次。总体来看，中上游、中游区域性旱涝有加强趋势，下游区域性旱涝则明显减缓。从时间变化看，大范围旱涝的频数随着序列的衍生有增加趋势，20 世纪旱涝出现最频繁，17 世纪的最少。但下游地区旱、涝却在 17 世纪最频繁。持久性旱、涝随着序列的延伸而减少，16~18 世纪持续性旱涝最严重，19 世纪以来连旱、连涝明显减少。

表 5.6　黄河流域区域性大旱大涝出现频数

世纪	上中游		中下游		中上游		中游		下游	
	旱	涝	旱	涝	旱	涝	旱	涝	旱	涝
15	(0)	(0)	(0)	(0)	(1)	(0)	(3)	(0)	(0)	(0)
16	1	0	0	0	1	0	4	2	1	5
17	1	0	2	0	5	0	1	4	4	8
18	1	0	0	2	10	0	4	2	5	5
19	1	1	0	0	4	1	2	4	2	1
20	2	1	1	0	10	4	1	4	2	1
合计	6	2	3	2	31	5	15	16	14	20

自公元前 2 世纪至 1991 年的 2119 年间，黄河流域发生大旱 197 次，大涝 147 次，平均每个世纪约发生大旱 9 次、大涝 6~7 次，大旱多于大涝的发生次数。大旱指数平均为 0.59，即大旱占大旱与大涝总次数的 60% 左右。大旱指数显著高于平均值的有公元 4、6、11、12、13、15 及 20 世纪。但 20 世纪至今（1991）的 91 年中仅出现大旱 9 次，而最早的 11 世纪出现大旱 16 次，大涝仅 2 次，大旱指数较高。1928 年为 20 世纪黄河最旱的一年，三门峡的年径流量仅 241.4 亿 m³，20 世纪最涝的 1964 年为 802.9 亿 m³。

5.2.3　观测到的泥沙变化

河流泥沙是反映河川径流特性的一个重要因素。黄河泥沙来自黄土高原水土流失区。黄河输沙有输沙量大、输沙集中的特点。黄河陕县断面多年平均输沙量为 16 亿吨，多年平均含沙量 37.6 kg/m³，最高含沙量 920 kg/m³，其输沙量之大在世界河流中居于首位。黄河泥沙的来源比较集中，并有"水沙异源"的特点。具集中的特点表现为时间和空间的集中：在时间上，年 80% 以上输沙量集中在汛期 7~10 月，而汛期输沙量又集中在几次洪水过程中；在空间上，约 90% 的沙量来源于河口镇至三门峡区间。

黄河流域泥沙的关键问题是水沙关系不协调。水沙关系不协调造成泥沙淤积，抬高河床，加剧"二级悬河"发展，降低水利工程防洪能力，提高对气候变化的脆弱性，引发洪涝灾害。伴随着黄河水量减少，1986 年以来黄河沙量减少近 40%。这一方面是由于近期大暴雨较少，另一方面是上中游水利水保综合治理措施起到减沙作用。由于治理措施在暴雨条件下作用甚微，因此黄河含沙量随降水程度的变化而变化。在一般降雨年份，水量和含沙量减少较大，而在发生大暴雨的年份，出现高含沙洪水，沙量仍很大。

根据《黄河流域水资源评价》及《黄河流域水资源公报》，黄河干支流主要控制站的输沙量变化幅度见图 5.6 和表 5.7。与多年平均值相比，20 世纪 50~60 年代输沙量偏多，90 年代后输沙量明显减少，以兰州站和花园口站为例，兰州站 20 世纪 60 和 70 年代输沙量分别比常态值多 131.55% 和 13.89%，花园口站的分别多 52.02% 和 41.80%；1990~1999 和 2000~2009 年，兰州站输沙量比常态值分别减少了 2.38% 和 57.74%，花园口站的分别减少了 27.85% 和 87.97%。主要支流洮河、皇甫川和窟野河支流 20 世纪 60、70 年代输沙量高于常态值，80 年代后输沙量呈下降的趋势，其他支流输沙量呈减少趋势，到 21 世纪初减少幅度为最小。进入 21 世纪后，干流花园口站输沙量减少幅度最大，为 87.97% 支流窟野河的温家川站减少幅度最大，2001~2009 年减少了 94.19%；减少幅度最小的站是北洛河的状头站，2001~2009 年减少了 47.46%。因此，20 世纪 80 年代后，黄河干支流的来沙量有大幅度减少趋势，但不是随年代递减，同时，泥沙的空间分布也发生了变化。

相关的研究也表明，黄河泥沙的变化，表现在径流量、输沙量和含沙量变化不同步及水量汛期比例减少而沙量向汛期集中等方面。多数研究表明，20 世纪 70 年代以后，黄河中游的输沙量较以前的明显减少，但并不随年代递减。以河龙区间为例，河龙区间 20 世纪 50~80 年代输沙量呈递减变化，90 年代输沙量较 80 年代的却有很大增加。而利津站 1950~2000 年年平均输沙量为 10.499 亿吨，1986~2002 年年平均值减少到 3.333 亿吨，减沙量 7.166 亿吨，比前期减少 68.3%，且减少趋势明显。1986 年以前利津站无特枯沙年出现，丰、平、偏枯沙年交替出现；1986 年以后，除了 1988~1989 年及 1994~1995 年为平沙年外，其余年份均为偏枯或特枯沙年。1999~2002 年为连续特枯沙年，2001 年输沙量只有 0.088 亿吨，为 1950 年以来输沙量最小的一年。

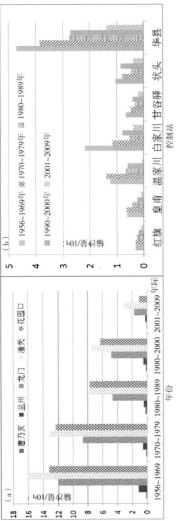

图5.6 黄河流域主要干流和支流站输沙量年际变化

(a)主要干流；(b)支流

表5.7 黄河流域主要控制站输沙量距平变化率（单位:%）

控制站	干流					支流						
	唐乃亥	兰州	龙门	潼关	花园口	红旗	皇甫	温家川	白家川	甘谷驿	状头	华县
1956~1967年	-25.00	131.55	98.49	71.41	52.02	18.44	45.88	42.37	164.93	68.43	47.66	52.28
1970~1979年	-12.86	13.89	43.79	39.82	41.80	21.31	47.06	59.34	40.78	18.18	12.29	24.22
1980~1987年	41.43	-11.31	-22.04	-17.21	-11.15	2.05	0.71	-23.58	-36.04	-19.44	-36.86	-10.83
1990~2000年	-25.71	-2.83	-19.92	-20.54	-27.85	-20.90	-43.53	-32.35	-4.13	1.01	18.50	-12.12
2001~2009年	-45.00	-57.74	-71.42	-69.23	-87.79	-61.07	-77.18	-94.19	-55.10	-55.36	-47.46	-55.84
控制面积(km²)	121972	222551	497552	682141	730036	24973	3199	8465	30217	5891	25154	106498
常态值(亿吨)	0.140	0.504	6.029	9.425	8.717	0.244	0.425	0.878	0.824	0.396	0.708	3.093

注：常态值量1971~2000年平均输沙量。

1986 年以前，最大年输沙量为 21.082 亿吨（1958 年），最小的为 2.881 亿吨（1980年），二者相差 18.201 亿吨；1986 年以后，最大和最小年输沙量分别为 8.554 亿吨（1988 年）和 0.088 亿吨（2001 年），相差 8.466 亿吨，年际变幅减小。人类活动的影响和天然降雨产流的减少是黄河水沙减少的主要原因，特别需要指出的是 20 世纪 80 年代后水沙时空分布状况发生了很大的变化。

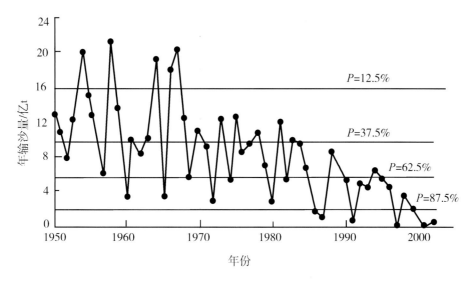

图 5.7 1950~2000 年利津站输沙量年际变化图

5.3 人类活动对径流变化的影响

黄河流域年径流量变化的原因十分复杂，既受气候和人类活动的双重影响，又受它们反馈作用的影响。这种影响是广泛而深刻的，涉及流域水循环的各个环节；气候变化和人类活动对水资源的影响是交织在一起的。人类活动对径流变化的影响主要表现在两方面：一方面是由于人类生产和社会经济发展，大气的化学成分发生变化，并因此改变地球大气系统辐射平衡，从而引起气温、降水和蒸发等的变化进而影响径流变化；另一方面是由于人类活动主要作用于流域的下垫面，如土地利用的变化、农林垦殖、森林砍伐、城市化、水资源开发利用和生态环境变化等，而下垫面的改变又引起径流变化。气候因素和人类活动因素并不是孤立的，它们之间的相互作用既可能是正反馈也可能是负反馈。气候因素的变化和人类活动的不断加剧，引发了如河道断流、湖泊萎缩、湿地退化等生态恶化现象。此外，水土流失治理等生态建设改变了区域下垫面条件，进而影响径流变化。

5.3.1　水土保持措施

黄河流域水土流失面积 46.5 万 km^2，占总流域面积的 62%。其中，强烈、极强烈、剧烈水力侵蚀面积分别占全国相应等级水力侵蚀面积的 39%、64%、89%，是我国乃至世界上水土流失最严重的地区。为了防治水土流失，自 20 世纪 50 年代，流域水土保持工作就已经开始。20 世纪 50～60 年代积累了宝贵的生态及环境建设经验，确立了梯田、林、草、淤地坝四大水保措施，以及集中连片生态及环境建设的办法。70 年代在陕西、山西、内蒙古等地全面推广了水坠坝、机修梯田、飞播造林种草等新技术，生态及环境建设步伐加快。根据 2011 年《黄河流域水土保持公报》，黄河流域已累计初步治理水土流失面积 22.56 万 km^2。其中，兴修基本农田 555 万 km^2，营造水土保持林 1192 万 km^2，人工种草 367 万公顷，封禁治理 142 万 km^2。建设淤地坝 9.1 万座，兴建各类小型水土保持工程 184 万处。水土保持措施的实施，改善了流域生态环境，治理区水土流失得到遏制，年均减少入黄泥沙 3.5 亿吨以上，减缓了黄河下游河床淤积抬高速度。随着水土保持措施的完善，人类活动减水减沙所占比重不断增大。研究表明，在气候变化和土地利用和覆盖变化共同影响下，径流系数减少 9% 左右，年径流量减少 56 亿 m^3 左右。

5.3.2　黄河流域蓄水库对水循环变化的影响

据不完全统计，黄河流域内已建有大、中、小型水库 10100 座左右，总库容为 700 多亿 m^3，比黄河花园口断面以上流域多年平均天然径流量还要大得多。据 2010 年统计，大中型水库 190 座，大型水库 28 座，干流上建成的大型水利枢纽 10 座（龙羊峡、李家峡、刘家峡、盐锅峡、八盘峡、大峡、青铜峡、万家寨、三门峡、小浪底）。在 10 座枢纽中，龙羊峡、刘家峡、小浪底等枢纽有较大调节能力，其他枢纽多属径流式电站。表 5.8 为黄河流域 2000～2010 年根据《黄河水资源公报》统计的大中型水库蓄水变化动态。由表 5.8 可见，大中型水库近 10 年增加了 33 座，其中大型水库增加了 7 座，2004～2010 年年均蓄水量约 330 亿 m^3。这些水库的蓄水量减少了河道的径流量，改变了流域水循环变化规律及水循环周期，进而影响水体的天然可再生（可更新）性。通过对水库调蓄，使月尺度下黄河干流水体交换周期在汛期和非汛期分别加长和缩短，使水资源供需时空上的极其不均匀性得以调节。有的分析计算结果表明：有水库调蓄时非汛期径流量比无水库时多 83 亿 m^3，大大提高水资源利用效率，但减少了河流中水的循环量。

表 5.8　2000~2010 年黄河流域大中型水库蓄水变化动态统计

年份	水库/座		上年末蓄水量（亿 m³）			当年末蓄水量（亿 m³）			年蓄水变量（亿 m³）		
	大中型	大型	大型	中型	合计	大型	中型	合计	大型	中型	合计
2000	157	21							0.5	1.05	1.55
2001	157	21							−21.33	−1.34	−22.67
2002	148	22							−72.07	−1.8	−73.87
2003	148	22							139.87	4.26	144.13
2004	164	22	277.46	11.15	288.61	257.11	9.68	266.76	−20.35	−1.47	−21.82
2005	171	23	278.02	9.68	287.70	386.08	10.69	396.76	108.05	1.01	109.06
2006	171	23	386.07	10.69	396.76	304.80	9.62	314.42	−81.27	−1.07	−82.34
2007	171	23	304.80	9.62	314.42	325.76	10.15	355.91	20.96	0.53	21.49
2008	178	23	325.76	10.15	335.91	289.94	9.15	299.1	−35.82	−1.00	−36.81
2009	184	25	289.94	9.16	299.10	337.93	10.24	348.18	47.99	1.08	49.08
2010	190	28	337.93	10.24	348.18	324.26	10.77	355.08	−13.67	0.53	−13.30

5.3.3　黄河断流现象

黄河流域 1972−2000 年间有 22 年出现断流。特别是 20 世纪 90 年代，不仅年年断流，而且断流时间提前，断流历时在加长，断流河段不断向上游延展。黄河下游河段在逐渐演变为季节性河流。中游的主要支流下游也发生了断流。利津站在 1972~1999 年的 28 年中，黄河下游有 22 年发生断流，累计断流 1092 天，断流年份平均每年断流 50 天，断流河段从河口向上游延伸，平均长度为 321km。山东泺口以下河段断流频率最高，有 5 年的断流范围扩展至河南境内，其中 1995~1998 年连续 4 年断流范围伸展到河南境内。1997 年，花园口实测径流量仅次于 1928 年的径流量，断流的历时与河段长度分别为 226 天和 704km（到开封附近），创造了断流的历史记录。

黄河断流现象不仅发生在黄河干流，支流也发生了多次断流现象。例如，黄河上游大夏河，1995 年以来发生断流，断流最长达 12.5km，断流河段天数最多达 270 天。大黑河 1980 年以来发生断流，断流河段最长达 48km，断流天数最多达近 200 天。黄河中游的渭河、汾河、沁河以及下游的大汶河等，近 21 年也多次发生断流，尤其汾河和沁河入黄口附近更是年年断流。表 5.9 是黄河部分主要支流 1980~2000 年近 21 年来河道断流统计结果。

表5.9 黄河部分主要支流近1980~2000年河道断流统计

年份	渭河陇西——武山			汾河柴庄站—入黄口			沁河武陟站—入黄口			沁河武陟站—大汶河		
	长度(km)	次数	天数	长度(km)	次数	天数	长度(km)	次数	天数	长度(km)	次数	天数
1980	0	0	0	120	2	27	12.3	5	204	31	2	20
1981	0	0	0	120	2	96	12.3	4	237	109	4	107
1982	8	1	12	120	3	60	12.3	2	44	109	2	147
1983	0	0	0	120	1	2	12.3	3	56	109	2	208
1984	0	0	0	120	1	12	12.3	4	21	109	2	75
1985	0	0	0	120	2	36	12.3	2	57	0	0	0
1986	0	0	0	120	2	7	12.3	5	107	50	2	36
1987	8	1	16	120	4	60	12.3	2	136	64	1	71
1988	0	0	0	120	3	26	12.3	2	186	109	3	239
1989	25	2	29	120	1	4	12.3	1	53	109	3	264
1990	0	0	0	120	1	1	12.3	2	19	0	0	0
1991	0	0	0	120	3	62	12.3	2	271	90	2	120
1992	0	0	0	120	3	76	12.3	2	215	40	2	70
1993	25	3	35	120	2	51	12.3	2	124	55	1	40
1994	0	0	0	120	4	35	12.3	2	34	50	1	30
1995	25	5	61	120	2	102	12.3	2	172	70	2	55
1996	25	5	72	120	3	48	12.3	2	178	35	1	36
1997	25	7	91	120	4	34	12.3	1	272	90	2	120
1998	0	0	0	120	4	27	12.3	2	110	40	2	70
1999	29	9	204	120	4	53	12.3	1	185	0	0	0
2000	29	11	234	120	4	83	12.3	1	186	0	0	0
合计	199	44	754	2 520	55	902	258.3	49	2 867	1 269	34	1 708

5.3.4 人类活动对径流变化的影响

河川径流是气候条件与流域下垫面综合作用的结果。河川径流源于降水，气候条件的变化直接影响河川径流的丰枯，且径流受人类活动强度影响显著。目前，根据不同人类活动作用情况及流域尺度大小，分别采用相似降雨对比法、相似流域对比试验方法、分项计算组合法等方法分析人类活动对径流的影响。黄河流域人类活动对径流的影响已有大量的研究。

在黄河源区人类活动对径流的影响还是比较大的。有的研究认为，1970～2008 年期间，气候变化和人类活动对径流减少的贡献分别是 17% 和 83%，而对泥沙减少的贡献分别是 14% 和 86%。20 世纪 70～90 年代，气候变化的水文效应为 65%～80%，土地利用变化的影响大致为 6%～16%，生态退化、冻土融化等的水文效应为 14%～20%。一些研究认为，气候变化是黄河源区天然径流减少的主要原因。黄河源区在 20 世纪 90 年代降水有所减少，气温明显上升，导致黄河源区与上游径流锐减。20 世纪 90 年代以来，黄河源区降水量减少 5%，且降水强度明显减少，土壤下渗量增加，导致产流量减少（蓝永超，2006）。黄河源区近 50 年来气温明显上升造成至少 4% 以上的径流减少。常国刚和李林等（2007）认为，年平均径流量随着年平均气温的升高、降水量的减少、蒸发量的增大和冻土厚度的减小而减少，反之径流量则增加。气候变化导致径流量的减少量占总减少量的 70%，其余 30% 可能是由于人口增加、超载放牧等人类活动造成的。气候及冻土因子对径流量的作用从大到小，依次为冻土、降水、蒸发和气温。陈利群和刘昌明等（2006）基于径流系数分析了 1956～2000 年气候对黄河源区径流的影响。20 世纪 90 年代总径流、直接径流和基流都减少，降水、气温对径流都有影响，降水对总径流和直接径流的影响要大于气温对它们的影响；基流受气候变化的影响相对较小，气温对基流的影响要大于降水对基流的影响。然而，不同的子流域气温和降水对径流的影响也不同，在玛多以上区间，年气温比较低，气温是影响径流的主要因子，径流随着气温的升高而降低。黄河源头区降水在较长的时间尺度上影响直接径流，对总径流和基流的影响则很小；气温的升高将导致直接径流、总径流减少，而对基流的影响则比较小。在玛多—吉迈区间，在多年的时间尺度上，随着降水的增加，直接径流增加；随着气温的增加，在降水不变的前提，总径流和基流均减少。在吉迈—玛曲区间，总径流、直接径流、基流都随降水的增加而增大。气温主要影响基流和总径流，在相同的降水条件下，随着气温的升高，基流和总径流减少。在玛曲—唐乃亥区间，降水是径流的主要影响因素，气温主要是对直接径流有影响。

近年人类活动对黄河径流减少的影响，约占径流减少总量的 60%。但对一些典型流域的分析结果表明，不同流域气候变化对径流的影响程度是不同的。人类活动对径流量减少的影响，在黄河中游三川河、延河、汾河和沁河占径流减少总量的 50% 以上，而气候变化对渭河、孤山川、清涧河和伊洛河等流域径流量减少的影响相对显著，超过径流减少总量的 50%。粟晓玲和康绍忠（2007）对渭河的研究表明，降雨量减少 10.4%，对应的径流量减少 19.81 亿 m^3，因降雨量减少而减少的径流量占径流减少总量的 68.2%；水土保持活动、河川耗水、傍河取水激发地表水对地下水的补给以及雨水集蓄等人类活动，引起径流的变化量分别占径流减少量的 8.5%、10.1%、9.8% 和 0.2%。胡彩虹和王纪军等根据 1956～2000 年沁河流域降水、耗水量和入黄武陟站实测径流资料，分析了沁河流域 1956~2000 年入黄径流变化研究结果表明，人类引耗水、气候变化及下垫面条件变化对径流的影响总量为 70.6mm，其中，引耗水致使实测径流减少的贡献率为 24.9%，气候变化影响量的贡献率为 50.4%，下垫面条件变化影响量的贡献率为 24.7%。王国庆和张建云等[37]对三川河及汾河流域的研究表明，就 1970~1999 年的平均状况而言，气候因素和人类活动对汾河径流的影响量分别占径流减少总量的 35.9% 和 64.1%，气候因素和人类活动对三川河径流的影响量分别为 30% 和 70%，人类活动是汾河和三川河流域径流减少的主要因素。这些研究中的人类活动包括引起流域下垫面显著改变的水土保持、水利工程等对水产生直接影响的活动，人类有目的的水利活动，以及对水产生间接影响的如经济社会结构调整等非水利目的的人类活动。许炯心与孙季的研究结果表明，不同径流来源区降水的变化，对入海径流通量的影响是不同的。引水所形成的侧支循环强度的急剧增大，使入海径流通量大幅度下降。上中游大规模水土保持生效后，天然年径流有所减少，也导致入海径流通量的减少，入海径流通量与历年梯田、造林、种草面积之间具有一定的负相关。

需要指出的是，由于不同流域内下垫面条件不同、人类活动规模不同以及气候变化幅度的差异，不同研究中上述因素对径流变化影响所占的比重也存在差异。此外，数据资料的获取、模型计算的误差，也会使分析结果之间有一定的差异。目前的研究还主要集中在定量估计上，且人类活动包含多个方面，也是一个动态的过程，如何进一步区别不同人类活动对径流变化的影响仍然是面临的一个难题。

5.4 水资源对气候变化的敏感性及其未来响应

水资源对气候变化的敏感性及其未来响应分析过程一般包括四个步骤：①定义气候情景；②建立流域水文循环模型；③将气候情景作为流域水文循环模型的输入，模拟、分析流域水文循环过程和水文变量；④评价气候变化对流域水资源的影响，根据流域水资源的变化规律和影响程度，提出适应性对策。其中气候情景的选择和流域水文循环模型的建立是影响评价的关键。目前公认的进行气候情景预测的唯一有效工具是根据各种方法预测或模拟未来气候情景。主要采用的方法有四种：①任意情景设置。假定未来气温上升若干度，降水减少或增加若干百分率。②时间类比。用历史气候资料推测未来气候情景。③空间类比。把某区域当前的气候状况看作是另一区域的气候情景。④全球气候模式（Global Climate Models，GCMs）。在黄河流域研究中，大多数采用了任意情景假设、时间类比和全球气候模式评价和分析气候变化对水资源的影响。

5.4.1　水资源对气候变化的敏感性

IPCC 给出的敏感性定义为系统受到与气候有关因素的刺激而做出响应的程度，水文要素对气候变化的敏感性是指流域的径流、蒸发等对气候变化情景响应的程度。在相同气候变化情景下，响应程度愈高，水文要素对气候变化愈敏感，反之则不敏感。径流敏感性的分析，可以确定影响径流变化的主要因素和次要因素。敏感性分析中，气候变化情景的设定多采用增量情景，即根据区域气候可能的变化，人为给定气温升高度数、降水量增加或减少比例以及两者的不同组合，构成气候变化的假想情景。

在不同的气温和不同的降水条件下，黄河流域不同区域的径流对气候的敏感程度是不一样的。黄河源区正面临气候变化及人类活动导致的生态环境恶化和资源可持续利用问题。因此，根据气候变化事实和径流变化事实，对径流对气候变化的敏感性进行了研究。根据大多数研究，黄河源区除吉迈以上区域外，径流对降水变化的敏感性均强于对气温变化的敏感性。吉迈以上流域年径流对气温变化的敏感度要大于河源区其他区域的。径流量随降水的增加而增加，随气温的升高而减小，反之亦然。径流量对降水变化的响应较对气温变化的响应更为显著。当气温保持不变、降水增加 10% 时，源区径流量将增加 15.5% ~ 19.1%；当降水不变、气温升高 1℃ 时，径流量将减少 0.7% ~ 13.48%。气温对径流的影响将随降水的增加而更为显著，随降水减少，气温对径流的影响将不显著。黄河上中游地区，径流量对降水变化的响应较对气温变化的响应显著。当气温保持不变、降水增加 10% 时，源区径流量将增加 12% ~ 22%；当降水不变、气温升高 1℃ 时，径流量将减少 3% ~ 7%（图 5.8）。自 20 世纪 70 年代以来，受气候变化和人类活动等因素的影响，黄河中游河川径流呈现明显的锐减趋势，龙门—三门峡区间减少尤其显著，平均年递减率为 2.16 亿 m^3/年。对黄河中下游的分析结果表明，河川径流量对气候变化最敏感的河段量龙门—三门峡区间，其次为河口镇—龙门区间，三门峡—花园口区间最不敏感；径流对气温敏感性的区域差异尤其显著，径流对降水敏感性的区域差异相对较小。

径流对降水和蒸发的敏感在不同的区域和不同的年份表现不同。在比较湿润的地区或年份里，径流对降水的敏感度大于干旱地区或干旱年份的，而在干旱地区或干旱年份径流对蒸发的敏感度大于湿润地区或湿润年份的，且黄河流域径流量对降水变化的响应较对气温的显著。由于在进行这些分析时，往往将下垫面条件视作不变或静态之下的，实际上黄河流域人类活动频繁，不同年份下垫面条件不同，因此敏感性的评价结果与实际情况存在偏差。此外，评价模型结构和参数的差别，也会导致敏感性分析结果之间存在一定的差异。因此，一定程度上讲，人类活动的影响可能会减弱或加强气候变化的敏感性评价。

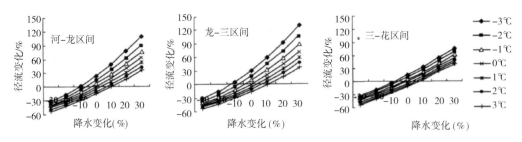

图5.8 黄河中游不同区间气温、降水量与径流量变化关系

5.4.2 气候变化对未来水文资源的可能影响

对中国10大流域21世纪气温和降水变化的分析结果表明，黄河流域气温和降水量总体上呈上升趋势。2050年以前，气温将上升近3℃，降水仅增加5%左右；2070年黄河流域气温将增加2.7℃，降水增加25%左右。利用动力降尺度模式，以英国Hadley中心的大气环流模式（HadCM3）输出为边界条件和初始场，驱动区域气候模式PRECIS，得到的结果是黄河流域气温明显升高，相对1961~2005年，平均气温分别增加1.6℃（A2）和1.4℃（B2）；未来降水总体呈增加趋势，相对1961~2005年，2050年降水分别增加3.5%（A2）和0.4%（B2）。可以预测，2050年黄河流域气温将明显升高，降水可能略有增加，这一结果可能会导致黄河流域水资源的减少。

气候变化对流域未来径流的可能影响分析方法是建立在气候变化预测研究基础上，利用确定性的分布式水文模型结合大气环流模式（GCMs）输出结果，探讨气候变化对未来径流的可能影响。在对黄河流域的研究中，气候模式涉及IPCC数据中心提供的各种模式，不同水文模型也得到了广泛的应用，如统计模型、月水量平衡模型、SWAT模型、VIC模型和SHMYID模型等。多数研究表明，受降水、潜在蒸发不同变化的影响，黄河流域年天然径流量随着区域、社会发展情景和研究时期的不同而有显著的差异，总体而言，未来黄河流域天然径流量以减少趋势为主。张光辉（2006）利用HadCM3 GCM模拟的结果，系统研究了IPCC两种发展情景下未来不同时期黄河流域年天然径流量的可能变化，结果表明，黄河流域年天然径流量随着区域、社会发展情景和研究时期的不同而有显著的差异。总体来讲，未来黄河流域天然径流量有增加的趋势，从东向西逐渐减小。不同区域天然径流量的变化幅度在-48.0%~203.0%之间。黄河流域天然径流量最大增加量为A2情景下2036~2065年的72.3亿m^3，而最大减小量为同时期B2情景下的-18.9亿m^3。赵芳芳和许宗学等用SWAT模型预测的源区未来3个时期（2020s、2050s和2080s）年平均流量，在统计降尺度（SDS）情景下将分别减少88.61m^3/s（24.15%）、116.64m^3/s（31.79%）和151.62m^3/s（41.33%）。而Delta降尺度下研究区年平均流量变化相对较小，2020s和2050s分别减少63.69m^3/s

（17.36%）和 1.73m³/s（0.47%），而 2080s 将增加 46.93m³/s（12.79%）。CGCM2（加拿大全球耦合模型）、CCSR（日本气候研究中心）、CSIRO（澳大利亚研究院）和 HadCM3（英国哈德莱研究中心）四种全球气候模式生成低排放情景 SRES B2，由两种降尺度生成的数据用来作为 SWAT 模型的输入去模拟未来三个阶段 2010 – 2039（2020s）、2040-2069（2050s）和 2070-2099（2080s）黄河源区的径流变化。分析结果表明，四种 GCMs 模式和两种降尺度方法尽管结果不同，但模拟的最大和最小气温值都显示增加趋势，降水有微弱的增加趋势，源区的年均径流在未来三个阶段整体为下降趋势。刘彩红和苏文将等的研究表明，黄河源区未来两个时期（2020s\2050s）源区年平均流量为 593.61m³/s 和 525.11m³/s，较气候标准期的（1961~1990 年）分别减少 14.9%和 24.7%。王国庆和王云璋等利用月水量平衡模型，根据 MPI、UKMOH 和 LLNL 三个气候模型输出的 CO_2 较工业革命期倍增，计算黄河流域各区间相应的径流量变化，总体来看，黄河未来几十年径流量呈减少趋势；就平均状况而言，汛期和年径流量分别约减少 25.4 亿 m³ 和 35.7 亿 m³，其中兰州以上减少的最多，占总减少量的一半以上。且兰州以上、头道拐至龙门区间、龙门至三门峡区间和三门峡至花园口区间，四个区间径流量均呈减少趋势，汛期和年径流量减少量分别为 36.7 亿 m³ 和 47 亿 m³，其中三门峡至花园口区间减少量接近一半，分别为 15.8 亿 m³ 和 21.1 亿 m³。MPI 和 UKMOH 模型中径流量的空间变化趋势较一致，三门峡至花园口区间增加，另外三个区域减少，其中兰州以上区间减少最多。MPI 模型中，头道拐至龙门区间年径流量减少 0.4 亿 m³，其中汛期减少 0.7 亿 m³，非汛期增加 0.3 亿 m³；UKMOH 模型中，三门峡至花园口区间年径流量增加 1.4 亿 m³，其中汛期增加 7.4 亿 m³，非汛期径流量减少 6 亿 m³。气候变化不仅改变了流域水资源量的大小，也改变了其在时空上的分布状况。姚文艺和徐宗学等的分析预测表明：黄河源区 21 世纪 20~80 年代的径流量与 1961~1990 年基准期相比，将减少 20%~32%；兰州未来 46 年汛期天然径流量与基准期的基本相当，但仍以偏枯和枯水年居多，偏枯段的径流量较基准期的减少 13%以上，偏丰段的偏多 5%左右。

可见，利用不同气候模式和情景资料所预测出的黄河流域径流未来变化趋势虽有差异，但对黄河流域未来气候变化对径流影响研究有了一定的评估，虽仍存在不确定性，但总体上以偏少趋势的结论为主。无论对于哪种情景，黄河流域在未来若干年内将可能出现持续增温趋势，而降水量变化幅度相对较小，降水的弱增加被蒸发的增加所消耗，最终可能导致径流量的减少，这很可能使未来水资源的紧张态势进一步加剧。

5.5 水资源适应气候变化的对策与建议

气候变化已成为全球公认的事实，水资源的减少已使黄河流域面临人口和社会经济发展所带来的巨大压力，气候变化将可能进一步加剧黄河流域水资源供需矛盾，针对未来气候变化情景下可能面临的水资源问题，提出切实可行的适应对策，可为水资源的可持续利用、保障社会经济的可持续发展提供支持。

（1）严格水资源管理制度，提高水资源利用效率和效益，促进流域经济社会发展不断增长的用水需求。黄河水资源贫乏。受气候变化和人类活动不断加剧的影响，黄河径流量在逐渐减少。与 1956~1979 年水文系列相比，1980~2000 年黄河天然径流量减少了 18%。预测 2020 年黄河河川径流量将比 2013 年减少约 15 亿 m³，2030 年将减少约 20 亿 m³。因此，未来黄河水资源面临的形势异常严峻。水资源总量少，需求旺盛，用水效率低，水污染严峻等，迫切需要有严格的水资源管理制度，来提高水资源的利用效率，缓解水资源需求危机。黄河流域用水管理粗放，节水灌溉面积仅占有效灌溉面积的 47%，灌溉水利用系数平均为 0.48，个别灌区只有 0.37，远低于国家规定的节水标准。2008 年黄河流域万元工业增加值用水量 46 m³，用水重复利用率只有 20%，与世界先进水平差距较大。另外，灌区、城镇管网配套不完善，水资源浪费较为严重，水污染严重。2010 年黄河流域全年评价河长 14 295.4 km 中，I~III 类水质河长 6 324.6 km，占评价总河长的 44.2%，VI~V 类水质河长 3 120.4 km，占 21.9%，劣 V 类水质河长 4 850.4 km，占 33.9%，水质污染已使部分河段和区域形成水质型缺水现象，威胁供水安全。同时随着西部大开发进程的持续推进，黄河流域煤炭、电力、石油等能源及重化工工业用水将大幅增长，水资源供需矛盾日益尖锐。在这种严峻的形势下，迫切需要严格的水资源管理制度。

21 世纪初黄河水资源利用率已接近 80%，各区用水效率差别较大，严峻的水资源供求矛盾，并没有彻底改变人们的用水效率和浪费水的惯性。实行最严格的水资源管理制度，从单纯的供水管理转向供水管理和需水管理并重，加强节水型社会建设，促进水循环利用，把握好水资源管理制度的"三条红线"。进一步加大流域水资源管理与保护工作力度，应对气候变化及其环境变化带来的水资源问题，解决黄河有限水资源的可持续利用，支撑流域经济社会的可持续发展，为维持黄河健康发展提供强有力的管理支撑。

（2）面对未来气候变化对黄河流域水资源可能产生的影响，要预见到水资源管理中可能出现的问题，制定长远的发展规划，加强防洪、抗旱、供水等方面基础设施建设，健全现代化的水利管理体系。大量研究表明，黄河流域上、中游径流未来趋于减少的趋势，减少将会给黄河流域带来更严重的水资源危机。黄河干流上建成的大型水利枢纽10座，中游陆浑、故县、三门峡和小浪底水库已经形成黄河中下游的防洪体系。在未来气候变化的可能背景下，要降低黄河流域应对可能出现问题的风险，就需要对黄河流域水资源管理可能出现的问题有预见性，制定长远的发展规划，除了应用优化的调度模型以减少人为失误外，还应建立黄河干支流大型水利工程的水库调度网，通过系统调节，减少黄河流域水资源需求及极端事件的可能出现的风险，同时，加强防洪、抗旱、供水等方面的基础设计建设，增强流域应对各种气候事件的能力及适应性，进一步健全现代化的水利管理体系。

（3）针对重点地区和重点问题开展专项研究，增强适应能力。2013年以来，随着流域开发步伐的加快，加之气候的变化，对黄河径流、洪水等水文情势变化规律产生了一定的影响，甚至在一定程度上改变了演变规律。因此，针对气候变化可能对水资源时空分布变化产生的影响，对气候变化和人类活动影响敏感区域进行重点研究，制定有针对性的对策，增强适应能力。同时，现有的研究预估表明，未来一些极值事件将显著增多，气候变化、变异及极端事件直接或间接影响水文循环，改变水资源的时空分布。由气候和环境变化，引起的水文变化和非一致性水文系列频率分析理论等，都需要进一步研究和核定。

气候变化是当今世界面临的重大环境问题。环境变迁中的水资源问题，是目前国际水文、气象界的研究热点。气候变化对流域水文的影响是多方面的，如径流、土壤含水量、干旱和洪水等。受资料和科技水平的限制，人们目前还无法从理论上直接评价气候变化对水文极值（如洪、旱灾害等）的定量影响。因此，变迁环境中的水文极值问题和气候异常对流域水文的影响，是亟待解决的重要课题。此外，由于受当前气候模型模拟精度及其不确定性的限制，关于未来自然气候变异对径流影响的研究，依然有很多科学问题亟待解决。

第六章　气候变化对黄河凌汛的影响
与适应对策

凌汛是河流在开河期和封河期由低纬度流向高纬度时，由于冰凌对水流的阻力作用所引起的一种涨水现象。黄河凌汛出现在每年 11 月封河期到翌年 3 月开河期，主要发生在黄河上游的宁夏—内蒙古河段和黄河下游河南—山东境内。影响凌汛期的因素主要有热力、动力和河势三大因素。其中，河势因素是指河道所处的地理位置及河道形态特性，热力因素主要包括太阳辐射、水温、气温、风、降水量、湿度等，动力因素为水位的变化以及流速的大小等水流作用。对黄河流域来说，河势影响因素多年来变化较小，因此，影响凌汛期的因素主要是凌汛期的平均气温，当年冬季冷空气活动频次、强度、寒冷程度及持续时间，凌汛期流量大小等热力和动力要素。在全球气候变暖背景下，黄河流域在 20 世纪 80 年代后期气温发生了突变。气温突变之后，在黄河封河期和开河期气温变差系数增加，即温度随时间的波动性增加，致使封河期和开河期的不稳定性增加。未来 30~50 年黄河流域气温和降水仍以增加为主，尤其是河套地区冬季增温更为明显，将进一步导致封河期和流凌期推迟，开河期提早。同时，气候变暖后，极端气候事件增多，凌汛的危险依然存在，需加强凌险灾害的预警预报预测及防范，最大限度地减轻凌灾的危害。

6.1　黄河凌汛概况与灾情

世界上有凌汛的河流较少。据可查阅到的资料记载，俄罗斯有三条这样的河流，分别为叶尼塞河、鄂毕河和勒拿河，均是由南向北流，汇入北冰洋。但因沿河两岸居民较少，故不涉及凌汛灾情问题。我国境内的黄河流域由于地理区位的特殊性，河流泥沙含量极高，经过多年的沉积，河床较高，极易发生凌汛灾害，并且往往灾情严重。

翻阅史料，第一次明确记载的黄河凌汛决口发生在西汉。《汉书·文帝》中有"十二年（公元前 168 年）冬二月，河决东郡（今河南省濮阳市以一带）"。此后，一直到清咸丰五年（公元前 855 年）的 2000 多年中，有明确记载的凌汛决溢仅有 10 多次，且主要发生在山东、河南境内。从年代上看，清代凌讯灾情为最重，特别是 1855 年铜瓦决口改道后。据《黄河防洪志》统计，1855~1955 年的 100 年中，发生凌汛决溢的年份有 29 年，决口近百余次，平均 3.5 年就有 1 年发生凌汛决溢灾害。山东为凌汛灾害的重灾区。

光绪九年（1883 年）"正月十四日，凌水陡涨丈余，历城境内之北泺口一带泛滥二处。又赵家道口、刘家道口各漫溢一处。……又齐河县之李家岸于十六日漫溢一处"，至二月，沿河 10 多个州县，漫口竟达 30 处。光绪十一年至十三年（1885~1887年）凌汛期，山东河段连连决口，长清、齐河、济阳、历城等县受灾。光绪二十六年（1900 年）一月，山东滨州窄河道冰凌壅堵，形成冰坝，堤防接连决口 7 处，滨州、惠民、阳信、沾化等州县尽成泽国。民国 15 年至 26 年（1926~1937 年）山东河段几乎连年凌汛决口。民国 17 年（1928 年），利津县棘子刘、王家院、后彩庄、二棚村等先后决口 6 处，淹没 70 余村。民国 18 年凌汛期又在利津扈家滩决口，淹没利津、沾化两县60 余村。扈家滩口门，"水势浩荡，冰积如山，当年未堵，12 月凌汛复至，附近村庄尽成泽国"，房屋倒塌无数，淹死人口、牲畜及冲毁财产难以数计。中华人民共和国成立初期，黄河下游两岸大堤尽管在人民治黄后经过多次修复，但仍相当薄弱，加之凌情严重，防凌经验不足，分别于 1951 年和 1955 年凌汛期在利津前左、王庄等处冰凌插塞，形成冰坝，水位猛涨，导致该县王庄和五庄发生漏洞决口。1951 年凌汛期黄河内蒙古河套河段漫溢决口 60 余处。2001 年内蒙古乌兰木头河段民堤发生溃堤决口（赵炜，2007）。2008 年 3 月 20 日凌晨，特大凌汛袭向黄河内蒙古鄂尔多斯市杭锦旗独贵塔拉奎素段大堤，造成两处溃堤，杭锦旗独贵塔拉和杭锦淖乡 11 个村、一个镇区被洪水淹没，1 万多群众被迫撤离，这次溃堤造成了鄂尔多斯市沿黄河地区新中国成立以来最为严重的灾情。据统计，杭锦旗独贵塔拉和杭锦淖乡共有 3885 户，10241 人受灾，受灾牲畜 82313 头（只），其中死亡牲畜 33015 头（只）；淹没农田 5428.7 公顷，损失粮食、油料等 5.12 万吨。3803 户民房不同程度被水浸泡，倒塌房屋 1509 间，凌水灾害造成直接经济损失 69120 万元。

黄河凌汛出现在每年 11 月封河期到翌年 3 月开河期，发生在黄河上游的宁夏—内蒙古河段和黄河下游河南–山东河段以及黄河中游的大北干流自天桥水电站至龙口段（或称为河曲段），其中以宁夏—内蒙古河段和黄河下游河南—山东河段是凌汛灾害发生频率高且最为严重的两段（图 6.1 中粗线部分）。

黄河内蒙古河套地区的凌汛更有特殊性。发源于巴颜喀拉山脉的黄河，在"入海流"的过程中，经过三个阶梯。上游流经崇山峻岭，在源头至青铜峡的 2 604 km 河道中，从海拔 4 448 m 下降到 1 133 m，比降>1.27‰；中游流经黄土高原，在青铜峡至桃花峪的 2 092 km 的河道中，从海拔 1 133 m 下降到 89 m，比降 0.5‰左右；下游流经华北平原，在桃花峪以下的 768 km 河道中，落差 89 m，比降仅 0.1‰。黄河东行所流经的区位不同，环境各异，水温也随之发生变化。特别是在兰州附近，黄河折向东北流，

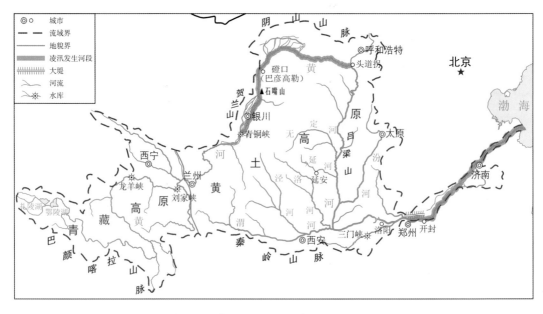

图 6.1　黄河流域凌汛多发河段示意图（图中粗黑线河段）

北进近 4.5 个纬度，沿岸的气温也降低了 4~6℃（表 6.1）。正是南高北低的气温分布和黄河河段很小的比降，使宁夏—内蒙古河段和黄河下游河南—山东河段成了凌汛灾害较重的河段。纬度高的河段封冻早、解冻晚；纬度低的河段正好相反，封冻晚、解冻早。当天气转暖升温时，上段河道先解冻，而下游河段还处于封冻状态，上端已解冻的冰水流至处于封冻状态的下段，卡冰结坝，造成凌汛灾害。

表 6.1　黄河凌汛段沿河主要气象站点位置和气温

站名	东经	北纬	海拔高度（m）	1月平均气温（℃）	极端最低气温（℃）
兰州	103°53′	36°03′	1517.2	-5.3	-19.7
银川	106°13′	38°29′	1111.5	-7.9	-27.7
磴口	107°00′	40°20′	1055.1	-9.5	-34.2
包头	109°51′	40°40′	1067.2	-11.1	-31.4
托克托	111°11′	40°16′	1016.0	-11.3	-36.3
东明	115°06′	36°15′	79.9	-2.3	-17.3
平阴	116°25′	35°16′	57.3	-1.3	-20.8
莱芜	117°41′	36°14′	229.3	-1.1	-19.3

注：气温为 1961~1990 年平均值。

黄河凌汛最危险的地区是内蒙古磴口县到托克托县一带。该河段全长504km，落差63m，是黄河比降最小的地段之一（表6.2）。比降与河水的流速有关，比降越小，流速越缓。内蒙古河套地区在黄河河道中位置最偏北，温度也最低。由于该处河道开阔，比降小，流速低，气温低，河水易于结冻，因此，该河段是黄河最先封冻和最后开河的河段。一般河套地区流凌封冻时间比上游兰州提早20余天，而解冻开河时间比兰州晚1个多月。在河套地区封冻之后，上游下泄的河水有很大一部分冻结在河道中。翌年春天，上游又率先解冻，大量冰水由上向下逐段释放下泄，形成了由上向下不断增大的凌峰。由于下游河面上还结着厚冰，冰层下面水的过流能力又不足以通过上游来的凌峰，最终不断增大的冰下水流压力，迫使河面厚冰开裂。这种水鼓冰裂的"武开河"方式，使河中大块流冰增多。冰块在水流推动下，继续下移，在浅滩或河道弯曲、狭窄处，极易卡住，后至的冰块"上爬下插"，拥塞结坝。冰坝一旦形成，拦住冰水去路，上游水位便猛烈抬升，很快就会漫堤决口，酿成凌灾。加之河套地区为古湖盆冲积平原，地势平坦，一旦发生凌灾，波及范围会更大。

表6.2　黄河河套段各段的比降与弯曲度

河段	兰州—青铜峡	石嘴山—渡口堂	三湖河—昭君坟	包头—头道拐	河曲旧城
河段长（km）	494.5	194.6	158.1	204.4	125.9	58.0	115.8	143.1
比降（‰）	0.82	0.25	0.21	0.15	0.11	0.09	0.11	0.84
弯曲度	1.16	1.58	1.75	1.25

据不完全统计，在自然情况下，黄河内蒙古段解冻开河的凌汛期，年均有不同程度的灾情发生，较大范围的淹没损失平均2年就有一次。1968和1985年黄河上游刘家峡和龙羊峡水库投入运用后，冰期调节了河道的水量和热量，使黄河内蒙古段凌汛发生了明显的改变，灾情大为减轻。但是由于凌汛的复杂性，影响封河期和开河期的因素较多，且彼此相互作用，在特殊情况下，仍可发生较大的凌汛灾害，黄河凌汛威胁并未彻底解决。此外，由于凌汛灾害发生突然，往往给黄河流域的人们带来较大的经济损失和人员伤亡。为此，各级政府非常重视黄河的防凌工作，从20世纪50年代初开始，每当黄河春汛、流冰拥塞河道、水位暴涨时，党中央和国务院便及时派出空军，投弹炸冰，疏通河道，消除凌害。从此之后，黄河流域再没有发生过大的严重凌灾。然而，黄河凌汛灾害的威胁依然存在，每到凌汛期，防凌治凌、安全度汛仍是牵动上下人心的大事。尽管每年凌险期较短，但凌险来势快，危险性极大。尤其是随着全球气候的变暖，黄河上游地区降水量的增加，以及气温升幅的加大，黄河凌险的危害性仍然存在。

6.2 观测到的气候变化对凌汛期的影响

6.2.1 凌汛期影响因素分析

凌汛期是指从流凌开始经过封河、流凌再到开河所持续的全部时间，约为11月至翌年3月，为期5个月。凌汛期包括流凌期、封河期、封冻期以及开河期等。影响凌汛期的因素很多，归纳起来主要有热力、动力和河势三大因素。其中，河势因素是指河道所处的地理位置及河道形态特性。如黄河内蒙古河段处于黄河流域最北端，介于106°10′~112°50′E、37°35′~41°50′N之间。在内蒙古河段呈U形大弯曲。由于上游流经黄土高原及沙漠边缘，河水含沙量剧增，致使河床落淤抬升，河身逐渐由窄深而变为浅宽，河道中浅滩、弯道迭出，坡度变缓，逶迤曲折，内蒙古河段总高差仅162.5 m。黄河内蒙古河段虽地处上中游，但在包头市境内河道比降已接近了黄河河口的比降，因而在托克托县以上具有明显的下游河床特性。黄河自石咀山以下，穿行于峡谷之间，河身狭窄、两岸陡峻。到巴彦高勒以下河身变宽，浅滩、弯道迭出，平面摆动较大。至包头段河宽虽有缩减，但坡度更缓，弯曲更甚，多畸形大弯。巴彦高勒至托克托县，较大弯道有69处，最大弯曲度达3.64，坡度平缓，水流散乱，多岔河，河势极不顺，解冻开河时，在河道的急湾或由宽到窄的狭窄段，易于卡冰结坝。弯道上表层水流流速较大，冲向凹岸，底层水流仍流向凸岸，形成横向环流，产生明显的横比降，使滩嘴延伸河中，缩窄了过水断面，弯曲更盛，冰凌流路更为不畅。在一些顺直流段，由于坡缓多岔，也会使流冰搁浅。巴彦高勒以下，河床极不稳定，平面摆动很大。喇嘛湾以下又流入峡谷段，河宽缩减到200 m，两岸石壁陡立，水流湍急。龙口以下河道又扩宽，河中多固定沙洲。内蒙古河势变动频繁，为凌汛期提供了流冰排泄不畅的客观条件。

热力因素是指融冰所需热量。黄河内蒙古段地处内陆地带，大部分时间受西风环流所控制，干燥少雨，温度低而温差大，为典型的大陆性气候。冰凌的产生，常发生在寒潮或冷空气入侵后。内蒙古寒潮和冷空气入侵路径主要来自北方、西北方和西方，以北方路径来的寒潮最强，降温幅度最大，而从西北向路径来的次数最多。黄河内蒙古段年极端最低气温在-30℃以下，以1月份温度最低，1月平均气温在-10~-15℃之间，冬季长150~170天。10月份的降温使河水逐渐冷却，个别年份出现初冰。11月份的降温，导致河流流凌。12月初的降温，促成河流封冻。一般寒潮入侵时间越晚，其降温强度越大，流凌时间越短。0℃以下气温累积值的多少，影响水体总的失热量，故与清沟面积、冰厚、冰量有关。冰层融消主要是气温上升到0℃以上后才加速进行，所以，0℃以上气温累积值多少与融冰速度、解冻开河时间有关。解冻开河时，气温的升高或降低,不仅影响开河速度,同时也能改变开河的形势,延缓或促成冰坝的生长、溃决等,对动力作用有着明显的制约作用。黄河内蒙古段冬春季处于蒙古高压控制之下,多偏北大风,平均风速为 4~5 m/s,最大风速达 34.0 m/s,寒潮入侵时,常伴有 17 m/s 以上的大风天气,对河流冰情有着明显的影响。

大气与河流水体的热交换,使水温升高或降低。河流的一切冰情现象都是由于水温降到 0℃以下发生的。黄河内蒙古段 4 月中旬至 9 月,气温高于水温,其余时间(10 月至翌年 4 月上旬)则水温高于气温,水体失热冷却产生冰情现象。水温的沿程变化,随时间和河段的不同,差别较大。冬季 11 月份刘家峡水库的出库站小川口以下,水温不断下降,这与气温越向下游越低的情况完全一致。由于河水的紊动作用,过水断面上的水温比较均匀,但也有一些差别,在气温高于水温时,近岸边浅水的温度较河边水深处的稍高一些;当气温低于水温时恰相反。一日内受太阳辐射变化的影响,气温的变幅较大,对水温也有一定影响。在畅流期横断面上的水温差值在 0.1~0.4℃之间,结冰后水温趋于一致。解冻开河后,水温上升很快,1~2 天内可升高 3℃以上,对下游冰层的融消,起了加速作用。

动力因素是指水流动力作用,主要表现在水流速度的大小和水位涨落的机械作用力上。水流速度大小直接影响着成冰条件和对冰凌的搬运、下潜卡塞等,水位上涨的多少与开河形势有着密切的关系。涨水不多,冰盖未被鼓裂,只能就地消融,称为文开河;反之为武开河形势。而水位与流速的变化取决于流量的多少,在过水断面不变的情况下,水位、流速与流量具有密切关系。在流量大时,水位高,流速也大,所以凌汛虽始于冰却成于水,本质是河道流量的涨落,因此,防凌的实质是防水。冬季,由于河道内冰凌的存在,水流阻力增大,如通过相同流量,水位必然上涨;封河时水流由畅流转入管流状态,水流阻力更为增大,水位上涨较多;封冻后,冰花的减少,断面过流能力的增大,水位逐渐回落;在稳定封冻期内,受来水变化的影响,水位忽高忽低,若断面下游发生冰塞,则水位会抬升较多。融冰期,上游河段逐段向下解冻,来水逐日增多,水位随之不断上涨,到解冻时水位达到最高。开河流冰后,河水回落,恢复畅流状态。各河段断面形态的不同,对水位涨差有一定影响,断面窄的水位涨差大。在黄河内蒙古河段,多数年份凌汛最高水位均超过了同年伏汛最高水位,主要是解冻开河时的卡冰结坝导致迅猛涨水所致。流速的大小取决于糙率、水力半径和水面比降的变化。冰期,相同的过水断面面积,湿周长度要增加 1 倍,同时糙率也增大,使流速成倍地减少。解冻开河时,冰盖破裂,糙率减少,流速迅速增大,恢复到畅流状态。冰期河道流量分为上游来水、区间河槽蓄水量和消冰水量等几部分。进入内蒙古河段,受冰情变化影响,流量变幅较大。成冰期部分水量冻结成冰,水量储存了于河道,故由上而下水量逐段减少;解冻开河期,由于河槽蓄水量逐段释放,石咀山开河后有明显洪峰向下推进,越向下游越大,形成凌峰,极易发生凌汛灾害。

总而言之，使河水成冰又由冰融化成水的热力因素，主要包括太阳辐射、水温、气温、风速、降水量、湿度等；水位的变化以及流速的大小等水流作用，均为动力因素；河道本身的走势、堤坝状况等特性的影响为河势因素。对黄河流域来说，河势影响因素多年来变化较小，因此，影响凌汛期的因素主要是热力因素和动力因素。

6.2.2 凌汛期气候变化特点

1961～2010 年黄河上下游凌汛期（11 月至翌年 3 月）平均气温均呈现出明显增加趋势（图 6.2），且黄河上游增温趋势明显高于下游地区的（表 6.3），说明黄河河段凌汛期增温趋势是越往上游，增温趋势越明显。此外，从表 6.3 中还可明显看出，黄河宁夏—内蒙古河段和黄河下游两河段均具有上游站冬季气温明显高于下游站的特征。如银川站气温较磴口的高 4.7 ℃，磴口站的较包头和托县的高 1.0 ℃ 以上，东明站的较平阴的高 0.1 ℃，平阴的较莱芜的高 1.0 ℃。两河段下游地区早封河、晚开河，是两河段在封河期和开河期凌险频发的主要原因。

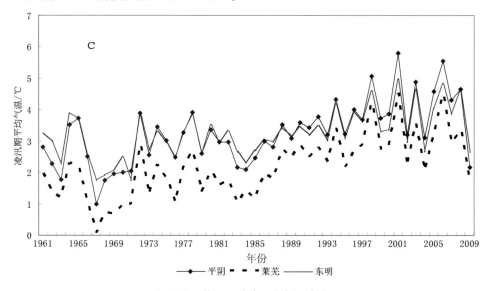

图 6.2 黄河下游凌汛期气温变化

表 6.3 黄河宁夏-内蒙古河段和黄河下游凌汛期气温变化特征

河段	宁夏—内蒙古河段				黄河下游河段		
	银川	磴口	包头	托县	东明	平阴	莱芜
多年平均/℃	-0.5	-4.2	-5.5	-5.3	3.3	3.2	2.2
变率/（℃/10a）	0.84	0.58	0.66	0.69	0.29	0.44	0.46

黄河宁夏—内蒙古段和黄河下游河段凌汛期气温存在明显突变特征，其突变大约发生在20世纪80年代中后期（1984~1987年）（图6.3），突变后两河段气温明显高于突变前的，其中黄河宁夏—内蒙古段气温较突变前的高1.3℃，黄河下游河段的较突变前的高1.1℃，说明近几年来气候变暖在黄河宁夏—内蒙古段响应比黄河下游地区的更为明显。突变之后气温的显著升高，直接影响黄河宁夏—内蒙古段流域和黄河下游流域凌汛期的变化。

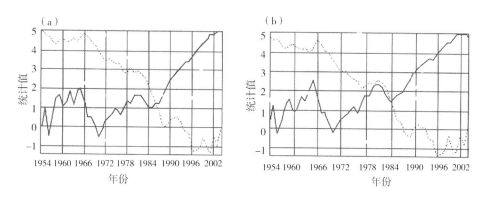

图6.3　黄河宁夏—内蒙古段：（a）和黄河下游；（b）凌汛期气温变化

1961~2010年黄河上下游降水量变化趋势不同步。其中，宁夏—内蒙古河段年降水量呈略增加趋势，平均每10年增加3 mm左右；而黄河下游河段年降水量为减少趋势，平均每10年减少8 mm左右。1987年气温发生突变之后，黄河宁夏—内蒙古段年降水量比突变前增加趋势更为明显，平均增加了25 mm左右；黄河下游凌汛段突变后年降水量比突变前的减少了17 mm左右（图6.4）。黄河上游降水量的逐年增多，使黄河下游防凌防汛任务更为艰巨。

6.2.3　气候变化对流凌期的影响

流动的冰称为凌，冰在水面或水体中随水流动称为流凌。流凌分为冬季结冰流凌和开春解冻流凌两个时段，本文指的是冬季封冻前的流凌。据统计，1961~2010年来黄河上下游两河段平均流凌出现始日分别为11月17日和12月18日，始日两河段流凌出现始日相差1个月左右。宁夏—内蒙古河段最早（晚）流凌始日与平均流凌始日相差半个月左右；最早与最晚流凌始日之间相差1个月。黄河下游最早（晚）流凌始日与平均流凌相差20~30天；最早与最晚始日之间相差78天，明显大于上游河段的（表6.4）。

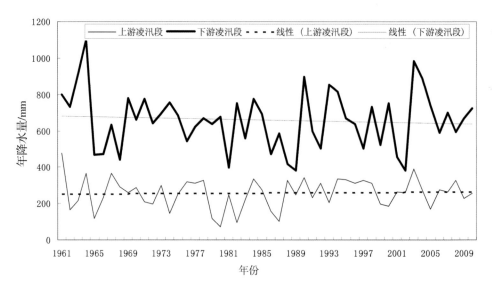

图6.4 黄河上下游凌汛多发段年降水量变化趋势

表6.4 黄河上下游河段流凌始日特征值统计

河段	宁夏—内蒙古河段	黄河下游
多年平均（月-日）	11-17	12-18
最早	1969-11-04	2000-11-05
最晚	1994-12-02	1954-01-22

气温具有明显的地带性分布特征。高纬度地区气温比低纬度地区气温低，故处在高纬度的河流起始流凌日期早。流凌起始日期主要取决于气温的变化，如黄河上游河段 11 月平均气温与流凌期的相关性较高，其相关系数均在 0.5 以上（表6.5），说明 11 月份气温的波动直接影响流凌期开始的早晚。

表6.5 黄河上游河段 11 月平均气温与流凌始日的相关系数

代表站	兰州	中宁	银川	巴彦高勒	磴口	三湖河口	包头	昭君坟	头道拐
流凌始日	0.54	0.60	0.70	0.61	0.56	0.59	0.79	0.66	0.73

随着全球气候变暖，黄河整个流域升温趋势较为明显，其中上游巴彦高勒河段 11 月平均气温变化率为 0.35℃/10 年（图略）。气温的快速升高，导致流凌始日逐年推后。1961~2005 年黄河上游流域代表站巴彦高勒流凌始日平均每 10 年推后 3.5 天（图 6.5），尤其在 1986 年气温发生突变之后，流凌始日推后趋势更为明显，平均每 10 年推后 7.2 天（图 6.5）。

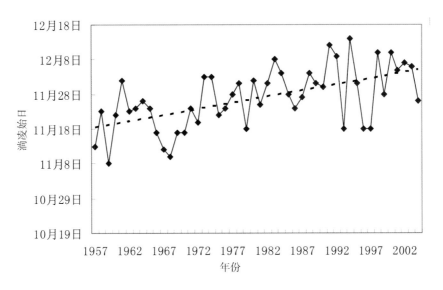

图 6.5　黄河上游流域代表站巴彦高勒流凌始日期变化趋势

6.2.4　气候变化对封河期的影响

多数河流的起始封冻是在水力、热力及河道边界条件的综合影响下先在某一个断面封冻，也可能在几个断面处先后封冻。黄河宁夏—内蒙古河段冬季封河首封地点一般出现在三湖河口至头道拐河段。该河段多年平均封河始日为 12 月 1 日，封冻之后处于相对稳定状态。封河形势自下而上，最早封河出现时间为 11 月 7 日，最晚封河日期为翌年 2 月 7 日，两者相差 91 天。宁夏—内蒙古河段封河始日的年代际变化特点是 20世纪 50~80 年代封河始日大致相当，在 11 月 29 日至 12 月 1 日之间；20 世纪 90 年代之后封河始日明显推迟，90 年代推迟了 6 天，2000~2004 年推迟了约 14 天左右，逐年推迟趋势较为明显。

黄河下游河段冬季首封地点一般出现在河口附近，自下而上逐步向上游蔓延。封冻始日一般出现在 12 月下旬至次年 1 月上旬，多年平均为 1 月 1 日。黄河下游属于不稳定封冻河段，封冻与否不仅取决于气温变化，同时在一定程度上还受上中游来水量及河势的影响。因此，各年度封河始日差异较大，如封冻始日最早出现在 12 月 7 日（1996 年），最晚的为 1 月 30 日（1980 年），两者相差 54 天。黄河下游河段封河时间的年代际变化特征是 20 世纪 50 年代和 80 年代封河始日接近常年日期，60 年代封河始日比常年的早 9 天。90 年代之后黄河下游来水量明显减少，加上河道淤积严重，虽然冬季气温偏高，但是在同等气温条件下，封河始日有所提前，平均早 8~12 天。

　　黄河宁夏—内蒙古河段冬季封河始日早晚与11月平均气温高低密切相关（表6.6），其相关系数在0.4以上（通过0.05信度检验），说明气候变暖后黄河上游河段11月平均气温的升高是导致该河段封河日期逐年推后的主要原因。黄河下游河段由于受到河段本身影响较大，其封河始日与气温关系不太明显（未通过显著性检验）。

表6.6　黄河上游河段11月平均气温与封河日期的相关系数

代表站	兰州	中宁	银川	巴彦高勒	磴口	三湖河口	包头	昭君坟	头道拐
流凌日期	0.46	0.44	0.53	0.57	0.58	0.55	0.53	0.53	0.50

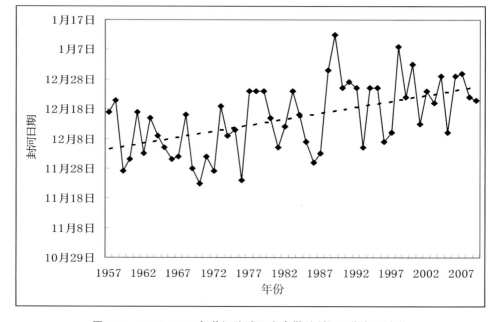

图6.6　1957~2009年黄河流域巴彦高勒站封河日期年际变化

　　1957~2010年黄河宁夏—内蒙古河段封河日期逐年推后，平均每10年推后4天左右，推后趋势较为明显，尤其在气温突变的1987年之后，推迟趋势更为显著，平均每10年推迟6天左右（图6.6）。此外，黄河宁夏—内蒙古河段凌汛期气温波动较大（见表6.7），变差系数均在1.0以上，最大变差出现在冷暖季节交替的11月份，此时恰好是黄河内蒙古段封河时期，气温的大幅波动，导致封河日期变动较大。尤其从1987年气温发生突变之后，封河日期11月份变差系数比突变前增大了0.5。说明气温突变后，黄河宁夏—内蒙古河段封河期气温波动加大，气温的突然升高或降低，将导致短期内快速封河，增加了凌汛的危险性。

表 6.7　黄河内蒙古流域巴彦高勒段凌汛期 11-3 月气温变差系数

年份	11 月	12 月	1 月	2 月	3 月
1961~1986	-4.6	-1.2	-1.1	-1.2	1.3
1987~2010	-4.1	-0.9	-1.0	-0.9	2.0
1961~2010	-4.5	-1.1	-1.0	-1.1	1.7

6.2.5　气候变化对开河期的影响

随着气候转暖，河道冰盖开始融化、破裂、流动，直到整个河段水面贯通。黄河下游和上游宁夏—内蒙古河段，由于河道走向是西南—东北向，到了冬末春初，因上游回暖较下游的快，所以解冻开河往往是上段早于下段。上段先开河，然后逐步向河段下游延伸，或者在河段上游的几个断面先后解冻形成梯阶解冻段。宁夏—内蒙古河段开河始日一般在 3 月中下旬，多年平均为 3 月 24 日。其中，最早开河日期出现在 3 月 11 日（1999 年），最迟的为 3 月 31 日（1985 年），两者相差 20 天。黄河下游河段通常开河日期在 2 月中下旬，多年平均开河日期为 2 月 22 日，最早的出现在隆冬 1 月 4 日（1989 年），最晚的延长至 3 月 18 日（1969 年），两者相差近 2 个月左右。

黄河开河日期早晚与开河期平均气温高低密切相关，其相关系数在 -0.5 以上（表6.8），说明 3 月份平均气温越高，开河日期越早。1961-2010 年黄河宁夏—内蒙古河段和黄河下游 3 月份平均气温均呈明显增加趋势，其中黄河宁夏—内蒙古河日段增温趋势更为显著。气温的显著升高，导致近 50 多年来黄河宁夏—内蒙古河段开河期逐年提前，平均每 10 年提前 3 天左右，尤其是在 1987 年气温发生突变之后，提前趋势更为明显（图 6.7）。

表 6.8　黄河上游河段 3 月平均气温与开河期的相关系数

代表站	兰州	中宁	银川	巴彦高勒	磴口	三湖河口	包头	昭君坟	头道拐
流凌日期	-0.46	-0.53	-0.60	-0.74	-0.72	-0.75	-0.77	-0.64	-0.78

影响开河日期早晚的因素很多，除与开河期气温密切相关外，还与当年冬季冷空气活动频次、强度、封冻时间长短、冰层厚度、开河期流量等要素有关。如果冬季冷空气频繁、强度大，致使封冻时间长、冰层厚，则融冰所需的热量就越多，满足融冰所需热量后才能开河，开河日期会相对较晚。流量的大小表示开河期动力作用的强弱，如流量大，由于水势的动力作用，在热力条件不变的情况下，开河日期会提前。

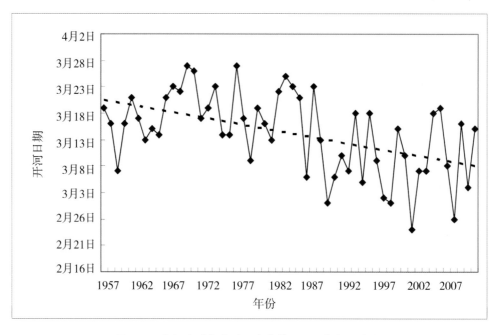

图 6.7　黄河流域代表站巴彦高勒开河日期年际变化

通过对黄河内蒙古流域巴彦高勒段开河日期影响因素分析可以看出（表 6.9），影响开河日期早晚最显著的因子为-5℃的积温、-5℃持续时间及开河期流量，其次为开河期温度。究其原因，-5℃的积温和持续时间可表征冬季寒冷的程度，-5℃的积温越低、持续时间越长，说明冬季寒冷，相应冰层结冰厚度增大，封冻期延长，开河期偏晚；开河前期温度升高，融冰所需热量增多，开河期提早。在全球变暖的大背景下，近50年黄河内蒙古流域-5℃的积温、3月上旬平均气温均呈明显增加趋势，-5℃的持续时间呈显著缩短趋势，导致开河日期在逐年提早。-5℃积温与开河期两者具有很好的负相关（相关系数为-0.75），这进一步说明冬季变暖是近年来开河期提早的主要原因。

表 6.9　黄河内蒙古流域上游巴彦高勒段影响开河日期相关因子分析

影响因素	相关系数	可信度
日平均气温小于-5℃的积温	-0.75	0.01
日平均气温小于-5℃的天数	0.73	0.01
3月中旬流量	-0.66	0.01
3月1候平均气温	-0.51	0.05
3月2候平均气温	-0.53	0.05
3月3候平均气温	-0.50	0.05

6.2.6　气候变化对封冻期的影响

黄河上游的宁夏—内蒙古河段多年年平均封冻期为 109 天，最长的为 150 天（1969~1970 年），最短的为 62 天（2004~2005 年）。黄河下游多年平均封冻期仅为 40 天，最短的只有 6 天（1977~1978 年）（表 6.10）。黄河上下游河段封冻天数从 20 世纪 90 年代之后均呈现出明显减少趋势，且上游减少趋势更为明显（减少了约 11 天），这与近年来气候变暖后黄河上游冬季增温趋势较下游地区的明显有关。

表 6.10　黄河上下游河段年平均封冻天数年代变化（单位：天）

年代	宁夏–内蒙古河段平均封冻天数	黄河下游平均封冻天数
50 年代	106	50
60 年代	113	68
70 年代	117	33
80 年代	107	46
1990~2005 年	98	35
多年平均	109	40

黄河上游宁夏—内蒙古河段封河天数的年际变化幅度明显较下游河段的小，黄河下游河段封河天数不仅年际差异大，还经常会在一年中出现几封几开的现象，这在其他河流中很少见。

1957~2010 年来黄河上下游河段年封冻天数均呈明显缩短趋势，尤其从 20 世纪 80 年后期开始，减少趋势更为明显。以黄河上游流域代表站巴彦高勒为例，封冻天数平均每 10 年减少 7 天左右，减少趋势极为显著（图 6.8）。巴彦高勒站年封冻天数最长出现在 1968~1969 年，最短出现在 1998~1999 年。这与凌汛期 11 月–次年 3 月平均气温的变化趋势是一致的。从 1961~2010 年巴彦高勒凌汛期平均最低气温出现在 1968~1969 年，为–8.7 ℃，平均最高温度出现在 1998~1999 年，为–1.6 ℃，两者相差 7.0 ℃左右，使巴彦高勒段在凌汛期最冷与最暖期封冻时间长度相差 70 天左右。

黄河封冻期长短与整个冬季寒冷程度密切相关。以黄河上游巴彦高勒段为例，其封冻日数与 11–3 月平均气温相关最为密切，相关系数达–0.77，其次是与日平均气温小于–5 ℃的积温及持续时间，其相关系数均在 0.6 以上（表 6.11），说明冬季气温越高，黄河封冻时间越短。

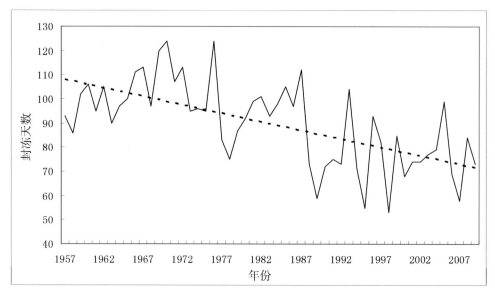

图 6.8　黄河流域代表站巴彦高勒封冻日数年际变化

表 6.11　黄河上游流域内蒙古巴彦高勒段封冻日数相关因子分析

影响因素	相关系数	可信度
日平均气温小于-5 ℃的积温	-0.69	0.01
日平均气温小于-5 ℃的天数	0.61	0.01
11 月至翌年 3 月平均气温	-0.77	0.01

6.2.7　极端气候事件对凌汛期的影响

对黄河流域凌汛期影响较大的并与气温相关的极端气候事件，主要包括寒冷日数、冷夜指数、暖夜指数、冷日指数和暖日指数等。以黄河上游磴口河段为例，1961~2010年黄河上游巴彦高勒河段代表夜间温度变化的暖夜指数呈显著上升趋势（图6.9），尤其是从 1987 年之后，从平均态的 6.6 % 跃升到 14.0%，暖夜指数发生了突变性增加；冷夜指数则呈现出相反的变化趋势，从 1987 年之前的 14.3% 快速下降到 5.3%，下降趋势极为显著。而代表白天温度变化的冷日指数呈现出下降趋势，暖日指数呈上升趋势，但其变化幅度没有冷夜和暖夜指数的大（图6.10），说明黄河上游巴彦高勒河段气温的升高主要体现在夜间温度增幅上，白天虽然气温也呈上升趋势，但其贡献弱于夜间的，因此气温日较差降低。众所周知，河面封河和开河初期，往往是夜冻日化，呈现不断的流凌—封河—流凌—开河等局面。夜间温度的大幅度升高，使河面完全封冻日期推后，开河期所需融冰热量减少，开河期提前，导致凌汛期缩短。

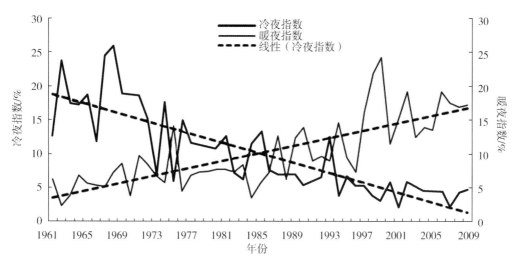

图 6.9　黄河内蒙古流域巴彦高勒段冷夜和暖夜指数变化趋势

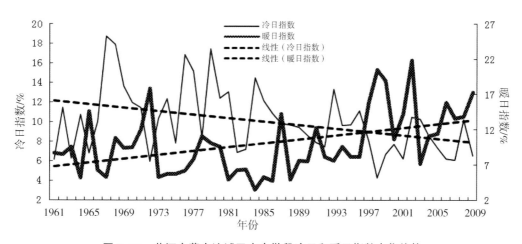

图 6.10　黄河内蒙古流域巴彦高勒段冷日和暖日指数变化趋势

　　1961～2010 年黄河巴彦高勒河段寒冷指数呈明显下降趋势，平均每 10 年下降 5 天左右，下降趋势较为显著。在突变前的 1961～1986 年寒冷日数平均为 190 天，突变之后，快速下降到 176 天，缩短了 14 天（图 6.11）。寒冷日数最短为 159 天，出现在 1998 年暖冬特征最为明显的冬季，该年是黄河内蒙古巴彦高勒段封冻天数最少的 1 年，封冻期仅为 53 天。气温突变后寒冷期的缩短，进一步说明黄河流域凌汛期在逐年缩短。

　　综上所述，在全球气候变暖的背景下，黄河流域冬季气温升高显著，寒冷期缩短，尤其是 1987 年气温突变之后，夜间增温，黄河上下游流域封河期推后，开河期提早，封冻期缩短。此外，由于上游来水量的减少以及大型水库建设及合理调度、政府加大巡堤、投弹炸冰等，近 20 年来黄河下游冰凌险情有所减轻。但是，随着气候的变化，

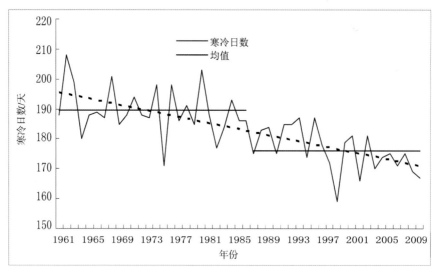

图 6.11　黄河内蒙古流域巴彦高勒段寒冷日数变化趋势

尤其是气温突变后凌汛期气温变差系数的增大，气温升速过快时，较短时间内各河段冰水几乎同时融化下泄，极易形成非常大的凌峰，河道一旦下泄不畅，就会引起河水暴涨，造成凌灾。加之近年来河道的泥沙淤积，河道过洪能力下降等，黄河冰情还可能出现新情况、新问题。因此，黄河凌汛问题仍然是黄河治理中的重大问题之一。

6.3　未来气候变化对黄河凌汛的可能影响

6.3.1　未来气候变化预估

在 SRES A2、SRES A1B 和 SRES B1 情景下，黄河流域气温将持续上升。2030 年以前上述三种排放情景下增温幅度差异不大。2011~2040 年黄河流域增温幅度在 1.0℃左右；2030~2080 年 SRES A1B、SRES A2 情景下增温幅度差异较小，2041~2070 年 SRES A1B、SRES A2 情景下气温分别增加 2.5℃、2.2℃，而 SRES B1 情景下增温幅度为 1.7℃；2080 年以后，SRES A2 情景下增温幅度最大，2071~2100 年 SRES A2、SRES A1B 和 SRES B1 三种情景下气温分别增加 3.5℃、3.9℃和 2.4℃。2011~2100 年黄河流域气温变化的线性趋势，SRES A1B、SERS A2 情景下分别为 0.39℃/10 年和 0.47℃/10a，SRES B1 情景下为 0.23℃/10a。未来四季气温均呈现出增加趋势，其中冬季气温增加趋势最为明显，在 21 世纪初期基本表现为由西南向东北逐渐升高，数值从 1.5℃以下逐渐上升到 2℃以上；21 世纪中期气温变化也大致呈此分布，但数值明显较前一个 30 年的高，整个流域的气温增加值都在 3℃以上。

在 SRES A2、SRES A1B 和 SRES B1 情景下，整个黄河流域 21 世纪降水量整体上表现为增加趋势。2040 年以前降水量平均增加量不超过 6%，2040 年以后黄河流域降水量明显增加，到 21 世纪末降水量将增加 10% 左右。在 SRES A2、SRES A1B 和 SRES B1 情景下，2011~2040 年降水量分别增加 1%、1%、4%；2041~2070 年降水量分别增加 8%、6%、6%；2071~2100 年降水量分别增加 10%、11%、8%。2011~2100 年，SRES A1B、SRES A2、SRES B1 情景下，黄河流域降水量变化线性趋势分别为 1.57%/10 年、1.62%/10 年、0.78%/10 年。

总体来说，在 SRES A2、SRES A1B 和 SRES B1 排放情景下，全球气候模式模拟结果为黄河流域未来气温、降水都将增加，河套地区增幅相对较大。

6.3.2　未来气候变化对凌汛日期的可能影响

未来 30~50 年黄河上下游流域年平均气温仍以升高为主，尤其是冬季、春季增温幅度更大。冬春季气温的明显增加，使黄河凌汛期开河日期未来逐年提前，封河日期和流凌日期呈逐年延后趋势。但气温的异常波动性增大，使得黄河上下游在封河期、开河期气温波动幅度增加，较短时间内迅速开河，使河道内大量冰水混合物下泄，更形成冰坝，甚至决堤，危及人民的生命财产安全。因此，在未来黄河上下游气候变暖的同时，尤其是黄河凌险较重的河套地区，未来增温幅度明显较黄河下游地区的大，极有可能产生黄河上游开河期冰面快速解冻，大量冰水混合物短时间内快速下泄，对河道产生较大压力，更易在河套及下游地区发生凌险。以黄河上游凌险较重的巴彦高勒站为例，分析了凌汛期 11 月至翌年 3 月平均气温与封河期、流凌期和开河期间的相互关系（表 6.12）。当未来凌汛期气温升高 1℃ 时，封河日期可能延后 5 天，流凌日期可能推后 3 天，开河日期可能提早 4 天左右。如按照上述趋势预估，未来冬季河套地区气温升高 3℃ 以上，那么封河日期、流凌日期推迟趋势和开河日期提早趋势更为明显，平均在 10 天以上。

表 6.12　黄河上游流域巴彦高勒站凌汛期与 11 月至翌年 3 月平均气温间的相互关系

凌汛期	回归方程	相关系数	可信度
封河日期	$Y=20.41+5.17T$	0.5769	0.01
流凌日期	$Y=10.58+2.96T$	0.4981	0.01
开河日期	$Y=-18.65-4.35T$	0.8222	0.001

注：Y 为封河日期、流凌日期和开河日期距平值，T 为 11 月–次年 3 月平均气温。

气候变暖后，降水时空分布可能产生了变化，降水未来变化为增多趋势，降水量的增多，使黄河流域中水资源量和流量增大，未来黄河流域防凌防汛任务更为艰巨。此外，气候变暖后，极端气候事件增多，强度增强，凌汛的危险依然存在，需加强凌险灾害的预警及防范，最大限度减轻凌灾的危害。

6.4　适应选择与对策建议

6.4.1　黄河凌汛灾害防御的工程性措施

（1）加强黄河流域凌汛监测预警系统建设。从黄河凌汛防灾减灾需要和建设节约型社会需求出发，建立气象与水利、环境、国土等多部门合作，资料高度共享的黄河凌汛灾害灾情收集系统。利用新一代天气雷达、卫星、闪电定位、多探头的自动气象观测站以及飞机、车载移动观测等探测资料，建立多部门合作，以气象和水文信息分析、加工处理为主体的资料数据高度共享的黄河流域凌汛灾害监测预警系统。利用各种现代通信手段，建立黄河凌汛灾害监测信息和预警信号发布系统，实现黄河凌汛灾害警报进社区、进企业、进农村，解决"最后一公里"问题，提高黄河凌汛灾害警报覆盖范围。

（2）加大黄河流域防灾减灾基础设施建设力度。把气象防灾减灾体系建设纳入到政府公共体系建设当中，当地政府加大对防灾减灾基础性设施的投入力度。①政府统一规划，并给予适当的补助，有计划地使居住在凌汛灾害频发区的群众，逐渐移民，远离重灾区。②加固黄河河堤，及时维护、抢修河道涵洞，并教育沿黄地区的群众，科学取水、合理用水。③在黄河流域兴修水利工程，在凌汛期间，科学合理地调控河水流量。

6.4.2　黄河凌汛灾害防御的非工程性措施

（1）继续提高黄河凌汛期监测预警能力。利用新一代天气雷达、卫星、闪电定位等监测数据，根据黄河流域的天气气候特点，使用和细化数值预报产品，建立和完善以气象信息分析、加工处理为主体的黄河凌汛灾害预报预警系统，加强上下游地区的会商与联防，提高黄河凌汛灾害临近预报水平，实现对黄河凌汛灾害的精细、准确和及时预报，提高黄河凌汛预警服务能力和水平。

加强短期气候预测技术的研究与开发，开展动力气候数值模式产品降尺度应用技术的研究，提高动力气候数值模式产品应用水平，不断提高黄河凌汛灾害预测的准确率。依据综合观测资料和收集的黄河凌汛灾情资料，开展黄河凌汛灾害综合分析，确定灾害范围、等级，同时建立黄河凌汛灾害影响评估模型，实现黄河凌汛灾害灾前、灾中、灾后影响的定量化评估，为政府、决策部门和公众提供黄河凌汛灾害监测、预警信息及减缓灾害影响的技术措施，使黄河凌汛灾害对农牧业生产、人民生活的影响减小到最低程度。

（2）开展黄河流域凌汛期基础性调查和凌险的科学研究。开展黄河流域凌汛灾害数据的调查与收集处理工作，建立黄河凌汛灾害收集渠道，建立以省（自治区）、地（市）、县气象灾害调查收集为骨干，农村、牧区、街道社区等为基础的气象灾害调查收集网络。开展本行政区内黄河凌汛灾害发生频次、强度、影响程度、造成灾害损失量等资料收集调查处理工作。依靠科学分析，确定黄河凌汛灾害重灾区、一般性受灾区的具体范围。利用地理信息技术，建立黄河凌汛灾害损失评估模型，开展本区域内黄河凌汛灾害损失的定量化评估。基于数值预报产品和动力气候模式产品，开展黄河凌汛灾害短时临近预报和长期趋势预测，建立黄河凌汛灾害监测评估及预报预警系统，并开展相应的监测评估、预报预警服务，为各级政府部门采取各项防灾减灾措施提供服务。

（3）加强沿黄流域会商及信息共享机制。建立沿黄流域各省市自治区定期和不定期的，由气象、水文以及防凌防汛等多部门参与的凌汛期会商制度。加强黄河流域气象、水文以及凌汛灾情等资料的共享，提高黄河流域凌汛期天气预报及气候预测的准确率，为黄河流域各省区凌汛期安全度汛提供技术支撑。

第七章 气候变化对黄河流域农业生产的影响与适应对策

黄河流域是我国最重要的农业生态屏障。气候变化对黄河流域农业生产的影响涉及方方面面，本章针对流域内的粮食作物和特色经济作物，从农业气候资源、农业气象灾害、作物产量与品质以及病虫害等方面介绍观测到的气候变化对农业影响事实及未来可能变化。

受全球气候变化影响，流域内农业气候资源发生了显著变化，主要作物生长季内热量资源进一步增多，但日照时数减少，且降水资源在波动中减少，农业生产对引黄灌溉的依赖性增强。部分区域威胁作物生长的干旱、干热风灾害趋于严重，而霜冻、低温冷害整体趋于缓和。据观测，流域内普遍种植的小麦全生育期缩短，玉米生长期延长，棉花生长期受最低平均气温升高的影响而延长，大豆、马铃薯、向日葵等发育期和产量也受到不同程度的影响。如果当前农业耕作和管理水平不变，预计未来气候变化情景下，麦类作物的生育期可能进一步缩短，小麦、玉米和水稻以减产趋势为主，灌溉农区减产率较雨养农区的小。CO_2 浓度的增加对麦类作物产量提升有利，对作物品质的影响有利有弊，气温的进一步升高可能会加速病虫害迁飞繁殖和蔓延。

7.1 农业生产特点

黄河流域的农业是我国重要的生态屏障，对我国农业乃至整个国民经济发展具有举足轻重的作用。流域内现有耕地约 1633 万公顷，有效灌溉面积 518 万公顷。旱作农业是黄河流域最主要的农业经营形式，旱作农业耕地约占整个流域面积的 57%。流域内西宁、兰州、天水以北，长城以南的广阔黄土高原，以及汾渭盆地、宁蒙河套平原、下游沿黄平原和湟水、洮河等支流河谷地区，水热条件较好，土地资源丰富，适于多种作物生长，是黄河流域重要的农耕区。其中，宁蒙河套平原、汾渭盆地和下游沿黄地区，土地肥沃，灌溉条件好，人口多，农业生产水平较高，是黄河流域三大农业生产基地，也是重要的商品粮基地。黄土高原和宁蒙河套地区大部分为一年一熟，汾渭盆地和下游沿黄地区为二年三熟或一年两熟。

黄河流域从西向东横跨青藏高原、内蒙古高原、黄土高原和黄淮海平原四个地貌单元，区域农业生产条件差异很大，尤其是土壤类型、地貌、气候、作物种植制度的差异。黄河流域内普遍种植的粮食作物主要有小麦、玉米、水稻等（图7.1），特色经济作物主要有棉花、苹果、向日葵、蜜瓜、中药材等。虽然黄河流域光温条件好，但干旱少雨，生态环境脆弱，相对于全国而言，农业生产水平还比较低。因此，流域内农产品的年产值在全国占的比重并不大，流域内不同地区农业生产的发展亦不平衡。就粮食单产而言，除河南省、山东省和四川省粮食单产高于全国平均水平外，其他各省（自治区）粮食单产普遍低于全国平均水平。流域内的苹果、药材生产则在全国占较大比重。

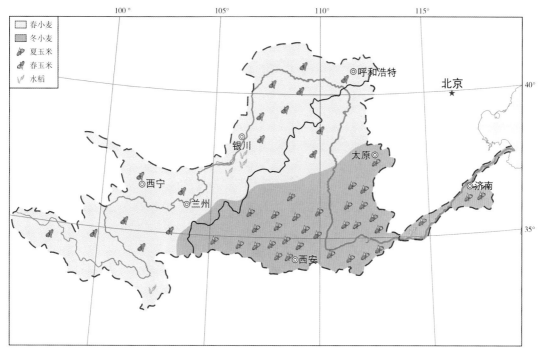

图 7.1　黄河流域主要农作物分布

黄河流域农业生产不仅能够充分保证区域内粮食供给，更有极重要的生态保护作用。由于黄河流域主要面积位于我国西北部，其生态环境的好坏，直接影响到中、下游及我国中部、东部的安危。黄河作为我国北方地区最大的供水水源，以占全国河川2%的有限水量，承担着本流域和下游引黄灌区占全国12%人口和15%耕地面积的供水任务。因此，黄河流域农业发展的重点并不是提高其农产品在全国的地位，而是强化其生态功能，以确保国家的生态安全。另一方面，青海、甘肃、陕西、山西、宁夏、内蒙古等6省区在黄河流域内的耕地面积占6省区总耕地面积的59.8%左右，其粮食、棉花、油料的产量平均占6省区的55%以上，苹果的产量占95%以上，充分说明流域内农业产量水平高于省区的产量水平。因此，黄河流域农业生产也是区域食品安全的重要保证。

气候是农业生产的限制条件之一。随着对气候变化问题的不断深入，以平均气温升高、极端气候事件增加为特征的气候变化，必将对农业生产带来深远的影响。黄河流域农业生产与全国或世界其他地区一样，也将因气候条件的改变而改变。气候变化对农业的影响，对于多数农作物的产量和质量而言，并不是单纯的提高和降低，而是视气候资源的阶段分布和各气候要素之间的匹配而定。由于黄河流域复杂的地形和宽广的地理跨度，气候变化对不同作物的影响不同，对不同空间区域的同一作物影响也有差异。总体而言，历史气候变化条件下，流域内作物种植界限北移，高海拔地区热量条件有所改善，作物可生长期延长，近几十年来粮食作物产量在波动中上升，但极端气候事件和病虫害增多，农业生产的不稳定性增加。未来气候条件可能进一步发生改变，这种变化是否超出农作物生长的适宜范围，究竟对作物产生何种影响，将是一项系统而复杂的课题。

7.2　观测到的气候变化对农业的影响

7.2.1　观测到的农业气候资源变化

农业气候资源，是指能为农业生产提供物质和能量的气候条件，即光照、温度、降水等气象因子的数量或强度及其组合。这些条件不仅影响农业生产的地理分布，也影响农作物产量和质量。受全球气候变化的影响，黄河流域农业气候资源也发生了相应变化，有些变化甚至是极其显著的。

7.2.1.1　热量条件

热量是农作物生长发育重要的气象因素，与农作物生长发育有着密切的关系。农作物生长期内热量条件的改变首先是平均气温的改变（图7.2）。在气候变化的背景下，黄河流域大部分作物生长季内平均气温和年平均气温一样，呈升高趋势，其中冬小麦主要生长季（9月上中旬至次年5月中下旬）近50年来平均气温以0.35℃/10a的速率显著升高，略高于整个流域的平均变率。从空间上看（图7.3），全区域各地冬小麦生长季内增温趋势显著，增幅较大的区域主要集中在上游的部分区域及流域北部的河套平原一带，而中下游地区冬小麦生长季增温幅度相对较小。冬小麦产量和品质形成的重要时期（3~5月）平均气温也升高明显，达0.30℃/10年。

春小麦主要生长季（3月上旬至8月下旬）平均气温递增速率相对冬小麦的小，为0.22℃/10年，大部分站点从20世纪90年代以后增温明显（图7.4）。春小麦普遍种植的中上游地区增温幅度相对较大，且大部分站点的温度变率达极显著水平（图7.5）。

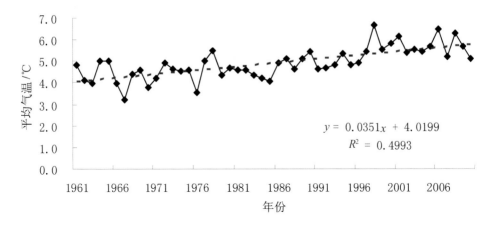

图 7.2　黄河流域冬小麦生长季平均气温变化

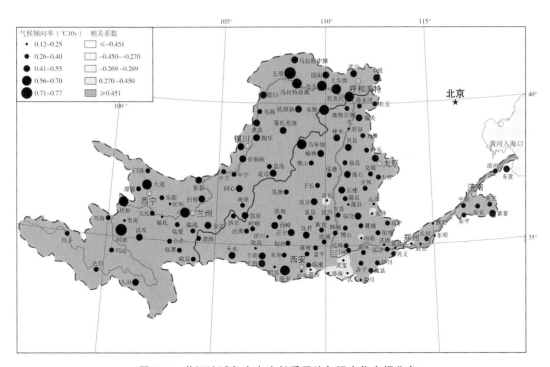

图 7.3　黄河流域冬小麦生长季平均气温变化空间分布

与麦类作物相比，夏玉米生长季气温变化率较小。播种至乳熟期间（6月上旬至8月下旬）流域内平均气温变率为0.14℃/10年（较显著），但夏玉米普遍种植的中下游部分地区夏玉米生长季平均气温呈不显著的下降趋势，如河南段气温度下降速率为0.08℃/10年，变化并不明显。

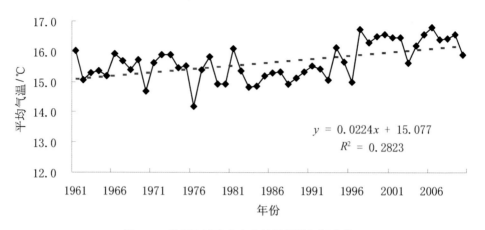

图7.4　黄河流域春小麦生长季平均气温变化

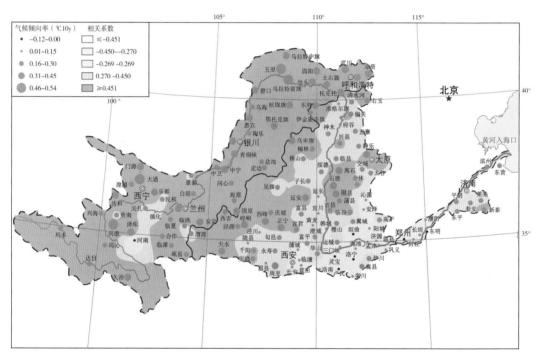

图7.5　黄河流域春小麦生长季平均气温空间变化

　　农业气象上通常以≥0℃和≥10℃的活动积温作为衡量热量资源的重要指标。黄河流域≥0℃和≥10℃的积温均呈从北到南、从西到东逐级递增的变化规律。受温度升高的影响，流域内积温呈升高的趋势，20世纪90年代以后增加较明显。其中，≥0℃积温段中，<2000℃积温段有逐年降低规律，但4000～5000℃积温段在20世纪90年代突然增大，增加的区域主要分布在黄河流域上游地区；≥10℃的积温为活动积温，是表

征某地区气候条件可为农作物提供热量多少的标志，≥10 ℃积温在 20 世纪 60 年代和
70 年代变化不明显，80 年代相对偏低，90 年代以后明显增高，尤其 2000 年以后达到
最高值（图 7.6）。

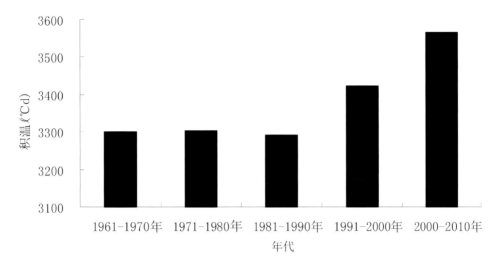

图 7.6　黄河流域≥10℃活动积温年代际变化

无霜期是指一地春天最后一次霜冻至秋季最早一次霜冻之间的天数，决定了作物
生长期的长度。黄河流域各地无霜期呈延长趋势。以宁夏段为例，20 世纪 60 年代，年
均无霜期在 115~153 天，而 2001~2009 年，无霜期延长至 134~166 天。黄土高原中部
终霜日期逐年变化波动较大，整体呈不显著的提前趋势，即春季终霜冻日有随气候变
暖提前的可能性。虽与晚霜冻关系密切的 4~5 月的极端最低气温为上升趋势，但由于
最低气温的波动较大，气候变暖大背景下仍可能出现晚霜冻增多的异常年份。

7.2.1.2　水分条件

黄河流域年降水量具有较显著的下降趋势，但不同区域、不同作物生长季内降水
量变化差异较大（图 7.7）。如流域内冬小麦生长季平均降水量仅 207.5 mm，而流域北
部的部分区域降水不足 100 mm，远远不能满足作物生长对水分的需求，200 mm 以上降
水主要集中在山东省、河南省以及陕西、山西局部一带。流域冬小麦生长季内平均降
水变率为−9.4 mm/10 年，略小于流域平均值，其中流域中南部地区冬小麦生长季内降
水减少的趋势显著，且递减速率超过流域平均值（图 7.8）。

流域内春小麦广泛种植的宁夏、陕西及河套等地小麦生长季内降水量年代际波动
较大，并且以 20 世纪 60 年代、80 年代相对偏多，20 世纪 70 年代、90 年代和 2000 年
以后相对偏少。春小麦生长季内降水量各地以递减趋势为主，对引黄灌溉的依赖性进
一步增强。

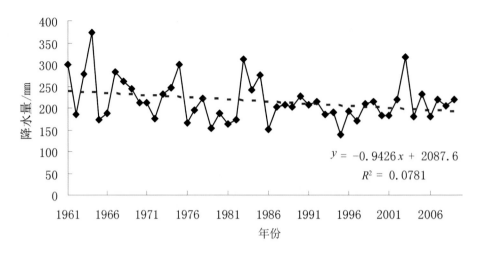

图 7.7　黄河流域冬小麦全生育期降水量年际变化

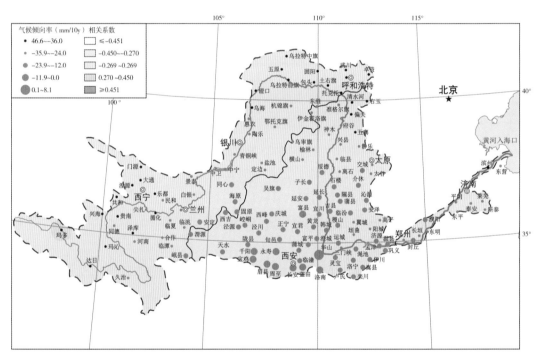

图 7.8　黄河流域冬小麦生长季降水量空间变化图

　　整个流域内夏玉米主要生长季降水量以 2.9 mm/10 年的速率递减，但夏玉米主产的中下游地区降水量变化趋势并不明显，且 20 世纪 90 年代以后年代间变异较大。黄河流域河南段夏玉米拔节—抽雄期降水量增加较显著，平均每 10 年增加 4.5 mm，而抽雄—灌浆期降水呈较显著的递减趋势，平均每 10 年减少 6.7 mm。

7.2.1.3 光照条件

中华人民共和国成立以来我国年日照时数呈明显的下降趋势，其下降速率为 36.9 小时/10 年，并通过 0.01 的置信度检验。1981 年是日照时数正负距平的分界点，1981 年以后日照时数距平多为负值。与全国日照时数变化趋势相同，黄河流域主要农作物生长季内的日照条件也明显受到气候变化影响。冬小麦从播种到收获期内，日照时数以 15.1 小时/10 年的速率减少（$P<0.05$），尤其在流域中游的东部和下游地区递减速率较快（图 7.9）。冬小麦拔节—成熟期（3~5 月），日照条件对小麦品质和产量有重要影响，这一时期流域内日照时数变化趋势不显著，仅个别地区甚至呈日照时数增多趋势。

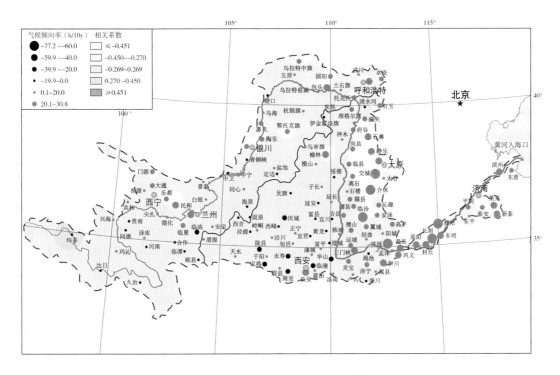

图 7.9　黄河流域冬小麦生长季内日照时数空间变化

流域内春小麦从播种到拔节时期的日照时数有不显著延长的趋势，而拔节以后，各地日照时数以 19 小时/10 年的平均速率缩短（通过 0.05 检验）。夏玉米主产区生长季内日照时数也逐年递减，尤其在山西省大部、陕西南部以及整个下游地区，夏玉米生长季内日照时数明显减少（图 7.10、图 7.11）。

与降水、气温等农业气候资源相比，光照资源的年代间变率相对较小。小麦、玉米生长季日照时数变化的共同特征是 20 世纪 60 年代和 70 年代较多，80 年代最低，从 90 年代开始有所回升，但仍低于 60~70 年代的值，21 世纪以来夏玉米生育期内日照时数偏少最多。

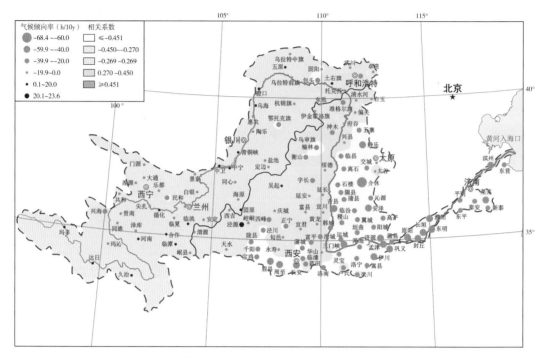

图 7.10　黄河流域夏玉米生长季日照时数变化空间分布

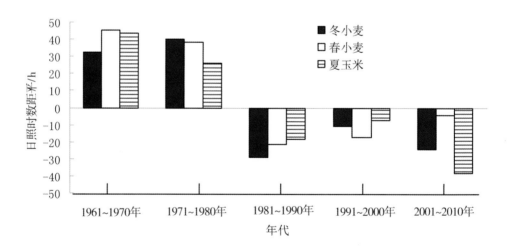

图 7.11　不同作物生长季内日照时数距平

7.2.2 观测到的农业气象灾害变化

7.2.2.1 农业干旱

随着社会生产力的不断发展，农业对干旱的防御能力不断加强，但目前的水利设施仍然不能完全满足农业生产的现实需求，最直接的表现为农田受旱面积的增加和作物产量的降低。气候变化导致黄河流域内主要农作物种植区干旱灾害波动性增加，《中国气象灾害大典》（2007）记录的流域内各省区干旱成灾面积均有增加趋势。2008~2009年北方大旱，流域内青海、甘肃、陕西、山西、河南、山东各省均出现不同程度旱情，其中陕西省作物受旱面积达76.6万公顷，山西全省受旱面积218.3万公顷，农作物受旱面积54.56万公顷，河南全省小麦受旱面积达276.7万公顷。

在内蒙古农区，由降水和气温构建的干燥度指数显示，从20世纪60年代起春小麦、夏玉米、马铃薯生长期的干燥度指数逐年代上升，以黄河流域呼和浩特段为例，春小麦、夏玉米、马铃薯生长期的干燥度指数60年代分别为-0.22、-0.80和-0.40，1960~1990年干旱平均程度较轻，而到2001~2008年干燥度指数分别增加到0.84、1.52和1.22，玉米生长期干燥度指数及增幅均最大，干旱程度最重。

表7.1 黄河流域呼和浩特段主要粮食作物生长期干燥度指数的年代平均值

年代	春小麦	夏玉米	马铃薯
1961~1970年	-0.22	-0.80	-0.40
1971~1980年	-0.29	-0.59	-0.50
1981~1990年	-0.20	-0.29	-0.05
1991~2000年	0.03	0.16	-0.03
2001~2008年	0.84	1.52	1.22

1961年以来，甘肃全省年平均降水量呈减少趋势，尤其是河东地区降水量减少的倾向率较大，达11.1mm/10年，加之气温显著上升，黄河流域甘肃段气候干暖化趋势明显。据统计，1971~2005年，甘肃省农业平均受旱面积占总播种面积的21.82%，并随年代呈增加趋势，20世纪70年代的为19.13%，80年代的为17.26%，90年代的为29.56%。1971~2005年因干旱灾害造成甘肃年均粮食减产量56.65万吨。由于干旱范围的扩大和干旱强度的增强，粮食减产量也在增多。总体而言，甘肃省1971~2005年干旱受灾面积总体呈扩大趋势，粮食减产量总体呈增多趋势，干旱受灾面积和粮食减产量的变化趋势一致，二者呈显著正相关，充分说明不但干旱受灾范围呈扩大趋势，

而且干旱灾害对农业的危害程度也呈加重趋势。

由于作物单产主要受温度和降水量两种因素的综合影响，使用降水量和温度均一化指标作为干燥度指数对作物生长期干旱的程度进行描述，指数越大表示越干旱。干燥度指数：

$$DI(i) = \Delta T(i)/S_T - \Delta P(i)/S_P$$

$$S_T = \sqrt{\frac{1}{N} \sum_{i=1}^{N} (t_i - \bar{t})^2}$$

$$S_P = \sqrt{\frac{1}{N} \sum_{i=1}^{N} (p_i - \bar{p})^2}$$

式中，$DI(i)$ 代表第 i 年作物生长期的干燥度指数（$i=1, 2, 3, \cdots\cdots, N$），$N$ 为年份数，t_i 和 p_i 分别表示第 i 年作物生长期的平均气温和降水量，$\bar{t}$ 和 $\bar{p}$ 分别为温度和降水的 N 年平均值，$\triangle T(i)$ 和 $\triangle P(i)$ 分别代表第 i 年的距平值。

7.2.2.2 延迟型低温冷害

在农业气象学中，根据低温对作物危害的特点及作物受害的症状，将低温冷害来划分为障碍型、延迟型、混合型及病害型。障碍型指作物生殖生长期间遭遇低温使生理机能破坏，造成不育而减产。延迟型指作物营养生长的因持续低温发育延迟，不能在霜前完成灌浆或不能正常成熟而减产和降低品质。混合型指延迟型和障碍型同时发生，其危害更大。病害型指因低温阴雨高湿导致病害而减产，又称间接型冷害。

黄河流域宁夏段也是农业干旱的频发区。2003 年冬季到 2004 年春季，宁夏中部干旱带连续 170 多天没有有效降水，2004 年秋天到 2005 年夏天，出现了冬、春、夏连旱，是近 60 年来罕见的特大干旱，严重影响了农业生产，作物无法下种，下种的无法成活，农作物绝收，给当地农民生产生活带来很大的影响。

20 世纪 80 年代中期以后，黄河流域陕西段在大幅增温的同时，伴随降水的持续偏少，其中 1997 年大部分地区降水量达到了 1961 年以来的最小值，1995 年达到次小值。增温使土壤水分蒸发加剧，加之降水量的持续减少，水分亏损严重，境内大面积干旱频繁发生。2007 年，由于降水时空分布不均，气温偏高，黄河流域山西段出现严重旱情，干旱时段主要集中在春夏两季。山西省全年因干旱造成 865.2 万人次受灾，56.2 万人次饮水困难，农作物受灾面积 143.4 万公顷，绝收 8.3 万公顷，农业经济损失 38.5 亿元，直接经济损失 43.1 亿元，占山西省全年各类气象灾害总体损失的 38%。

7.2.2.3 霜冻

霜冻灾害是因地面温度急剧下降，或因地面气温达到某一较低水平，而对植株体造成伤害的一种农业气象灾害。不同作物或同一作物的不同品种、不同发育时期对低温的抵御能力有较大差别。一般而言，日平均气温≥10 ℃持续期是作物生长的活跃季节，在此期间发生的霜冻往往对作物产生严重影响。黄河流域初霜冻日一般出现在 9 月中旬至 10 月上旬，终霜冻日期一般出现在 3 月中旬至 4 月上旬，各地差异较大。受气候变暖影响，1961 年以来，黄河流域主要农区霜冻发生日数均呈减少趋势，初霜日期整体推迟，而终霜日期提前，无霜期相对延长。

由于各地气温波动加剧，霜冻灾害风险仍然存在。黄土高原中部 1997 年以来 4 月极端最低气温波动幅度增大，在气候变暖大背景下 2001 年和 2006 年最低气温出现了最小值，属于异常年份，冻害严重。宁夏引黄灌区 20 世纪 80 年代以后初霜日推迟，终霜日提前，但终霜冻日期年际差异较大，稳定性差，且初霜冻日期变化的概率小于终霜冻日期推迟的概率，表明宁夏引黄灌区终霜冻危害要大于初霜冻危害。霜冻也是河套灌区最重要的农业气象灾害之一。其发生的早晚与轻重对河套农业生产影响巨大，除造成重大的经济损失外，还会影响向日葵、玉米等作物延迟播种，极大地降低经济效益。河套灌区向日葵轻霜冻结束日期一般是在 5 月中、上旬，结束日期变化趋势为 20 世纪 70 年代较晚，80 年代提前，90 年代又延迟，2000 年后又提前，结束日期总体呈提前趋势。但霜冻结束日期的变化与同期的气温变化并不一致，说明河套灌区气温升高，终霜冻日并不一定提前，霜冻对作物的影响仍然较大。黄河流域山西段 20 世纪 80 年代以后，气温升高，初霜冻出现日期明显推迟，终霜冻出现日期提前，无霜期日数延长，低温冻害发生的频次虽然减少，但是强度增强。流域内河南段冬小麦苗期霜冻的发生范围和发生天数显著递减，2000 年以后晚霜冻频率下降。

7.2.2.4　低温冷害

低温冷害是指在作物生长期内发生异常低温，而对作物产量和品质造成显著影响的一种灾害。低温冷害主要影响黄河流域内种植的水稻、棉花、苹果等作物。随着平均气温的升高，黄河流域内低温冷害发生频次和日数整体趋于减少，宁夏引黄灌区的水稻和黄河流域甘肃段、陕西段的棉花，近年来遭受的低温冷害有减少趋势。但据大多数易发生低温冷害的农区统计，低温冷害发生的风险、强度及造成的灾损并没有减少。例如，宁夏引黄灌区的水稻苗期、孕穗期、开花期及灌浆期无论是冷害发生区域、持续时间还是冷害频次，均表现为明显减少的趋势，但是在气候变暖的背景下，随着偏晚熟水稻品种的大面积推广，低温冷害的发生强度并不一定会减小，在同等低温冷害年景条件下，造成的减产损失在加大。河套灌区的低温冷害主要是延迟性冷害，主要出现时段为 5 月、8 月和 9 月，对春播玉米影响较大。虽然气候变化导致气温升高，但河套地区春季低温冷害频率仍较高。若把零下 17.9~16.0 ℃ 划为轻中等低温冷害年，出现频率为 43.3 ％；若把零下 16.0 ℃ 划为严重低温冷害年，其出现频率为 36.7%。虽然通过地膜覆盖的方法，可以避免单作玉米受害，但低温冷害对目前大面积立体种植的玉米造成的损失仍然较大。

7.2.2.5 干热风

干热风灾害是在小麦扬花灌浆期间出现的一种高温、低湿并伴有一定风力的灾害性天气。它可使小麦失去水分平衡，严重影响各种生理活动，使千粒重明显下降，导致小麦显著减产。

干热风灾害是一种局地性相对较强的农业气象灾害，主要对小麦灌浆期产生危害。据统计，在全球气候变暖的背景下，与干热风灾害密切相关的最高气温和相对湿度变化趋势均不显著，仅 14 时风速显著降低，因此，轻干热风和重干热风发生天数和范围的整体变化趋势并不显著，且在不同的小麦种植区存在差异。

随着气候变暖，20 世纪 90 年代以来宁夏灌区干热风日数呈增加趋势，干热风发生区域进一步扩大，平均每年发生站数由 1991 年前的 2.1 个站增加到 4.5 个站。小麦扬花灌浆期 14 时平均气温和最高气温逐年上升，干热风发生程度加重。

山西地区干热风周期明显缩短，频率显著增加，发生干旱的持续时间和范围呈延长和扩大趋势，除 20 世纪 80 年代干热风灾害相对少外，平均每隔 2~3 年就会连续出现 2~3 个重干热风年。

黄河流域河南段也是干热风的易发区，豫北和豫西大部均是干热风的高频发生区，1961 年以来河南省干热风灾害整体趋于减弱。值得注意的是，20 世纪 90 年代末期以后，不同等级干热风范围与天数又趋于增加，尤其是 1997 年以后轻干热风涉及的台站占总台站的比例递增率达 2.01 个百分点，数量级超过了 1961~1997 年的递减率；1996 年以后轻干热风发生天数的递增率也达 0.07 天/年，冬小麦受干热风威胁的风险仍然存在。

7.2.3 观测到的作物生育期和产量变化

7.2.3.1 春小麦

春小麦种植的基本气候条件是：全生育期 ≥0 ℃积温不少于 1900 ℃·天，最多为 3500 ℃·天，2000~3000 ℃·天较适宜；适宜降水量在 400~600 mm 之间，对灌溉有依赖性；年日照时数最少为 2300 h，2500~2800 h 较适宜。黄河流域春麦区每年 3 月上旬至 4 月上旬播种，7 月下旬到 8 月中旬收获，主要种植于河套地区、山西北部、陕西北部、河西走廊、宁夏等地。

各地春小麦对气候变化的响应存在共同特征，即春小麦各生育期普遍提前，以播种期和拔节期提前最明显；春小麦全生育期缩短。春小麦生育期变化中，气温变化起主导作用，降水和日照变化对小麦生育期变化的影响不明显。

在青海引黄灌溉的典型地区，春小麦对气候变暖的响应表现在低海拔地区播种期提前，成熟期基本没有变化，生育期延长，产量下降；高海拔地区播种期推迟，成熟期提前，生育期缩短，产量波动较大。春小麦生长期内日平均气温每升高 1℃，高海拔地区春小麦生育期缩短 11.7 天，而低海拔地区无显著变化。分蘖期是两地小麦生育时期变化的转折点。低海拔地区，小麦在分蘖期以后的并进生长及生殖生长时期多年来基本没有变化；高海拔地区，小麦在分蘖期以前的生育期显著推后，而分蘖期以后的则表现为提前。

自 20 世纪 50 年代以来，小麦单产在波动中增长，这说明气候因素在产量的形成过程中产生了重要影响。温度上升将加快小麦生理发育速度，发育历期缩短，进而影响干物质的积累。气候变暖后，黄河流域宁夏段春小麦气候产量下降速度明显，减产幅度为 30% ~60%。春小麦产量的温度敏感系数在 3 月中旬至 4 月上旬及 5 月上旬至 6 月上旬为正值，这两个时段的气候变暖对春小麦产量形成有利；6 月中旬至 7 月上旬及 4 月中下旬温度敏感系数为负值，这两个时段的气候变暖不利于春小麦生长。

7.2.3.2 冬小麦

冬小麦种植要求全年 ≥0 ℃积温不少于 2900 ℃·天，4500~5800 ℃·天为宜；适宜降水量 500~1000 mm；全年日照时数 1800~2800 h。黄河流域内冬小麦每年 9 月中旬至 10 月上旬播种，次年 5 月下旬至 6 月上旬收获，主要种植于关中东部、关中西部、陕南、陕北局部、豫北、山东、山西、陇东、陇南局部等地。

流域内气候变化导致冬小麦生育期和产量也产生了明显变化。整体趋势是播种日期推迟，并且越冬前各发育期均呈推迟趋势，但播种—越冬持续日期延长，越冬期缩短，越冬后各发育期相对提前，大部分地区以拔节期提前最明显，灌浆期略有延长，乳熟期—成熟期缩短，冬小麦全生育期缩短。

不同学者研究的不同种植区冬小麦发育期变化存在差异（表 7.2）。其中，黄河流域甘肃段春季极端低温的升高是冬小麦返青期和拔节期提前的主要原因，而后期极端高温的升高使冬小麦成熟提前。冬前分蘖期显著缩短，导致冬前和返青时分蘖显著减少；陕西段冬小麦播期推后趋势与温度变化趋势高度负相关。延安地区冬小麦播期从 20 世纪 80 年代的 9 月初推至现在的 9 月下旬，渭北地区的从 9 月中下旬推后至的 10 月上中旬，关中局部地区的由 10 月上旬初推后至 10 月中下旬。黄河流域中下游地区，冬小麦各发育期提前趋势也十分明显。河南和山东引黄灌区冬小麦播种期均有推后趋势，春季发育期提前趋势明显，冬小麦全生育期缩短。

表 7.2　黄河流域冬小麦主要种植区发育期变化趋势（单位：天/年）

发育期	甘肃	陕西	山西	河南
播种期	+0.11	+0.2~0.7	+7	+0.04
分蘖期	+0.69			
越冬期	+0.14	+5~10		+0.1
返青期	−0.28	−4~9	−0.13	+0.48
拔节期	−0.42		−10	−0.70
抽穗期	−0.39			−0.49
成熟期	−0.55			−0.20

注：+表示发育期推迟，−表示发育期提前，陕西地区越冬和返青期及山西地区拔节期变化是 2000 年以后与 20 世纪 80 年代相比。

气候变暖的另一特征是暖冬年份增加。1986 年以来，我国出现了 19 个全国范围的连续暖冬，对冬小麦造成的最显著影响是越冬期停止生长天数线性减小，越冬死亡率明显下降，为冬小麦安全越冬创造了有利条件。但小麦也往往因没有得到有效的抗寒锻炼而极易遭受早春冻害。据黄河流域甘肃段统计，冬小麦产量与越冬期间的最低气温呈显著正相关，冬季最低气温的升高将减小冬小麦的越冬死亡率，所以，冬季气温升高对冬小麦生产是有利的，但返青—孕穗、乳熟—成熟期间的最高气温与产量则呈显著负相关，最高气温升高加速了冬小麦小穗和小花的分化。总体看来，越冬期气温升高对产量有正贡献，但后期的高温对冬小麦的高产则极为不利。

7.2.3.3　玉米

玉米是喜温作物，其生长发育及灌浆成熟需要在温暖的条件下完成。玉米种子在 10~12 ℃时即可萌发，高于 14 ℃即能出苗，籽粒灌浆要求日平均气温不低于 16 ℃。黄淮海平原、关中盆地，玉米生育期日数在 150~190 天之间，故以麦收后复种夏玉米为主；陇西等地玉米生育期日数在 200 天左右，多以春玉米为主。春玉米一般每年 4 月中下旬播种，9 月中下旬收获，主要分布于内蒙古西部、陕北、山西北部、甘肃、宁夏等地；夏玉米每年 6 月上中旬播种，9 月中下旬收获，多种植于陕西中部、河南、山东等一年两熟区。

据观测，流域内春玉米播种期明显提前，成熟期普遍推后；夏玉米播种期和成熟期均推迟，但成熟期推迟的速率大于播种期的变化速率。因此，黄河流域内种植的春玉米及夏玉米全生育期均有延长趋势，不同地区、不同播期的玉米各生育期变化情况见表 7.3。

表 7.3　黄河流域玉米主要种植区发育期变化（单位：天）

作物	地区	播种期	出苗期	成熟期	全生育期
春玉米	内蒙古	-4~13	-2~9	+3~9	+10~22
	河套	-8	-5	+3	+11
	山西	-2			+4
夏玉米	河南	+3	+6	+8	+6

注：+表示发育期推迟或延长，-表示发育期提前；变化值为 21 世纪前 10 年相对于 20 世纪 80 年代。

黄河流域内蒙古段玉米春季发育期提前，秋季发育期推后，由于积温的增加，玉米品种更换为生育期更长的品种。气候变暖为黄河流域宁夏段春玉米生长发育提供了更充足和更有利的热量资源，对品质提高有利。近 20 多年来，宁夏引黄灌区玉米生长期的气候明显变暖，但没有超过玉米生长发育的适宜温度范围，气候变暖对玉米单产的贡献率为 4.5%。气候变暖为高产品种的引进创造了条件，使宁夏地区玉米单产变率减小，保证了玉米的高产稳产。与春玉米相比，夏玉米主要生育期则有不同程度的推后趋势，其中以成熟期推后最为显著。相关分析发现，6~9 月总降水量减少是造成夏玉米生育期延迟的主要原因。热量资源的增多和生育期延长，对喜温的玉米增产有利。

7.2.3.4　棉花

黄河流域棉区是我国最重要的棉花生产基地之一。棉花是喜热、喜光、耐旱、怕涝的作物，要求生长地有较厚土壤层，无霜期长。棉花种植的基本条件是，5 cm 日平均地温通过 14 ℃的日期到秋季初霜出现日期之间的天数大于 150 天；大于 10 ℃积温在 3300 ℃·天以上；全年连续最高三旬平均气温不小于 23 ℃。黄河流域棉花种植主要分布于豫北、山东、山西南部、陕西关中、甘肃南部及河西走廊等地。

受气候变化影响，黄河流域主要棉区棉花全生育期呈现延长的趋势，且生育期与生育期间的平均最低气温显著相关，最低气温每升高 1 ℃，棉花全生育期将延长 9 天。棉花播种日期与 4 月平均最低气温呈显著负相关。根据农业气象观测资料，1981~2004 年间棉花播种日期平均每 10 年提前了 7.2 天，4 月平均最低气温每升高 1 ℃，棉花播种日期将提前 2.6 天；棉花现蕾日期提前了 5.3 天/10 年，且与 6 月最低和最高气温呈显著负相关；开花日期提前了 7.6 天/10 年，开花日期与 7 月平均最低气温显著负相关，7 月最低气温每升高 1 ℃，开花日期提前 3.0 天；吐絮日期提前了 8.8 天/10 年，但与最低、最高气温均未达到显著相关水平。棉花停止生长日期推迟了 5.0 天/10 年，停止生长日期与 10 月最低气温达极显著正相关，10 月最低气温每升高 1 ℃，停止生长日期将推迟 8.6 天。

棉花产量与开花以前的平均最低气温呈显著正相关。分析结果表明,春季最低气温的升高,减少了终霜冻对棉花的危害,有助于棉花的高产;10月最低气温与产量呈显著正相关,棉花在10月份随第一次霜冻的出现而逐渐停止生长。霜前花是棉花产量的主要组成部分,霜前花产量与10月最低气温显著相关。10月最低气温的升高,使棉花停止生长日期推迟,有效增加了棉花干物质积累,从而提高了霜前花的产量。

7.2.3.5 其他作物

除小麦、玉米、棉花等大宗农作物外,黄河流域内大豆、马铃薯、胡麻等生育期相对较短的作物对气候变化也十分敏感。由于温度升高,流域内大豆发育进程加快,播种日期后,成熟日期提前,全生育期缩短。马铃薯全生育期变化不明显,但可收日期普遍延迟。黄河流域宁夏段气候变暖使马铃薯播种日期提前了5~10天,出苗日期提早13天,开花日期提前8~10天,停止生长日期推迟,生长季延长了半个月左右。胡麻是黄土高原种植的主要油料作物,胡麻出苗—现蕾期间隔日数呈波动性式缩短的趋势。

7.2.4 观测到的病虫害影响

受气候变化影响,一些与气象条件密切相关的农林生物灾害也随之变化,危害黄河流域农作物病虫害的发生发展、危害范围、浸染途径等均发生了不同程度的变化。20世纪50~70年代,全国每年发生面积333万公顷以上的农业有害生物种类只有10余种,20世纪80年代为14种,90年代为18种,而2000~2004年,平均每年多达30种。

流域内气温升高对病虫的影响主要体现在:

(1)增温增大了病虫害的发生范围和数量。尤其是暖冬,延长了农作物病虫害在越冬前的发展时间,有利于其繁殖,增加了越冬的病虫害数量,使越冬病虫卵蛹死亡率降低,存活数量上升,造成次年病虫害发生加重。同时农作物害虫迁入期提前、危害期延长。例如影响陕西东南部冬小麦生产的锈病在2001~2005年连年大流行,2002年为近30年来最为严重的特大流行年份,造成了冬小麦的严重减产。与20世纪90年代以前相比,目前小麦条锈病发生的海拔高度升高了100~300 m,危害范围明显扩大;发生时间也由3月份提早到了2月份。在气候条件适宜的年份,小麦条锈病将有"南下"发展的趋势。同时,由于气候变暖和小麦种植密度增加,陇南地区小麦白粉病由20世纪80年代的2万公顷扩大到了目前的6.7万公顷以上,病害覆盖面积发展迅速。

(2)气候变暖造成农作物病虫害的发生界限、越冬北界北移。由于气候变暖,黄河流域内≥10℃积温范围增加,主要农作物病虫害的生存和发育的温度条件变优,病虫害适生区及重发区扩大。气候变暖有可能会使对低温敏感的虫种由偶发转为常发。

(3)气候变暖增加了农作物虫害的繁殖代数。虫害的发生需要一定的起点温度和有效积温。气候变暖使各地区的有效积温逐渐增加，这就缩短了各虫态的历期，进而缩短了整个世代的发育历期，繁殖速度加快，繁殖代数增加，对农作物的伤害也随之加重。

（4）气候变暖对农作物害虫迁飞的影响：气候变暖使农作物害虫向北迁入期提早，向南迁回期推迟，延长农作物受害时间，伤害加重。

黄河流域主要作物病虫害见表 7.4。

表 7.4　黄河流域主要作物病虫害

作物	病虫害名称	危害特征
小麦	条锈病	主要危害叶片，也可危害叶鞘、茎秆及穗部，流行年份可减产 20%～30%。
	赤霉病	苗期造成苗枯，成株期形成茎基腐烂和穗枯，影响小麦产量，并造成蛋白质和面筋含量减少。
	白粉病	小麦生长各时期均可能发生，流行年份一般减产 10%左右。
	纹枯病	造成烂芽、死苗、花秆烂茎、枯孕穗等多种症状。
	蚜虫	刺吸危害，影响小麦营养吸收、传导。小麦抽穗后集中在穗部危害，形成秕粒，使千粒重降低。
玉米	金针虫	地下虫害，食害胚乳使其不能发芽，或危害玉米幼苗根茎部，导致植株干枯死亡。
	玉米螟	繁殖能力强，受害部分丧失功能，降低籽粒产量。
	大斑病	以浸染叶片为主，也可浸杂叶鞘和苞叶，病斑能结合连片，使植株早期枯死。
	纹枯病	雨日多、湿度大时易发病，一般年份损失产量 5%～10%
水稻	稻瘟病	水稻最严重的病害之一，水稻不同部分均可传染，轻者减产，重者颗粒无收。
	稻曲病	一般穗发病率为 4%～6%，粒发病率为 0.2%～0.4%，且稻谷中含有 0.5%病粒时能引起人、畜中毒。
	稻飞虱	在水稻上取食、繁殖，造成水稻大片死秆倒伏，还可传播病毒。
棉花	棉铃虫	对黄河流域棉区危害较重，主要蛀食蕾、花、铃，也取食嫩叶，直接影响产量。

7.3 气候变化对农业的可能影响

7.3.1 对农业气象灾害的可能影响

气候变化不仅使黄河流域农业气候资源发生了明显变化，还使农业气象灾害格局受到显著影响。流域内降水的时空分布不均，波动加剧，加之气温升高，将导致高温、干旱、强降水等极端天气、气候事件日益频发，进一步制约流域内气候资源和生产潜力，并加剧农业生产的不稳定性，从而使黄河流域内粮食生产面临日益严峻的风险（表7.5）。

表7.5 黄河流域主要农业气象灾害可能变化趋势

灾 害	变化趋势
干旱	中上游地区小麦、玉米和棉花生长季内干燥度指数可能进一步上升，作物干旱发生范围呈进一步扩大趋势。 降水量减少的同时，降水日数也显著减少，最大连续无降水时段增加；气温显著升高，使得干旱形势更趋严重。
高温热害	高温热害可能趋于严重，强烈抑制流域内水稻、棉花的生长发育，对特色经济作物高产优质极为不利。如水稻盛花期遇高温，花粉粒发育畸形率显著增加，花粉管尖端破裂而失去受精能力，形成秕粒；高温还可使作物的蛋白质凝固变性，或积累有毒物质而直接受伤。
霜冻	霜冻灾害整体趋于减弱，但由于最低气温的波动进一步加剧，作物面临的霜冻灾害风险在增加，加上受气候变暖影响，作物种植制度和品质的变化，遭受霜冻灾害的面积可能扩大。 冬季气候变暖缩短了冬小麦越冬期，使作物提前返青或拔节，从而减弱植株的抗寒能力，使作物更易遭受冻害。 热量条件改善的同时，也使作物稳产的气候风险性增加。部分区域往往为了追求最大的经济效益，而不是最小灾害风险，盲目改一些偏晚熟的品种，这些地区出现霜冻灾害的概率不一定会减小，甚至可能增加。

气候变化还将增大多种灾害协同作用的概率。农业气象灾害很多时候并不是单一发生，实际上存在多种灾害并发，造成农作物减产。在气候变化的背景下，异常气候出现的概率大大增加，尤其是极端天气现象的增多，为多种灾害协同发生创造了条件，势必导致区域气候灾害的影响加剧。

7.3.2 对作物生育期的可能影响

气候变化对作物生育期的影响主要为气温升高的影响。流域内春小麦和冬小麦发育进程均与热量条件密切相关。随着气温的升高，春小麦各发育期的历经日数逐渐减少。正常气温条件下，春小麦由播种至成熟需 114 天。当气温升高 0.5 ℃时，小麦由播种至成熟需 110 天；升高 1 ℃时，需 106 天；升高 2 ℃时，需 101 天；当气温升高 3～4 ℃时，仅需 94～96 天即可成熟。利用区域气候模式和作物模拟模型模拟发现，未来春小麦和冬小麦全生育期均呈缩短趋势（表 7.6）。

土壤水分亏缺对作物生育期也有影响。在郑州农业气象试验站开展的冬小麦干旱胁迫试验发现，干旱条件下冬小麦拔节以后的各生育期呈提前趋势，且灌浆时间缩短。宁夏地区春小麦在当前的温度条件下，正常水分供应时由播种至成熟需 128 天，当水分增加田间持水量的 20%时，春小麦全生育期需历时 134 天；当水分减少田间持水量的 20%时，播后 118 天即可成熟，比正常情况缩短了 10 天。

表 7.6 未来气候变化情景下小麦生育期可能变化

作物	时段	情景	
		A2	B2
春小麦	2070～2080	缩短 0～12 天	变化不明显
冬小麦	2070～2080	缩短 19～31 天	缩短 4～28 天
	2000～2100	平均缩短 8.4 天	
	2030	平均缩短 10 天	
	2050	平均缩短 12 天	

7.3.3 对作物产量的可能影响

气候变化对黄河流域农业的影响最终体现在对作物产量的影响上。不同学者利用不同的作物模拟模型和区域气候模式，模拟得出未来我国小麦、玉米等作物产量的变化幅度并不相同（表 7.7），但一致认为，若当前种植管理方式不变，小麦、玉米和水稻以减产为主要趋势，而且气候变化引起的作物产量波动幅度很大。对产量的影响不单纯是平均气温状况的改变，更可能是来自极端气候事件频率的变化。

表7.7　未来气候变化对黄河流域主要农作物产量的可能影响

作物	时段	产量变化	所用模型
春小麦	2011~2040	−3%（灌溉）	DSSAT CERES Wheat+ ECHAM4，HadCM3
	2041~2070	−8%~−7%（灌溉）	
	2071~2100	−19%~−11%（灌溉）	
		−30%~−35%（雨养）	
冬小麦	2071~2100	−12.9%~−21.7%（灌溉）	CERES Wheat+ PRECIS
		−10%~−15%（雨养）	
		−8.9%~−8.4%（灌溉）	
	2030	−1%（灌溉）	CERES Wheat +GISS GCM Transient Run
	2050	+8%（考虑 CO₂ 肥效）	
	2050	−23.3%~−0.2%（雨养）	CERES Wheat +GFDL，MPI，UKMOH
		−2.5%~−1.6%（灌溉）	
春玉米	2011~2040	+18%~+21%（灌溉）	CERES Maize + PRECIS
	2041~2070	+1%~+4%（灌溉）	
	2071−2100	−7%~−5%（灌溉）	
	2050	−19.4%~5.3%（雨养）	CERES Maize +GFDL，MPI，UKMOH
		−8.6%~3.6%（灌溉）	
夏玉米	2050	−11.6%~−0.7%（雨养）	
		−11.6%~0.7%（灌溉）	
		−15%~−22%（雨养）	CERES Wheat+ PRECIS
		−1%~−11%（灌溉）	
水稻	2050	−8.0%~−13.7%	ORIZA2000+GFDL，MPI，UKMOH
	2056	−27%~1%	CERES Rice+ HadCM2，ECHAM4

若其他条件不变，未来气候变化对流域内主要作物的影响主要表现在：

（1）CO₂ 浓度升高，将促进小麦根、茎、叶的生长，提高小麦光合作用和氮素的吸收与利用，缩短小麦生育期，其影响的正面效应高于负面效应，有利于小麦干物质积累和产量提高。但全球 CO₂ 浓度升高，会带来温度、降水等其他气象因子的变化，必须加以综合分析。小麦属于喜凉作物，当最高气温超过 32 ℃后，小麦产量显著降低、品质变劣。相关研究表明，对于冬小麦，秋、冬季适度增温，有利于小麦产量提高，春季增温则相反，升温愈高，减产愈多。光照强度与小麦产量形成有重要的相关性。气候变化背景下，太阳辐射逐渐减少时，弱光将降低小麦的干物质积累和籽粒产量；此外，弱光对小麦穗粒数的影响也较为明显，尤其是挑旗孕穗期，弱光将显著降低小麦的穗粒数。

（2）随着 CO_2 浓度和温度的升高，灌溉区玉米单产呈现波动下降的趋势。当气温增幅约在 2.8 ℃以内时，玉米单产表现为增加，增幅在 20%以内，最高增幅出现在增温约 2.5 ℃ CO_2 含量百万分之 480 时。若气温增幅超过 2.8 ℃，玉米出现减产，减产幅度随着温度升高而增大。因此，一定范围内的增温对提高玉米单产是有利的，但气温增幅过大则不利于玉米生产，且 CO_2 的肥效作用也抵消不了因温度增幅过大引起的危害。

（3）气候变化对黄河流域棉区的影响主要为积温升高，使该地区的棉花发棵提前、伏桃比例升高、霜前花增多。此外，全球温室化引起的温度和水分分布的不均衡，将进一步导致该地区棉花产量的年际间差异增大，并有可能产生严重的春旱、夏旱或夏涝，对该棉区灌排系统的要求将进一步提高。因此，温室化效应加剧，将增加黄河流域棉区的棉花产量和品质的不稳定性，对不同年份的影响将可能存在极大差异。

7.3.4 对病虫害的可能影响

气候变化引起的气温升高、降水波动、相对湿度增加等，可能使黄河流域内病虫害进一步加剧。气候变暖，导致一些农业病虫基数增加、越冬死亡率降低，部分虫害首次出现期、迁飞期及种群高发期提前，一些病虫害的生长季节延长，繁殖代数增加，一年中的危害时间延长，作物受害进一步加剧。据分析，气温升高后，许多病虫害的流行危害将加剧 10%~20%。气候变化会扩大一部分病虫害的地理分布，造成病虫害越界北移。目前在流域内出现较少的病虫害，可能会在数量、发生面积上有所增加；尚未出现过的病虫害，也可能会光顾。

以蚜虫、吸浆虫、白粉病、赤霉病、纹枯病等为主的小麦害虫严重发生的可能性较大，尤其对麦蚜的发生与危害应引起特别注意。以稻飞虱、白背飞虱、稻纵卷叶螟等为主的水稻病虫害，在虫源基数高和气候条件适宜的情况下，具有大发生和特大发生的可能，宁夏引黄灌区在水稻生产中要对上述虫害足够重视。同时，气候变化加剧了病虫害防治的难度，使得农田农药的施用量增加，且对作物产生严重危害。

7.3.5 对作物品质的可能影响

作物品质的形成是品种遗传特性和环境条件综合作用的结果，在一定遗传基础上，环境条件至关重要。未来大气中 CO_2 浓度增加，将对植物的生长和品质产生直接或间接的影响。在 CO_2 浓度加倍条件下，大豆、冬小麦和玉米的氨基酸和粗蛋白含量均呈下降趋势。高 CO_2 浓度不利于提高作物品质，而水分胁迫可以提高作物籽粒的粗蛋白含量，有利于提高籽粒品质，但高 CO_2 浓度限制了水分胁迫。CO_2 浓度升高对品质的影响因作物品种而异。如水稻籽粒直链淀粉含量（决定蒸煮品质的一个主要因素）将随 CO_2 浓度升高而增加，对人体营养很重要的 Fe 和 Zn 元素则随 CO 浓度的升高而下降。温度和 CO_2 浓度均增加时，水稻籽粒蛋白含量降低，玉米籽粒氨基酸、直链淀粉、粗蛋白、粗纤维以及总糖含量均呈下降趋势，冬小麦籽粒粗淀粉含量可能增加，而蛋白质和赖氨酸含量却有下降趋势。

气温变化引起的作物生育期变化，也将对品质产生影响。例如冬小麦返青期的提前，利于冬小麦早发快长，为后期营养物质积累提供了时间上的主动；但高温加速小麦生长，缩短了春化作用的时间，加快了小麦的幼穗分化过程，无效分蘖增加，从而使干物质分配受到影响，进而影响品质。也有部分研究表明，CO_2 浓度增加，可使黄河流域内一部分作物的株高增加，经济产量和生物量增加明显，尤其对酿酒葡萄等喜温和喜热作物生长发育提供了更充足和更有利的热量资源，对这些作物的品质提高有利。经试验资料计算，当日照时间、气温日较差、光温积（气温与日照时数的乘积）分别增加 10 h、1 ℃、100 ℃·h 时，酿酒葡萄的含糖量分别增加 0.56% ~0.71%、0.24% ~0.30% 和 0.24% ~0.30%。

7.4 气候变化对特色农业的可能影响

7.4.1 灌区农业

黄河中上游两岸的平原、高原地区，因农业灌溉发达，又称河套灌区。河套灌区地处中纬度大陆深处，远离海洋，地势较高，属中温带大陆性季风气候，冬寒夏炎，四季分明，降水少，温差大，日照足，蒸发强，春秋短促，冬季漫长，无霜期短，风沙天多，雨热同季，灾害频繁，引黄灌溉对发展灌区农业生产和改善农业生态环境起到了重要作用。主要农作物有春小麦、春玉米、向日葵，占农作物播种面积的71.13%，甜菜、蜜瓜等是灌区重要的经济作物。

河套灌区气候变化趋势与整个流域变化趋势基本一致，年平均气温升高，冬季增温幅度最大。受气候变化影响，农耕期的热量资源增加，灌区内适宜种植喜温作物的范围扩大，在水资源可承受的条件下，有利于扩大喜温作物的种植。另外，气候变暖使作物生长期延长，由于春播期也较过去提前，种植制度也将发生变化。作物品种的熟性由早熟向中晚熟发展，单产增加；多熟制向北推移，复种指数提高。

气候变化也给灌区农业发展带来一定负面影响。受气温上升、相对湿度下降、部分区域降水量减少等因素的共同影响，作物需水量明显增大，灌区主要作物冬小麦、玉米、棉花和油菜生育期需水量均呈明显上升趋势。据统计，油菜需水量递增速率最快，其次为冬小麦的，而玉米和棉花需水量递增速率相对较小。作物需水量的增加，进一步为引黄灌溉带来压力。降水量季节性变化更加明显，降水集中更易形成灾害。如 1997 年、1998 年，降水量比历年均值明显偏高。其中，1997 年 8 月，仅两次降水量就达 147mm，超过常年全年的雨量，造成作物倒伏、农田受淹；1998 年 5 月 20 日，灌区降水量达 76mm，超过常年半年的雨量，加上前期刚浇过水，许多农田受淹，才出土的幼苗受害。极端气候事件增多，农业气候资源波动加剧，使气候变化对灌区农业生产影响的不确定性增加。

7.4.2　宁夏水稻

黄河流域宁夏段光照充足，土质肥沃，灌溉便利，具有发展水稻的有利条件，而且水稻是宁夏地区产量最高的粮食作物，种植水稻已经成为当地农民增收的亮点。此外，水稻田是一种人工湿地，堪称地球之肾，对维持整个流域的生态系统具有十分重要、不可替代的作用。

自 20 世纪 50 年代初以来，宁夏水稻面积的发展和单产的提高都高于全国平均水平。宁夏水稻单产由 20 世纪 50 年代初的 2 250 kg/hm^2 左右提高到 21 世纪初的 7 500 kg/hm^2，这不仅是因为品种的多次更新和栽培技术的极大改进，气候变暖带来的有利条件也是重要因素。气候变暖，降低了水稻对温度变化的敏感性，为高产品种的引进创造了条件，水稻单产变率减小，保证了水稻的高产稳产。研究证明，对于宁夏引黄灌区，气候变暖对水稻单产的贡献为 2.51%。宁夏水稻冷害指数与水稻气象产量呈显著负相关。随着气候变暖，近年来水稻低温冷害的概率在逐步减小，特别是 1994 年以来，除中卫站外，仅个别站点在个别年份出现冷害，这也是宁夏水稻产量不断提高的原因之一。但是，在气候变暖的情况下，随着偏晚熟水稻品种的大面积推广，低温冷害的发生强度并不一定会减小，在同等低温冷害年景条件下，造成的减产损失可能加大。

据研究者推测，大气 CO_2 浓度的升高对水稻生产有利有弊，但气温升高，尤其是夜间气温增加，对水稻产量极为不利。夜间气温变高，迫使水稻代谢功能所需的能量增加。水稻生长期间，平均夜间最低温度每增高 1℃，水稻产量将下降 10%。同时，受气候变暖的影响，宁夏水稻灌溉需水量可能进一步增大，将加大引黄灌溉的压力。

7.4.3 特色经济作物

（1）向日葵。向日葵是河套地区种植面积最大的油料作物。近年来，河套地区向日葵种植面积已达 10 万公顷以上，已成为具有区域特色的农业主导产业和支柱产业。向日葵是喜温作物，又是耐寒作物，它对不同气候条件有很好的适应性，因此，从热带到温带的广大地区都能种植。由于河套灌区气候冷凉，一般来说，向日葵只能春播，最晚要在 6 月 20 日的夏初前播种。

向日葵种子对温度的反应比较敏感。增温将促进向日葵种子加速萌发，≥5℃温度是向日葵生长的基本条件。随着日平均气温的升高、积温增加和无霜期的延长，向日葵可播种时间跨度及生长期均延长。向日葵生长对温度和日照有特殊要求，一般要求较高的温度和短日照，尤其是在稳定生长期（三对真叶—互生叶），要求气温 20～22℃。气候变化引起的辐射量减小对向日葵影响不大，因此，向日葵是对气候变化适应较好的一种作物。需要指出的是，虽然影响向日葵生长的霜冻灾害整体呈减弱趋势，但由于霜冻结束日期的变化与气温变化趋势不同，因此，河套地区向日葵遭受霜冻灾害的风险仍然较大。

（2）河套蜜瓜。河套蜜瓜又名"华莱士"，是内蒙古地区久享盛名的特产，并以其特高的甜度和浓郁芳香的风味驰名区内外。蜜瓜属葫芦科甜瓜属作物。在高温、干旱和光照充足及疏松、透气性好的沙土和沙壤土的环境条件下，生长良好，且甜度高、香度浓。蜜瓜是喜温作物。种子发芽的温度为 10℃，遇 0℃的低温即可受冻致死。适宜生长的温度为 20~30℃。坐瓜成熟期还要求较大的温差。蜜瓜还是一种较为耐旱的作物。受气候变化影响，5 月平均气温以及最低气温升高，霜冻发生的概率减小，有利于蜜瓜种植范围进一步扩大，无霜期延长有利于延长作物生长期。但气温日较差的降低，则对蜜瓜品质形成不利。当白天温度较高时，植株光合作用旺盛，但夜间最低气温相应升高，不利于呼吸强度的充分减弱，对于糖分增长和积累不利。日照时间的缩短也导致光合强度降低，对蜜瓜产量和糖分增长均有一定影响。

（3）陕西苹果。当前黄河流域陕西段以苹果为主的果业已成为农村经济发展最快、效益最好的产业之一。统计发现，影响陕西省苹果产量和质量的关键时期，多年平均气温在 12.4～13.6℃之间，已经超出了世界苹果高产优质区的平均温度（8.5～12.5℃）。增温，将进一步拉大与适宜温度之间的差距。果树在旺盛生长季节和果实成熟期间（6~8 月），夜温低、气温日较差大，可提高果实含糖量，有利于着色。目前大部分苹果主产区夜温尚在适宜范围内，但进一步增温则对苹果糖分积累有影响。冬季是多年生果树休眠期，正常及偏冷年份的冬季，果树自然休眠期长，发芽期晚。如遇"暖冬"，果树自然休眠期短，苹果芽萌动、膨大、开花期等一系列物候活动均提前。

2000 年以后，受暖冬气候影响，红富士苹果开花期较 20 世纪 80 年代中期提前约 20 日。春季气温升高，也可能促使苹果树开花期提前，极大增加了苹果开花期遭受冻害的概率。礼泉红富士苹果 20 世纪 80 年代中期的初花期、盛花期分别是 4 月 23 日和 4 月 26 日，而 2001~2009 年平均初花、盛花日期则提前到是 4 月 1 日和 4 月 6 日。

气候变化带来的高温热害，将影响果品商品率的提高。一般高温热害多发生在果实膨大期，干旱和高温将阻碍营养物质的合成和吸收，使得果实生长缓慢，且易造成"日灼"现象，使得果实小而果皮厚。高温还可使果树光合作用受阻或停止，造成缩果、落果等，对苹果产量、品质，尤其是商品率造成严重影响。2000 年以来，黄河流域陕西段高温热害有加重发展的趋势。高温热害和大气或土壤干旱叠加，加重了高温热害的危害程度。2002 年 7 月 9~21 日，咸阳地区出现了≥35℃的持续高温天气，日最高气温>35℃的日数达 8~15 天，部分县（区）最高气温达 39 ℃及以上，当年苹果果实普遍较常年的小，且灼伤严重。据调查，未套袋苹果灼伤率达 10% 左右，套劣质膜袋灼伤率达 13% 左右。另外在苹果开花期，当日最高气温达 25℃以上且持续 1 h 以上时，容易造成苹果"穿花"，导致苹果坐果率降低，严重时整树不结果。

苹果生长期间，适宜的空气湿度（60%~70%）能促进同化作用，并对果实品质、病害的发生产生影响。研究发现，渭北西部果区相对温度较适宜范围偏高 1%~4%，陕北北部和黄河沿岸部分地区的较适应范围偏低 1%~4%。随着气候变化引起的夏季相对湿度的上升，渭北西部、关中西部果区相对湿度将回到适宜范围，但渭北西部的相对湿度仍较适宜范围高 3%。若空气相对湿度偏小，则造成花期缩短，并影响授粉受精。

苹果种植区年降水量为 500~800mm，最适宜苹果生长。与 1971~2000 年平均值相比，2001 年以来渭北东部及陕北黄河沿岸降水量偏少，整体对苹果生长不利。若春季发生干旱，会造成果树延迟萌芽或萌芽不整齐，常常引起落花、落果。

7.5 农业适应气候变化的对策和建议

7.5.1 重视农业生态环境保护

应对气候变化，应首先将黄河流域的农业生态环境保护放在首要位置。农业生产不仅可以满足整个流域内的农产品供给，更具有极重要的生态保护作用，重视农业生态环境的保护是应对气候变化的根本。

首先要制定不同尺度的农业生态规划，将农业水土资源的保持始终放在首位。中上游地区应注意农业开垦与林草保护的平衡协调发展，发展和建立多样性的农业生态系统，采用一系列的保护耕地措施，并注重加强水土保持和林、水源涵养林及农田防护林建设,增加植被覆盖度。近年来,黄河流域内部分省份已开始积极应对气候变化对农业生态环境的影响。如甘肃省针对定西半干旱黄土沟壑区水土流失严重、植被恢复困难和人居环境恶劣等生态问题,研发了治理荒坡的乔灌草空间配置建植、退化人工林更新改造、退化耕地人工草地可持续经营等技术,为改善区域人居环境,建立人与自然和谐的生态环境提供支撑。

中下游地区同时还要注重农业环境污染的防治,合理治理农业病虫草害,不盲目和滥用化学品。提高秸秆回收、利用效率,减少和杜绝秸秆焚烧。采取各种措施逐步解决土壤养分流失、土壤盐渍化等一系列农业生态问题。

7.5.2　调整农业种植结构和管理模式

把适应气候变化作为黄河流域内应对气候变化的优先战略,将促进农业生产和保护流域内生态环境,作为应对气候变化的首要任务。根据气候变化的规律,尽快研究和科学规划流域内农业生产格局,挖掘粮食生产最大潜能,调配粮食生产最优资源,避开或减轻不利因素的影响,同时重视对有利因素的利用。

由于冬季气温升高,降水量增多,冬季农业气候资源更加丰富,适宜种植的作物品种更加多样,作物越冬更为安全,可在考虑作物灾害风险的同时,适当扩大喜温作物的播种面积,增加蔬菜、林果等特色经济作物等,增加设施农业面积,提高复种指数。如中上游地区可利用热量资源增多的优势,发展优质产品和特色农业;西部光热资源充足且温差大,可考虑增加棉花、优质瓜果的生产;河西走廊夏季冷凉干燥,适宜进一步发展夏季淡季蔬菜生产。大宗作物种植区,要积极研究与当地气候及气候变化趋势相适应的综合栽培技术,包括传统的管理、栽培以及生物技术等;下游平原冬麦区可适当调整冬小麦播种日期,或通过改变播种量、调整不同属性品种种植区域等方式,提高农业对气候资源的利用水平和防御气象灾害的技术水平。

7.5.3　继续强化农业基础设施建设

改善农业生产基本条件,是黄河流域农业应对气候变化的一项长期战略任务。随着流域内气温升高,农业干旱频发,引黄灌溉的需求量将进一步增大,将给黄河流域水资源合理分配和利用造成巨大压力。建立以节水为中心的农业体系,旱地节水技术设施的完善及装备水平的提高,蓄水、节水技术体系的建立与普及,是生态农业建设的重要内容。建设渠道防渗工程,采用秸秆还田、地表覆盖等减少蒸发,改变传统灌溉方式,提高水分利用率;同时,强化高标准基本农田建设,将为黄河促进雨养农业发展起到重要作用。

第八章 气候变化对黄河流域自然生态系统的影响与适应对策

越来越多的观测证据表明，近期的气候变化已经强烈影响着黄河流域的自然生态系统。由于全球气候变暖和人类活动的影响，黄河流域出现了湖泊湿地萎缩、冰川退缩、冻土退化、水土流失、植被退化和生物多样性减少等一系列生态环境恶化问题。尤其黄河源头地区生态环境的恶化，还间接地影响到黄河流域中下游地区的生态、社会和经济的建设和发展。如三角洲湿地环境受到不同程度的污染，黄土高原的水土流失也十分严重。近年来，由于降水量的增加和蒸发量的减少，加之一系列生态保护与建设工程的实施，黄河流域生态环境恶化的趋势趋于缓和。研究结果表明，如果未来气候变化的速度进一步加快，将继续对黄河流域自然生态系统产生重要影响，尤其是对农牧业生产、水资源供需、草地生态系统、沿海地带的影响较为显著，而且这些影响以负面为主，某些影响可能是不可逆的。通过适应措施和行动，可以减轻部分或大部分不利影响，也是促进可持续发展的重要手段。

8.1 自然生态系统特点

生态系统的稳定与良性发展，是河流健康的主要标志。维持和恢复黄河流域生态系统的健康，是实现黄河健康的前提和基础。随着流域人口的增加和经济社会的快速发展，黄河流域生态系统已经受到自然和人为等多种形式的干扰，黄河承载压力日益增大，以源头生态环境恶化为标志，流域生态系统呈现出整体恶化的趋势。黄河跨越高原、山地、丘陵、平原多种地形地貌类型，流域生态系统类型多样，不同河段及区域的生态系统特征也不同（表8.1）。从流域水文特征看，上游降水历时长、强度小，形成的洪水径流峰低量大；中游降水历时短、强度大，形成的洪水径流峰高量小、陡涨陡落，为暴雨洪水，危害较大。自然植被分布受海洋季风影响，自东南向西北依次出现森林草原、干草原和荒漠草原三种植被类型地带。影响流域特征的生态因子主要有地形地势、气候、土壤、水文、生物等。

表8.1　黄河流域各生态区和生态亚区主要生态特征

生态区	生态亚区	位置	主要生态特征	生态重要性
黄河上游	黄河河源区	约古宗列盆地,玛多以上河源区	高原气候区,气候寒冷,干燥,降水偏少,河谷宽阔,河流湖泊众多	极重要区
	高原河谷区	山间河谷地段	高原气候区,气候寒冷,干燥,山势陡峭,河道狭窄	较重要区
	河套平原区	宁夏中卫至内蒙古托克托,长750km	宁蒙半干旱区,海拔900~1 200m,气候较干燥,蒸发量较大,是全流域降水量最少的地区,河道宽50km	极重要区
	鄂尔多斯高原		黄河上游干旱区,海拔100~1 400m,面积42 200km²,为风沙地貌发育的方形台状干燥剥蚀高原,高原内盐碱湖泊众多,降水汇于湖中	极重要区
黄河中游	黄土高原	北起长城,南到秦岭,东至太行山	半干旱区,气候较干燥,蒸发量较大,海拔1 000~2 000m,黄土塬、梁、峁、沟是其地貌主体,土质疏构,植被稀少,水土流失严重	极重要区
	汾渭盆地	太原盆地、运城盆地、关中盆地	海拔500~1 000m,盆地最宽处40km,具有丰富的地下水和山泉河,土壤肥沃,物产丰富	极重要区
	崤山、熊耳山、太行山山区		海拔多在1 000m以上,是黄河、长江、淮河的分水岭,太行山是黄河流域与海河流域的分水岭,也是华北地区的一条重要自然地理分界线	较重要区
黄河下游	下游冲积平原区	黄淮海冲积平原	地势平坦、河道宽阔,泥沙淤积较重,河道高于周围的平原,为著名的地上"悬河"	较重要区
	鲁中丘陵区	泰山、鲁山和沂蒙山丘陵区	海拔400~1 000m,是黄河下游的右岸屏障,山间分布有莱芜,新泰等大小不等的盆地平原	重要区
	河口三角洲	利津县的宁海	由近代泥沙淤积而成,地域广阔,地势平坦,物种多样性指数高,海水、淡水相接,为著名的生态交错区	极重要区

　　黄河的突出特点是"水少沙多"。全河多年平均天然径流量580亿 m³,仅占全国河川径流量的2%,居我国七大江河的第四位,小于长江、珠江、松花江的天然径流

量。黄河三门峡站多年平均输沙量约 16 亿吨，平均含沙量 35 kg/m³，在大江大河中名列第一。最大年输沙量 339.1 亿吨（1933 年），最高含沙量 9 205 kg/m³（1977 年）。黄河水、沙的来源地区不同。水量主要来自兰州以上、秦岭北及洛河、沁河地区，泥沙主要来自河口镇至龙门区间、泾河、北洛河及渭河上游地区。

青海省玛多以上属河源段，源区共有湖泊 5 300 多个，湖水总面积 1 270.77 km²，多分布在干支流附近和低洼平坦的沼泽地带，其特点是湖泊小，密度大，尤以星宿海最为密集。河段内的扎陵湖、鄂陵湖，海拔都在 4 260 m 以上，蓄水量分别为 47 亿 m³ 和 108 亿 m³，是我国最大的高原淡水湖。植被是特定自然环境中各种生态因素相互作用的综合反映。黄河源区的植被类型主要有高寒草原、高寒草甸和高山冰缘稀疏植被。区内生息着藏野驴、藏牦牛和藏羚羊等珍稀动物。

黄河中游的黄土高原，水土流失极为严重，是黄河泥沙的主要来源地区。在全河 16 亿吨泥沙中，有 9 亿吨左右来自河口镇至龙门区间，占全河来沙量的 56%，有 5.5 亿吨来自龙门至三门峡区间，占全河来沙量 34%。黄河中游的泥沙，年内分配十分集中，80% 以上的泥沙集中在汛期；年际变化悬殊，最大年输沙量为最小年输沙量的 13 倍。严重的水土流失和风沙危害，使脆弱的生态环境继续恶化，阻碍当地社会和经济的发展，而且大量泥沙输入黄河，淤高下游河床，也是黄河下游水患严重而又难于治理的症结所在。

8.2 观测到的气候变化对自然生态系统的影响

8.2.1 对湖泊湿地的影响

8.2.1.1 湖泊干涸

黄河源区是黄河重要的水分涵养地和生态屏障，广阔的水域源区面积是黄河来水的重要保证。但是 20 世纪 70 年代以来，由于气候变化和人为不合理的水资源利用，区内河流湖泊出现程度不同的萎缩甚至干涸，水体面积不断减小。根据王根绪等人的研究，黄河源区水域面积减小幅度 20 世纪 70~80 年代为 0.54%，80~90 年代递增为 9.25%。2000 年的 TM 影像解译数据显示，区内水体面积（河流、湖泊、水库）为 2 474 km²，水域萎缩后形成的干裸地、沙地和盐渍地 441 km²。

黄河源区气温升高、降水减少和蒸发增大的气候干旱化趋势，一度造成了该地区湖泊水位的下降乃至众多湖泊的消失。晚更新世以来黄河源区的扎陵湖、鄂陵湖就不断萎缩，20 世纪 90 年代这一现象有不断发展和加剧的趋势。20 世纪 70 年代末的调查表明，鄂陵湖 1952~1978 年间湖水面下降近 60 cm，平均每年下降 2.3 cm。1996 年，鄂陵湖和扎陵湖之间首次出现断流，湖水位下降 2 m。素有"千湖之县"美称的黄河第一县——玛多县，全县境内 4077 个湖泊中约有 2 000 多个小湖已经干枯，有些湖泊咸化，如玛多县城至扎陵乡之间的河谷平原的残留湖有许多已干枯，新公路可直接穿过干湖中心。现存湖泊一般水位垂直下降 2~3m，湖面直径萎缩 30 m 左右。据玛多县水文站资料，1993 年鄂陵湖出水口最低水位为海拔 4 268.12 m，相应流量为 7.80 m³/s，1999 年 5 月 24 日测得相应流量为 2.71 m³/s，水位下降至海拔 4 267.79 m。因扎陵湖和鄂陵湖水位下降高在周边形成的裸露沙地超过 300 km²。水域面积的减小，不但影响水体周边的生态环境，而且使得地下水的补给量减少，造成地下水位的持续下降。自 20 世纪 80 年代以来，区内的地下水位普遍下降了 7~8 m，局部地区超过 10 m。2003 年以来，随着降水量的增加，黄河源区湖泊呈现出扩张趋势，2005~2008 年扎陵湖、鄂陵湖湖泊面积平均值较 2003~2004 年平均值呈明显增大趋势，分别增大 34.05 km² 和 46.32 km²。2005 年后湖泊水位也呈上升趋势。

8.2.1.2 沼泽湿地萎缩

湿地是各种主要温室气体的"源"与"汇"，在全球气候变化中有着特殊的地位与作用。气候变暖对我国湿地生态系统的面积和分布、结构和功能、温室气体源汇转化等方面产生了极大的影响。许多依赖湿地生态系统的珍稀物种的消失。虽然主要原因是人为影响，但气候变化也是一个重要因素。

随着湖泊的萎缩和干涸，黄河源区湿地的萎缩也十分明显。许多湿地在萎缩干涸以后，沼泽泥潭裸露，形成次生裸地或荒漠化土地。伴随湿地萎缩，湿地生物多样性大大减少。1961~2010 年，黄河源区大部分冰川和高山积雪逐年萎缩，加之降水量减少，直接影响到高原湿地的水源补给，引起泥潭沼泽地干燥并裸露，导致沼泽低湿草甸植被向中、旱生高寒植被演变，植被生物量减少，湿地功能下降。20 世纪 80 年代初，黄河源区沼泽类湿地面积为 38.9 万公顷，90 年代末减少到 32.5 万公顷，而 1990~2004 年间减少尤为显著，减少了近 2 万公顷，平均每年减少约 0.4 万公顷。随着沼泽湿地的退化，沼泽湿地边缘中、旱生植物种类逐渐侵入，植物群落类型向草甸化的方向演替。21 世纪以来，黄河上游地区湿地退化趋势逐步得到遏制。2003~2006 年黄河源区湖泊类湿地面积和湖泊数量持续增长，其中湿地面积由 2003 年的 1 462.94 公顷增大为 2006 年的 1 594.79 公顷，湖泊数量由 2003 年的 71 个增加到 2006 年的 162 个（图8.1）。

黄河三角洲也是黄河流域湿地主要的集中地，总面积为 747139.4 公顷。其中，浅海湿地面积最大，占湿地总面积的 41.2%，滩涂（海涂、河涂）湿地面积居第二位，占湿地总面积的 24.6%。黄河三角洲湿地环境受到不同程度的污染，浅海湿地有潜在富营养化的危险。地下水埋深是影响黄河三角洲植被分布的最重要的环境要素。造成

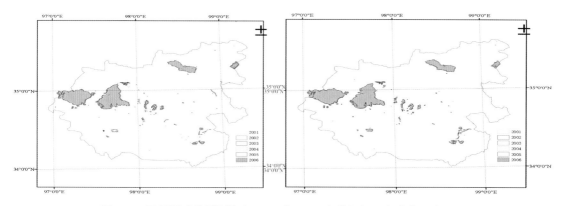

图 8.1　卫星遥感监测图像中 2003 和 2006 年黄河源区湖泊类湿地面积

三角洲生态退化的主要原因，是补给区缺乏淡水补充、过渡区土壤盐渍化及排泄区海水入侵。黄河三角洲生态脆弱程度大多处于一般脆弱到中度脆弱之间，人类活动是决定脆弱性稳定与否的主要因素之一，淡水资源对于黄河三角洲区域生态脆弱程度起着至关重要的作用。

在全球变化和人类活动日益影响下，黄河三角洲景观演变过程加快（图8.2），呈现出极不稳定性，主要表现在海岸线动荡变化、湿地景观格局和土地利用变化频繁。1992 年后，尤其是近年来，泥沙供应大量减少，海陆作用力对比变化，除新河口泥沙在有限范围内堆积造陆外，黄河三角洲沿岸大范围内普遍表现为蚀退。

利用遥感和地理信息系统技术对黄河三角洲林地植被、草甸植被、湿地面积进行动态监测。结果表明，黄河三角洲植被覆盖面积逐年增加，河流湿地面积呈减小趋势，水库、虾池、滩涂湿地面积明显增加。土地利用变化迅速而复杂，水资源条件和人类活动是区域土地利用最主要的驱动要素。土壤水分和盐分的交互作用是影响黄河三角洲植被环境的决定性要素。黄三角地区绿色空间土地利用变化显著，水体面积明显增加，湿地和草地面积显著减少，农田、林地面积略增，未利用地面积略减。绿色空间单项生态服务价值功能重要性评价结果表明，黄河三角洲地区单项生态服务价值以湿地、农田和水体占主要地位。

8.2.2　对冰川冻土的影响

8.2.2.1　冻土退化

黄河源区属于多年冻土区，区内大片连续冻土、岛状冻土和季节性冻土并存。冻土对径流的形成和植被都有很重要的影响。一方面冻土的消融可以为径流提供水量；另一方面冻土的存在，可以阻止降水的下渗，截断了降水与地下水的转化，使一次的径流过程集中而短暂。另外，冻土的存在对地下水补给径流的能力有负面影响。源区

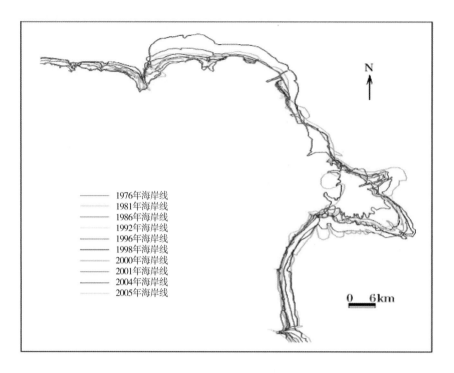

图 8.2　1976~2005 年黄河三角洲海岸线变迁图

大面积的湖泊、高山草甸型沼泽和河流滩地，对降水补给径流起着滞留调节作用，对稳定径流的年内分配起到了显著作用。冻土对植被的影响主要表现在两个方面：一方面多年冻土层能有效防止地表水和土壤水分的下渗，增加植物根区的水分含量；另一方面，表层土壤中淋滤的有机物集中在冻土层上，从而增加植物根区的养分含量。因而，冻土环境的退化，直接或间接地对源区的径流形成和植被演替，产生很大的负面影响。

自 20 世纪 50 年代以来，特别是 70 年代以后，随着全球气候变暖，黄河源区的冻土出现强烈退化现象。青海省气温变化幅度约为每 10 年上升 0.37℃。黄河源区气温变化幅度与此相当。很多观测结果已经显示，气候变暖已经影响到了上层冻土的温度，60 年代末到 90 年代末冻土层上层（0~20 cm）温度平均上升了 0.2~0.3 ℃。1961~2010 年黄河上游流域平均最大冻土深度和 0 cm 平均地温分别以每 10 年 2.92 cm、0.33℃的速率减小和升高（图 8.3），呈现出冻土温度显著上升、冻土冻结厚度明显变薄的变化趋势。冻土退化还表现在冻结厚度下降、冻结日数缩短以及冻土下界上升、上限下降等方面，特别是在多年冻土边缘不衔接或岛状冻土区发生比较明显的退化，这种现象在 20 世纪 80 年代后的快速升温过程中大量出现。土壤温度的升高，导致冻融侵蚀面积扩大、季节性冻土层减薄和多年冻土消失。土壤表层温度和湿度的变化，是许多生物过程的直接驱动力。冻土的退化，导致植物根区湿度降低、沼泽干枯、土壤物化性质改变、高寒草甸和湿地退化，最终导致植被类型演替。有研究表明，源区冻土的退化，使冻土层上水径流明显下降，冻土层水径流补给降低，已对黄河干流的径流补给产生很大影响。尤为重要的是，冻土退化使冻土层所具有的保护植被、适应严寒干旱生境的的功能丧失，从而加速了高寒草场的退化和地表水资源的减少，引发出更多的冻土区工程地质问题。

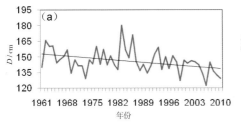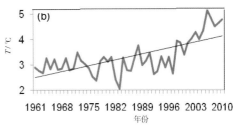

图 8.3　1961~2010 年黄河上游平均最大冻土深度（a）及平均 0cm 地温；（b）
变化曲线

8.2.2.2　冰川萎缩

水是西部生态环境可持续发展的决定性因素。作为黄河源区一种重要的水资源，冰川融水虽不是黄河干流径流补给的主要来源，对黄河河流水量的丰枯变化不起决定作用，但冰川的存在却对区域生态环境的平衡与稳定起着至关重要的作用。自小冰期以来，特别是 20 世纪以来，随着气候的逐渐变暖，全球冰川在波动中呈稳定、持续后退的总趋势，位于中低纬度的中国山地冰川中的绝大多数也一直处于退缩状态。气候显著变暖已引起黄河源区内冰川发生全面退缩和加速消融，特别是进入 20 世纪 90 年代后期，退缩速度明显加快。黄河源区现有冰川面积为 110 km²，其中约有 95% 以上分布在阿尼玛卿山区。研究认为，小冰期最盛期，阿尼玛卿山区冰川面积为 147.8 km²，1966 年为 125.5 km²，1966~2000 年间区内 58 条冰川除 3 条前进和 2 条没有明显变化外，其余的普遍处于退缩状态，退缩幅度最大的耶和龙冰川，34 年向后退缩了 1950 m。2000 年冰川面积只有 103.8 km²，比 1966 年面积减少了 21.7 km²，缩减了 17%，冰川储量亏损 2.7 km²，相当于冰川水资源损失 23.9 亿 m³。1990~2002 年的 10 年间，个别地方雪线上升达 3.4 km。1990 年冰川北部尚存的一个较大冰舌，至 2000 年已完全消失。冰川的退缩和变化，不仅加剧了冰川源区水资源的短缺，而且直接影响到长江、黄河中下游地区的水资源量。

8.2.3　对生物多样性的影响

大量观测表明，20 世纪的气候变化已经对生物多样性产生了较为深刻的影响，许多物种行为和物候、分布和丰富度、种群大小等都已发生了改变。气候变化对生物多样性已经产生的影响，表现在对物种的物候和生长、藻类生长、植被迁徙及一些昆虫、两栖类、爬行类和鸟类的分布范围改变等方面。

黄河源区生态环境的恶化，使生物物种的生存条件也更加恶劣。生物物种的分布区域缩小，使生物的多样性受到严重威胁。在青藏高原隆起的过程中，该地区的物种也随之向高原迁移。黄河源区复杂的地形、地貌与气候的高度异质性，使该地的物种十分丰富。植被主要以耐低温、多年旱生草本和小灌木为主。黄河源区的湖泊、湿地众多，绿草种类多，营养好，适宜放牧。但由于气候原因，绿草生长季节短，长势差异大，人们的超载放牧也破坏了植被生长，使其数量明显减少，甚至灭亡。另外，区内地广人稀，地貌及植被类型多样，为野生动物的生存繁衍提供了丰富的食物资源和栖息环境，野生动物资源相对丰富。黄河源区许多物种为高原特有的珍稀物种，如野驴、藏牦牛、藏羚羊、岩羊、藏原羊、白唇鹿、雪貂等，鱼类也很丰富，许多鸟类也将此作为栖息地。近几十年气候变化引起生态环境退化，加之人类活动的影响加剧，使野生动植物生活环境明显恶化，分布区域显著缩小，生物资源、物种资源量急剧下降，趋于濒危。据 1995 年调查资料，保护区的藏羚羊总数为 5.0 万 ~ 7.5 万只，而 1999 年已减少到不足 2.0 万只，许多野生动物种目前已经濒临灭绝。目前，黄河源区已受到威胁的生物物种已占总数的 15.0% ~ 20.0%。

黄河三角洲湿地是典型的滨海河口湿地，重要的鸟类栖息地、繁殖地和中转站，具有典型的原生性、脆弱性、稀有性等。黄河三角洲湿地其生物资源丰富，有各种野生动物 1 543 种，种子植物 393 种，鸟类 283 种，其中属国家一级重点保护的鸟类有 9 种，属国家二级重点保护的鸟类有 41 种。近几十年来，受气候变化及过度捕捞等人类活动的共同影响，黄河三角洲湿地生态环境遭到破坏，生物资源急剧衰减。如内陆水域天然鱼类比 20 世纪 60 年代减少了 76%，浅海的带鱼、小黄鱼、娜蝶类、鳃类资源处于严重枯竭状态。黄河多年出现断流，1997 年断流时间最长，达 216 天。黄河多年断流，使黄河三角洲失去了维持本区水系和生态平衡的主导因素，影响到海洋生态系统和内陆湿地生态系统，威胁到生物多样性。近年来的调查发现，三角洲自然保护区管理局先后实施的一系列工程，使生态环境得到明显改善，为野生动植物特别是珍稀濒危鸟类提供了良好的栖息地和繁殖场所，区内鸟类种类和数量有所增加。

8.2.4 对草场的影响

黄河源区主要有水蚀、冻融侵蚀、盐渍化、沙漠化、植被退化五种土退化类型。2000 年 TM 影像的解译结果显示，黄河源区土地退化面积已达 31646.8 km^2，占源区总面积的 34.4%。其中沙漠化面积为 13434.8 km^2，植被退化 7636.5 km^2，水蚀 7101.7

km^2、冻融侵蚀 3084.5 km^2、盐渍化 389.3 km^2，分别占退化面积的 42.5%、24.1%、22.4%、9.8%和 1.2%。沙漠化主要发生在共和盆地和玛多、玛沁、曲麻莱等县的沙质地表上，其主要原因是过度放牧及农垦，包括三个过程：沙丘活化、流沙入侵和地表粗化。植被退化主要出现在山间谷地、高寒草甸和两湖（扎陵湖、鄂陵湖）周边的沼泽湿地地带，气候暖化和过度放牧是其主要原因。

随着气温升高，黄河源区牧草生育期大气干燥度指数和草场蒸散量迅速增加，草地干燥程度逐步升级，抗旱能力弱、对干旱反应敏感的牧草群体结构出现变化，平均密度减少，草场植被稀疏，覆盖度下降，草场退化加剧。高寒草甸年平均退化速率由 20 世纪 80 年代以前的 3.9%，上升到 90 年代的 7.6%；高寒草原年平均退化速率由 20 世纪 80 年代的 2.3%，上升到 90 年代的 4.6%。试验区退化草场面积曾一度达到全区可利用草场面积的 26.0%~46.0%，植被严重退化后形成的次生裸地面积约占全区可利用草场面积的 10.0%~20.0%；草地产草量明显下降，与 20 世纪 70 年代相比，平均草地产量下降了 20.0%~60.0%。黄河源区据国土资源部不完全统计，1999 年退化草地面积约 987 万公顷，占天然草地面积的 27.1%，占可利用草地面积的 31.2%，占全国草地退化面积的 11.3%，其中的 300 万公顷草地已退化成没有任何利用价值的"黑土滩"。20 世纪 90 年代以来，黄河源区草场退化的速度比 20 世纪 70 年代以前的加快了很多。原生生态景观破碎化，植被演替呈高寒草甸—退化高寒草甸—荒漠化地区的逆向演替趋势。21 世纪初，通过生态修复工程，局部环境得到了一定改善。2003 年以来，三江源地区草地覆盖度总体趋于好转，草地生产力提高。2005~2008 年各等级覆盖度草地面积平均值与 2003~2004 年平均值相比，中、高覆盖度草地面积开始增加，低覆盖度草地减少。

伴随着草场的退化，土地荒漠化、沙漠化的程度也在加快。根据专家对黄河源区卫星遥感照片的判读，荒漠化的年平均增长速率由 20 世纪 70~80 年代的 3.9%剧增至

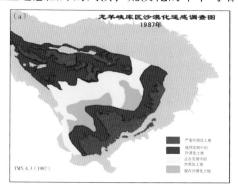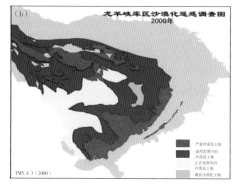

图 8.4　1987 年（a）、2000 年（b）龙羊峡库区沙漠化调查

90年代的20.0%。如1987年，位于黄河上游的龙羊峡库区沙化土地总面积为213 998.9 hm^2，其中严重沙漠化土地面积51 788.6 hm^2，占总沙化土地面的24.2%。2000年龙羊峡库区沙漠化土地面积达到229 219.5 hm^2，其中严重沙漠化土地面积增至59 558.1 hm^2，占总沙化土地面积的26%（图8.4）。目前黄河源区沙漠化土地面积达1 270 km^2，流动沙丘面积约占全区沙漠化土地面积的80.0%。草场退化和土地沙漠化的加剧，不仅破坏了黄河源区的生态景观，也加重了当地居民生活负担，使他们的生活更加艰难。近年来黄河源区主汛期降水增多，土壤水分得到有效补充，同时随着生态保护与建设工程的实施，源区主要沙区的土地沙化速率呈现出明显减缓的势头。对兴海沙丘监测结果表明，与2004~2007年平均相比，2008年沙丘高度降低0.1~1.0 m，沙丘水平移动速度自2006年以来呈平稳减小趋势。

8.2.5 对水土流失的影响

近年来，随着人口的增加和社会经济的发展，黄河源区的各种开发建设项目逐渐增多，如修建铁路、公路，建设水利水电工程，开发矿产资源等人为活动不同程度地破坏了部分优良草场和天然植被，从而加剧了水土流失，使本来就十分脆弱的生态环境日趋恶化。据国土资源部统计，2008年黄河源头区及上游地区的水土流失面积为7.5万公顷，占青海省全省水土流失面积的22.5%，占整个黄河流域水土流失面积的17.5%。黄河干流在青海省境内的平均含沙量已达1.8 kg/m^3，多年平均输沙量为8.814亿吨，年侵蚀4 000 t/km^2，侵蚀程度是全省最严重的地区，加上受风力、水力、冻融等侵蚀的土地面积，目前已达到33.4万公顷，占青海省土地总面积的46%。由此可看出，水土流失加重也是黄河源区的生态问题之一。近几十年来黄河源区暴雨次数和强度均显著增加，水蚀作用加强，加之过度放牧，造成大范围的水土流失。黄河源区水土流失面积一度达486万公顷，占黄河源区总面积的46.3%，侵蚀程度均在中度以上，黄河上游多年平均输沙量达2 332万吨。近年来黄河源区加快了水土流失防治步伐，加之大风日数和风速明显减少（风力对水土流失的作用力减小）、降水增多，使得植被退化趋势趋缓，对水土流失的发生发展起到了一定的遏制作用。随着三江源生态保护与建设工程的实施，自2005年至今三江源治理水土流失面积575.2 km。

黄河流域位于季风的尾闾区，干旱与半干旱范围大，降水不稳定，干旱、风沙频繁，天然草地与旱作农业生产能力低且不稳定。气候的干旱与降水不稳定、黄土及风沙物质的不稳定相结合，使得该区生态环境十分脆弱。由于自然条件恶劣和严重的水土流失，该区长度大于0.5 km的沟道有27万多条，每年输入黄河的泥沙达16亿吨；目前仍有447万公顷坡耕地，其中坡度25°以上的达46 hm^2，是水土流失的主要发源地。目前黄土高原地区林地面积仅为1 200万公顷，覆盖率远远低于全国18.83%的平均水平，草场退化面积已达 1 400 万公顷，占总面积的 22% 以上，且质量和功能日趋下降。黄河从青海龙羊峡到河南桃花峪区间，流域面积 64 万公顷，20 世纪 50 年代初期调查有水土流失面积 43 万公顷，多年平均年输入黄河的泥沙量达 16 亿吨。据 80 年代初期调查，水土流失区内年土壤侵蚀模数在 5 000 t/km^2 以上的共 15.6 万 km^2，侵蚀模数为 5 000～10 000 t/km^2 的有 7.9 万公顷，侵蚀模数 10 000 t/km^2 以上的有 7.7 万公顷，侵蚀严重的部位年土壤侵蚀模数高达 20 000 ～ 30 000t/km^2。严重的水土流失，不仅造成当地农业生产低而不稳，农民生活贫困，而且大量泥沙淤积下游河床，加大了黄河洪水危害，使黄河成为国家的"心腹之患"。据观测，坡耕地每年每公顷流失水量 450～900 m^3，流失土壤 75～150 吨；荒地每年每公顷流失水量 300～600 吨，流失土壤 60～90 吨。坡面流失的水汇集沟中，又加剧了沟蚀。近年来，黄土高原治理水土流失，生态环境有所改善，中国黄土高原水土保持取得显著成效，1995～2005 年累计治理水土流失面积 92 万公顷，每年累计减少水土流失 6 000 万吨。

8.2.6 对海岸带的影响

8.2.6.1 气候变化对海平面的影响

全球气候变暖造成的海水膨胀、极地冰盖和陆源冰川冰帽融化，是引起海平面上升的主要原因。除年际性变化之外，海平面还存在季节性波动，主要原因为受气温、海温、季风和海流等多种因素的影响。根据国家海洋局监测，近 30 年来我国沿海海平面平均上升速率为 2.6 mm/年，其中渤海和黄海海域海平面的上升速率分别为 2.3 mm/年、2.6 mm/年，均高于全球海平面上升速率（1.8 mm/年）。山东省沿海海平面上升速率总体呈现上升趋势，近年来海平面较常年高 71 mm 以上，其中 2004 年较常年高 94 mm。海岸带更多的面临着气候变化和海平面上升带来的风险，海岸带地区日益增加的人类活动将加剧上述影响。

随着全球变暖，海岸带的生态与环境也在变化之中，代表着海洋生态群落的海岸湿地、珊瑚礁和红树林均受到气候变化影响。海南湿地损失、红树林减少已被列为海平面上升和人类发展共同作用的直接后果，并加剧了海岸带洪水的灾害损失。海平面上升是一种长期的、缓变的过程。监测表明，海平面上升在我国沿海地区已引起一系列环境效应和灾害：海平面上升直接导致潮位升高，风暴潮致灾程度增强，海水入侵距离和面积加大，滩涂损失加剧，加大洪涝灾害的威胁；海平面上升使潮差和波高增大，加重了海岸侵蚀的强度；海平面上升和淡水资源短缺的共同作用，加剧了河口区的咸潮入侵程度；降低了沿岸工程防洪设施的防御能力，影响了沿海城市排水和供水系统。

8.2.6.2　海平面上升对环境的影响

海平面上升对环境的影响主要表现如下：一是海平面上升导致海岸侵蚀加重。截至 2008 年，山东沿海地区的海岸侵蚀长度达到 1211 km。随着海平面上升因素所占比重的增加，海岸侵蚀范围将不断扩大，若干目前相对稳定的岸段将陆续发展成侵蚀海岸。黄河断流，加之海面上升，风暴潮增多，由松散泥沙堆积的三角洲海岸抗蚀力低，使得黄河三角洲海岸侵蚀更加剧烈。二是海平面上升使海水入侵与土壤盐渍化加重。据统计，莱州湾海水入侵面积已达 2 500 公顷，其中莱州湾东南岸入侵面积约 260 公顷，莱州湾南侧（小清河至胶莱河范围）海水入侵面积已超过 2 000 公顷，其中严重入侵面积为 1 000 公顷。到 1995 年，莱州湾地区由海水入侵造成的次生盐渍化土地面积已达 2 134 万公顷，可见盐渍化程度之重。据 2008 年中国海洋环境质量公报，滨州无棣县和沾化县，盐渍化范围一般在距岸 20～30 km 内，主要类型为氯化物型、硫酸盐-氯化物型和硫酸盐型盐渍土。海平面上升引起的海水倒灌、咸潮入侵，使得沿海地区地下水位整体升高，造成沿海建筑物地基承载力下降，场地砂土地震液化加剧，影响沿海城市建筑物安全。山东沿岸海水入侵和土壤盐渍化灾害加重，使得农业生产条件和农村生态环境发生变化，粮食大幅度减产，农业成本和投资需求大幅度增加。工业供水短缺，增加了工业资金投入，提高了产品成本，降低了工业产品的质量和投入资源的效益。三是海平面上升使得风暴潮影响加剧。海平面上升使得平均海平面及各种特征潮位相应增高，水深增大，波浪作用增强，加剧了风暴潮灾害，导致风暴潮灾害向大陆纵深方向发展，并降低沿海地区的防御标准和防御能力，造成更大的灾害损失。四是海平面上升使海岸带生态系统损害。海平面上升造成的淹没和侵蚀，不仅直接减少滩涂和湿地面积，还导致潮滩盐沼类型的退化和减少，破坏原有生态环境，损害海岸带生态系统，影响生物资源开发利用。海平面上升后，许多珍稀濒危野生动植物绝迹，而且滩涂湿地调节气候、储水分洪、抵御风潮及护岸保田等能力将大大降低。

8.2.6.3　海平面上升对海岸带社会经济发展的影响

山东省海岸带区域地理位置优越，海陆资源丰富，中小城市密集，产业发展迅速。海平面变化产生的环境影响与灾害效应，直接或者间接地对山东省海岸带城市发展、港口建设、工农业生产、资源开发与海洋经济发展以及人民生活产生较大影响：①对城市建设和发展的影响。海平面上升直接造成沿海海岸、海堤、挡潮闸等防护工程抗灾功能大大降低，城市排水和泄洪能力下降，排水严重不畅，从而加重城市洪涝灾害，造成市政排污工程的排污能力降低。同时，海平面上升引起的海水倒灌、咸潮入侵，使得沿海地区地下水位整体升高，造成沿海建筑物地基承载力下降，场地沙土地震液化加剧，影响沿海城市建筑物安全。②对海岸带工农业生产的影响。受海平面上升影响，山东沿岸海水入侵和土壤盐渍化灾害较为严重，使得农业生产条件和农村生态环境发生变化，粮食大幅度减产，农业成本和投资需求大幅度增加。工业供水短缺，增加了工业资金投入，提高了产品成本，降低了工业产品的质量和投入资源的效益。③对海洋经济发展的影响。海洋渔业是山东的优势产业。海平面的变化、海洋温度、洋流、风、降水量以及极端天气事件都会对鱼类以及贝壳类生物的数量产生严重影响，从而威胁渔业生产。此外，海平面上升会淹没沿海的港口、沙滩及旅游设施，危害海运业和滨海旅游业的发展。④对人民生活的影响。海平面上升能导致大片农田、盐田被淹没，恶化滨海生态环境，使人口迁移或者被迫从事其他产业。

8.3　气候变化对未来自然生态系统的可能影响

8.3.1　对湖泊湿地的可能影响

气候变化对高原地区湖泊影响的数值模拟结果表明，当气温不变、降水量增加 1 mm 时，水位上升 4.1 mm；当降水量不变、气温升高 1℃时，水位下降 95 mm；若不计降水量变化，当陆面蒸发增加 20 mm，水位减少 6.3%。即降水增加对湖泊水位的影响是正效应，而气温上升和蒸发增大对水位的影响是负效应。未来温度继续升高，湖区水面蒸发和陆面蒸散有所增加，若多年平均降水量增加 10%，仍不足以抑制湖面的继续萎缩，仅减缓趋势。如降水增加 20% 或更多，将出现湖泊来水量增加，湖泊转向扩大，水面上升，有利于湖水淡化。在未来气候增暖而河川径流量变化不大的情况下，湖泊由于水体蒸发加剧，而入湖河流的来水量不可能增加，将会加快湖泊的萎缩、含盐量增长，并逐渐转化为盐湖。少数依赖冰川融水补给的高原湖泊，可能先因冰川融水增加而扩大，后因冰川减少而缩小，而受降水、河川径流或降水与冰川融水混合补给的大湖，其变化趋势难以断定。

黄河三角洲自然保护区位于黄河入海口处，是最大的三角洲，也是我国温带最广阔、最完整、最年轻的湿地。未来 100 年气温不断升高，降水不断增加，黄河三角洲周围海面将以 8 mm/年上升，到 2050 年将上升 48 cm。这将导致频繁的风暴潮等，使湿地退化，海水入侵，土地盐碱化加重，生产能力下降。随着全球变暖，中国沿海海平面呈加速上升趋势。据专家预测，到 2030 年、2050 年、2100 年，中国沿海相对海平面上升幅度分别为 15 cm 左右、15~30 cm 和 55~75cm。海平面上升将对黄河三角洲湿地造成重大影响，如果海平面上升 48cm，大约 40% 的黄河三角洲湿地将被淹没。

8.3.2 对冰川冻土的可能影响

未来气温升高将会使黄河源区冰川和冻土环境发生显著的变化。气温平均升高
1.1℃，多年冻土的消失比例为 19%；升高 2.91℃，多年冻土将发生显著变化，消失比
例将达到 58.18。多年冻土的消失和非多年冻土区的扩展，将会导致冻融侵蚀面积的扩
大和源区沙漠化的加速发展。对未来不同气候变化情景下高原冻土变化的预测结果表
明，气候年增温 0.02℃情形下，50 年后多年冻土面积比现在缩小约 8.8%，年平均地
温>-0.11℃的高温冻土地带将退化；100 年后，冻土面积减少 13.4%，年平均地温
>-0.5℃的区域可能发生退化。如果升温率为 0.052℃/年，青藏高原在未来 50 年后冻
土面积退化 13.5%，100 年后冻土面积退化达 46%，平均地温>-2℃的区域均可能退化
成季节冻土甚至非冻土。在未来假定气温以 0.40℃/10 年的变化率线性递增，50 年后
高原多年冻土面积将减少 3%，如果把不衔接冻土区的面积计算在内，则多年冻土面积
将减少近 25%，这直接影响到青藏公路、青藏铁路的维护与建设。应用 Biome 3China
模型的计算结果，目前青藏高原的多年冻土面积约 150 万 km^2，相当于中国冻土总面积
的 70%，在 2100 年的气候变暖情景下，连续多年冻土和非连续多年冻土的界线将向高
原北部迁移 1~2 个纬度。由于增温使地下冰融化，连续多年冻土大部分将消失，青藏
高原总面积的 70% 会被非连续多年冻土占居。多年冻土的消失和非多年冻土区的扩展，
将导致高原沙漠化的加速发展，这主要是温度增加导致的蒸发增加所致。

影响未来冰川融水径流变化的五项因素，分别为温度、降水、冰川动力变化、冰
川规模大小和不同冰川类型响应气候变化的敏感性。温度升高特别是夏季持续升温对
冰川融水径流有决定性影响。根据预测，未来黄河源区气温升高，升温和干旱气候将
导致青藏高原周边冰川面积消减 10% 以上，高原腹地冰川面积减小近 5%，且近年来黄
河源区冰川有加速消减趋势。有研究表明，在三江源地区，到 2100 年气温少升 3℃，
降水不变，则长度小于 4 km 以下的冰川大都消失，整个长江源区的冰川面积将减少
60% 以上。如果考虑降水增加，冰川面积在 2100 年的气候条件下减少约 40%，将从现
在的 1 168.18 km^2 减少到 700 km^2 左右，冰川融水的比重也将会由现在的占河流总径流
的 25% 下降到 18%。

8.3.3 对生物多样性的可能影响

在未来气候变暖背景下，黄河源区草本植被物种特别是草地，容易被群落中耐旱
的植被灌丛或半灌木植被所代替。气候变暖还将导致大量生物物种因不能适应新的环
境而消亡或迁移，森林带下限升高，物种最适宜分布区发生迁移，而一些新的物种侵
入到原有生态系统中，改变原有生态系统的结构、组成和分布。草地退化将使草地群

落优势种和建群种明显缺失，使生物丰度和多样性下降。生物多样性和气候变化之间的联系是双向的：一方面生物多样性受到气候变化的威胁，另一方面生物多样性可减轻气候变化的影响。气候变化对生物多样性物种部分的不良影响主要包括：物种分布的转移、灭绝率上升、繁殖时间改变和植物生长期长度的变化。气候变暖后，各种植物的种植界限都要发生迁移。物种的迁移，受多种因素限制，包括物种本身的迁移能力、适应能力、可供迁移的适宜地距离、迁移过程中的障碍等。许多物种将难以适应气候的变化，其中一些物种不能适应温度的变化而使植物群体生长期延长 4.95 天，即各物候期的始日提前，末日期推迟，并导致禾本科牧草的比例增加，莎草和杂草减少，物种的丰富度显著降低，总生物量减少 20% 左右。

8.3.4　对草场的可能影响

据 Hadley 中心的 GCM 气候输出结果，青藏高原到 2100 年气温将上升 2.0~3.6℃，降水量在高原中部和西部将有所增加，增加幅度在各个地区有所不同，但一般不会超过 10%~20%。当气温上升 2℃、降水增加 10% 时，植被的蒸散量大于降水的补给量，干旱胁迫加重，水分成为牧草生长的限制因素，只有降水在同期增加 15% 以上，干旱胁迫才会缓解。因此，未来一段时期内降水量的增加，将不足以抵消气温上升所带来的负面影响，使得区内干旱趋势将进一步加剧。气候对草场植被的影响主要表现在三个方面：一是影响牧草的生长期，二是影响牧草产量，三是影响牧草的群体结构。有关研究表明：牧草返青期与当年春季降水量和上年秋季降水量有着显著的正相关关系，牧草的枯黄期与热量及水分条件相关，若牧草枯黄前出现干旱天气，牧草将提前枯黄；牧草产量与牧草生长季降水量有着明显的对应关系，降水偏多的年份，牧草产量较高，反之，牧草产量则较低。

在未来气候变化的不同情景下，高寒草地植被气候生产潜力与现实状况存在很大的差别。当气温上升 2℃、降水增加 20% 时，植被气候生产力下降 10% 左右；在气温上升 4℃、降水增加 20% 时，植被产量可提高 1% 左右；气温升高 2.0℃，不考虑降水变化的情景下，植被产量平均仅为 1414kg/hm^2，比现实状况降低 2028kg/hm^2。另外，采用开顶式增温小室（OTC）方法研究表明，在模拟增温初期年生物量比对照高，增温 5 年后生物量反而有所下降。一定的增温可使植物生长期延长，利于增大生物量，但当超过一定阈值时，受热效应作用，植物发育生长速率加快，成熟过程提早，生长期反而缩短，降低了气温日较差，最终导致生物量减少。

根据几个主要的大气环流模型（GCMs）对 2×CO$_2$ 模拟结果的综合，在气温增加 4℃、降水增加 10% 的条件下，高寒植被将大部分消失，山地的高山草原与草甸分别向温性荒漠与草原演化，高原上的高寒植被除少数转化为森林和草原外，大部分将变为温性荒漠，植被垂直带上移。在 IPCC 情景下，江河源地区温带草原到寒温带针叶林群落的面积增加，而温带荒漠到冰缘荒漠的面积缩小，分布界线向更高的海拔高度迁移。当降水量增加 10%时，如气温升高 1℃，柴达木盆地的大片戈壁、盐壳及风蚀沙地将有 50%发展为荒漠植被；如气温升高 2℃或 3℃，上述区域内植被演替方向与气温升高 1℃时情景相同，即草原和稀疏灌木草原、草甸和草本沼泽的面积扩大，荒漠面积缩小，沙漠、戈壁和盐壳的面积基本不再扩大，部分已被荒漠取代；当降水减少 10%时，无论气温上升程度如何，上述区域内的植被呈相反方向演替，即荒漠面积扩大。

青海高原潜在的沙漠化土地主要发育在半干旱地区的草原、荒漠草原地带（农垦后的旱作农田、垦荒地）的农牧过渡带和各大沙地（过度放牧、樵采地带）及其周围。未来三江源区气候变暖后，蒸发量相应加大，如果降水的增加量不足以抵消蒸发量的增加，则将会使农牧交错带扩大，加之土壤侵蚀危害严重，土壤肥力降低，初级生产力下降，植被退化，覆盖率减少，意味着区域地表沙漠化和荒漠化的加速。据研究，如果气温上升 1.5℃，我国旱区总面积将增加 1.88 万公顷，源区干旱地区面积也将扩大。同时，多年冻土的消失和非多年冻土区的扩展，也将导致高原沙漠化的加速发展，这主要是温度增加导致的蒸发量增加所致。由于鼠害等因素，预计未来几十年内，黄河源区内的生态环境还会进一步恶化，土地退化速度将维持在 20 世纪 80 年代以来每年递增 3%的水平，局部地区可能超 10%。据玛多县农牧局资料，20 世纪 80 年代以来，玛多县草场退化速度为每年递增 20%以上。预计到 2020 年，退化土地将达到，56964.24km^2，超过可利用土地面积的 60%。

8.3.5　对水土流失的可能影响

西部大开发战略实施以来，国家在黄河中上游地区相继实施一批重点生态建设工程，黄河中上游地区的生态环境发生了显著改观。但是，黄河上中游地区水土流失尚未得到根本的遏制。未来随着气温的不断升高、降水的不断变化，黄河流域水土流失状况将可能进一步加剧。在全球气候变化条件下，黄河流域的洮河、祖厉河和沁河等 12 条典型支流在 A2 和 B2 情景下未来不同时期的水土流失状况会越来越严重，特别是在黄河流域中下游地区。在 A2 和 B2 气候情景下，未来 10 年黄土高原热量资源增加和降水量减少。降水量减少，可能导致草地盖度的增幅下降和人工林地稀疏化，使黄土高原片状水力侵蚀程度下降。但突发性暴雨洪水和土地利用现状改变，可能增强切沟溯源冲蚀能力，增加了黄土高原水土流失和农田及道路被冲毁的风险。

8.3.6　对海岸带的可能影响

气候变暖所引起的海平面上升、海温升高、冰川融化等现象，将对海岸带形成巨大影响。这些影响因素包括海平面上升、海水表层温度上升、风暴潮、海水入侵和海岸带侵蚀等。海岸带作为全球变化的关键地区，全球气候变化对其影响是多方面的。在大的全球尺度上，这些影响主要体现在以下几个方面：①冰川消融使海平面上升，造成海岸带低地被淹没；②海洋气候的改变使风暴潮等气候灾害事件增加；③水温升高，影响海岸带动力系统；④影响海岸带地区生物多样性以及氮、磷 等物质通量的变化；⑤对人类社会、经济、文化层面产生影响。TAR 预估 1990～2100 年期间全球海平面上升幅度在 0. 09～0. 88 m 之间。但根据观测结果，实际海平面上升幅度要大于 IPCC 的预估值。根据 AR4 结果，海平面上升和人为活动已造成了海岸带湿地的损失，加之地壳不断的垂直运动，海平面上升对海岸带造成的危害进一步加大。利用对海平面的外推预测方法估算，当气温上升 3.0℃ 时，黄河三角洲海平面在 2050 年将上升 102.9cm，在 2100 年将上升 188.7cm。预计未来 30 年，中国沿海海平面将继续上升，全海域 2030 年海平面比 2009 年的上升 80～130mm，同时上升幅度存在显著的区域差异。与 2009 年的比，2030 年渤海升高 68～118mm，黄海升高 82～126mm，东海升高 86～138mm，南海升高 73～127mm。21 世纪海平面将加速上升，对近海与海岸带环境和生态的影响将进一步加剧。未来气候变暖，强热带风暴和强温带气旋影响的加强，将使海平面加速上升，河流入海沙量减少，黄河三角洲将受到强烈侵蚀，甚至可能大幅度衰退。

8.4 生态系统适应气候变化的对策与建议

（1）强化自然生态系统应对气候变化的机构体制建设和管理。各级地方政府应充分认识适应气候变化战略的重要性和必要性，将本地区适应气候变化工作规划，纳入到当地经济和社会发展总体规划中。建立气候变化适应建设与发展的长效投入机制，加大适应气候变化及其相关领域的投入，加大领导和执行力度，提高管理水平和执法能力。增强敏感行业管理能力，协调经济发展与生态保护、适应能力建设的关系。

（2）增强对气候变化的科学认识，制定科学发展规划。从保护和可持续发展的双重角度出发，尊重自然规律，提出黄河流域生态产业发展的战略定位、发展格局和发展目标。加强对气候变化的观测事实与不确定性、气候变化对生态系统的影响等方面的研究。加强气候观测系统建设，开发气候变化适应和固碳等技术。

（3）加强生态系统对气候变化的适应性工程建设。针对目前耕地生产力低下和生态环境日趋恶化的现状，在黄河源区进一步实施退耕还林还草工程，对耕地实施全面退耕还草，大幅度减少水土流失，增强水源涵养功能。

以改善生态环境、控制水土流失为中心，推进水土保持与水源涵养工程，采取以小型水保工程措施为主，控制水土流失，涵养水源，减少泥沙含量，遏制生态环境恶化趋势。

加强黄河源区地形云及降水形成机理研究，充分利用局地有利地形，大力开展人工增雨作业，增加流域降水量，加大湖泊水量补给。

提高合理开发利用水资源和水资源在生态环境建设中重要性的公众意识，尽快研究制定鼓励招商引资、合作开发、租赁承包经营等优惠政策，建立流域水资源合理调配机制，提高水资源利用率，减少水资源无效消耗。

（4）加强草地资源的科学利用，逐步恢复生态环境。以草定畜，优化控制放牧生态系统。高寒草地生态系统是一个受控放牧系统，通过调节放牧强度，即可实现放牧生态系统的优化控制。选择适宜放牧强度和放牧制度等最优放牧策略，将提高草地初级生产力，维护草地生态平衡，有效防止草地退化。

建立稳产、高产的饲草料生产及加工基地，开展种草养畜，建立稳产、高产的人工草地，有效减轻天然草地的放牧压力，解决草畜之间季节不平衡矛盾，保证冷季放牧家畜营养需要和维持平衡饲养。

进一步加强对现有林草植被的保护，严禁滥垦、滥牧、滥挖等破坏植被的行为，以防止出现新的沙漠化土地和原有沙漠化土地的进一步发展。因地制宜采取封沙育林育草、人工造林种草等措施，努力增加林草植被。

第九章　气候变化对黄河流域社会经济的影响

9.1　气候变化对能源的影响

　　能源是国民经济发展的动力。人类能源消费所排放的温室气体，对正在发生的全球变暖过程有很大的贡献，而气候变暖也对人们的能源消费行为、能源消费结构和能源消费数量产生深刻的影响。本章基于黄河流域经过初步质量控制的 143 个气象观测站 1961~2010 年的逐日资料，利用度日数分析方法，从采暖耗能和降温耗能方面分析气候变化对黄河流域能源消费的影响，同时分析气候变化对黄河流域清洁能源的影响。

　　1961~2010 年黄河流域大部分地区的采暖度日数（Heating Degree-day，HDD）显著减少，由于气候变暖，黄河流域采暖耗能呈现下降趋势。整个冬季采暖期能源消耗量除与温度有关外，与采暖长度也有极为密切的关系。随着气候变暖，在保证居民采暖质量的前提下，若考虑根据天气气候的变化适当调整供暖强度，冬季采暖节能方面将具有很大的潜力。

　　黄河流域大部分地区降温度日数（Cooling Degree-Day，CDD）呈增加的趋势，气候变暖使黄河流域夏季降温耗能明显增加。可以根据天气气候变化特点，适当科学地修订降温值以减少降温耗能。

　　黄河流域大部分地区的风能和太阳能资源呈现减少的趋势。风能资源丰富地区风能变化幅度大，风能资源贫乏地区风能变化幅度小。在未来全球继续变暖的背景下，黄河流域的风能资源可能进一步减弱。黄河流域太阳能资源以黄河中、下游地区下降最为明显。

　　根据黄河流域能源生产和消费状况，为了应对气候变化对黄河流域能源消费造成的不利影响，亟需在能源领域采取多种应对措施，重点包括：调整产业结构，转变经济发展方式；促进节能降耗，发展以节能为目的的循环经济；以清洁和可再生能源为突破口，优化能源消费结构，降低化石能源消费。

　　能源是国民经济的基础，是国民经济发展的动力。黄河流域水能、煤炭、石油、天然气、矿产等资源十分丰富，在全国占有重要的地位。目前，原煤产量占全国产量的一半以上，石油产量约占全国的四分之一。随着国家能源开发，黄河流域的能源安全越来越得到更多的关注。

能源安全包含经济安全性和能源使用的安全性两方面的含义，即通过维持能源供应与需求之间相互均衡的状态，在保障能源稳定供给前提下，满足生存与发展的正常需求；能源消费及使用不应对人类自身的生存与发展环境构成任何威胁（付瑶，2007）。

气候变化对能源有很广泛的影响。由气候变化所引起的气象条件的改变或极端气候事件出现的频率及强度的改变，对能源活动造成的影响是直接的，如高、低温天气对降温和采暖能源需求的影响，以及极端气候事件造成的能源供应中断等。为了应对气候变化而采取的各种政策措施，对能源活动造成的影响是间接的，如节能措施对能源需求的影响、温室气体减排措施对能源消费结构的影响等，也包括人们行为方式改变对能源活动产生的影响。

近几十年人们把能源消费作为引起气候变化的主要因子。随着人们生活水平的不断提高，采暖和降温的能源消费占能源总消费的比例在不断增加。我国作为一个能源消费大国，家庭冬季采暖和夏季降温的能源消费，约占总能源需求的19%左右。黄河流域地处北方，其北部区域能源消费占总能源需求为30%~40%。随着供给能力的提高和生活条件的改善，生活能源出现迅速增加的趋势，而且它对气候变化最为敏感。

20世纪80年代中期以来，我国气候变暖，尤其是90年代中期以来显著变暖，对我国冬季采暖和夏季降温的能源需求产生了很大影响。北方大部地区采暖期长度缩短5~15天，冬季采暖耗能由于气候变暖，降低5%~30%，从能源消费的角度看，这是一个有利的因素。已有的研究结果也表明，随着气候增暖，采暖度日（HDD）趋于减小，冬季用于供暖的耗能减少；降温度日（CDD）趋于增加，夏季用于制冷降温的耗能增加。由于冬暖，西安冬季采暖期有越来越短的趋势；呼和浩特采暖期缩短5~10天，采暖度日值明显减少，为此平均每年可节约煤炭1029.0万吨。我国在1950年代制定以日平均气温低于5℃作为冬季采暖气候指标。随着社会经济的发展与人民生活水平的提高，北方各地实际采暖气候指标有放宽的趋势，这可能抵消一部分气候变暖对供暖节能的效应，但总的趋势，冬季供暖耗能将随着气候变暖而逐渐降低，尤其是在北方高纬度和高海拔地区。

在研究能源消费与气候变化的关系时，国内外学者常用度日分析法，度日是计算热状况的一种单位。指日平均温度与规定基础温度的离差。

9.1.1 采暖度日数 (HDD) 和降温度日 (CDD) 的时空变化

9.1.1.1 黄河流域采暖度日数和降温度日的空间分布

图 9.1 是 1961~2010 年黄河流域各站采暖度日线性变化趋势的空间分布。可以看到，1961~2010 年期间，黄河流域大部分地区采暖度日显著减少，其等值线总体呈东北-西南走向。其中，流域上游、中游的北部大部分地区采暖度日以超过 60℃·天/10 年的速率减少，在中游的南部和下游地区，采暖度日以低于 60℃·天/10 年的速率减少。

年 HDD 与年平均气温、平均最高气温、平均最低气温均呈显著的负相关，而年 CDD 与年平均气温、平均最高气温、平均最低气温均为显著的正相关。因而，HDD 值大，表明采暖季节温度低，采暖耗能大；相反，HDD 值小，表明采暖季节温度高，采暖耗能小。HDD 的下降幅度越大，表明采暖季节温度增温幅度越大，对应着采暖耗能减少。由图 9.1 中可以看出，由于气候变暖，黄河流域采暖耗能呈现下降的趋势，其中，上游、中游的北部地区下降幅度高于中游南部及下游地区的下降幅度。

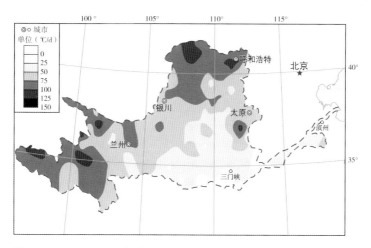

图 9.1 1961~2010 年黄河流域采暖度日线性变化趋势的空间分布

(单位:℃·天/10 年)

电力消耗与气象条件的变化密切相关，降温度日和电力消耗之间更有着较高的相关性。气温与降温耗能具有很好的同步性，温度对降温耗能的影响程度随气温的升高而增加。

通过计算黄河流域各站降温度日的线性变化趋势发现，1961~2010 年期间，黄河流域大部分地区的降温度日呈现出增加趋势。其中，河套的大部分地区降温度日增加最为明显，其线性趋势值高于 4℃·天/10 年。但在中游地区及上游的青海南部地区，降温度日呈现减少趋势，以中游渭河平原、晋陕及晋豫交界地区一带减少最为明显，其线性趋势值在-4℃·天/10 年以上（图 9.2）。

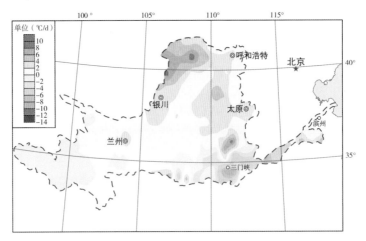

图 9.2　1961~2010 年黄河流域降温度日线性变化趋势的空间分布

单位：℃·d/10a

CDD 值大，表明夏季温度高，降温耗能大；相反，CDD 值小，表明夏季温度低，降温耗能小。CDD 上升趋势越明显，表明夏季温度增温趋势越大，由图 9.2 中可以看出，黄河流域大部分地区 CDD 呈增加的趋势，意味着这些地区降温耗能为增大的趋势。这些区域 CDD 呈增加趋势，与气候变暖的大背景有关。因此，气候变暖使黄河流域夏季降温耗能也明显增加。

9.1.1.2　黄河流域采暖度日数和降温度日数的年代际变化

1961~2010 年期间，黄河流域采暖度日总体呈现显著减少的变化趋势，线性趋势值为-56.0℃·天/10 年（图 9.3）。从长期变化看，黄河流域采暖度日呈"增加-减少-平缓"的年代际变化特征。其中，1961~1969 年采暖度日呈增加趋势，而 1970~2002 年采暖度日显著减少，2002 年开始减少的趋势有所放缓。这与黄河流域冬季气温的年代际变化特征比较类似，冬季是黄河流域气温升幅最大的季节。

1967 年黄河流域年均采暖度日最高，为 1 355.6℃·天，而 2007 年年均采暖度日最低，仅 811.0℃·天。

由于冬季气温存在明显的年代际变化特征，采暖度日也呈明显的年代际变化特征，对应的采暖耗能也随之而变。从长期趋势来看，黄河流域采暖耗能呈下降的趋势，但进入 21 世纪以后，由于出现了近年来比较少见的冷冬，采暖度日的下降趋势变得平缓，但年际变化较为剧烈，从气候统计的角度看，出现不显著的上升趋势（图 9.3）。因此，为了降低冬季采暖耗能，同时为广大群众提供更好的冬季采暖保障，城市供暖部门需加强与气象部门的合作，根据天气及极端气候事件的变化，适当调整供暖时间及强度。

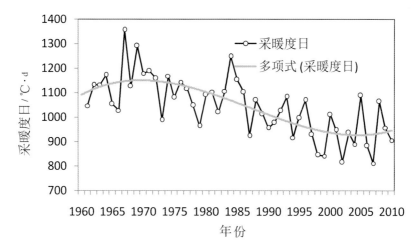

图 9.3　1961～2010 年黄河流域采暖度日的年际变化

与取暖度日不同，1961～2010 年黄河流域降温度日呈现出先减少、后增加的年代
际变化特征（图 9.1.4）。其中，1961～1984 年黄河流域降温度日以 10.9 ℃·天/10 年
的线性趋势显著减少，而 1985～2010 年降温度日以 6.5 ℃·天/10 年的线性趋势显著增
加。流域降温度日在 1976 年最低，为 12.5 ℃·天，1997 年最高，为 65.8 ℃·天。黄
河流域降温度日的这一变化特征与流域夏季气温的变化特征基本一致。由于夏季气温
升高，夏季降温耗能明显增大，进入 1990 年代中期以后，降温耗能更是显著增大。

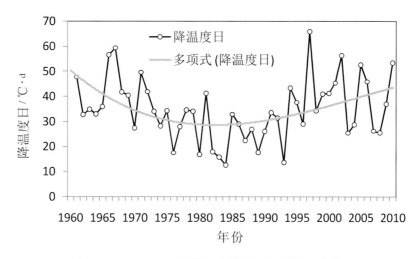

图 9.4　1961～2010 年黄河流域降温度日的年际变化

9.1.1.3　采暖度日和制冷度日

本报告采用国际上常用的度日分析法来描述气候变化对能源消费的影响。所谓某
一天的度日就是指该日的日平均温度与规定的基础温度的差值。为研究方便，度日又

分为两种类型，即采暖度日（heating degree-day，HDD）和降温度日（cooling degree-day，CDD）。度日计算中的基础温度是以人体舒适为标准而人为规定的一个参考温度。袁顺全等（2004）取全国冬季取暖度日的基础温度是 5 ℃，夏季降温度日的基础温度为 22 ℃。谢庄等（2007）取 18 ℃作为北京全年的基础温度。根据《夏热冬冷地区居住建筑节能设计标准 JCJ134—2001》（2002）、《夏热冬暖地区居住建筑节能设计标准》（2003）和《夏热冬冷地区建筑节能技术》（2004）的规定，夏季居住室内空调设计温度为 26 ℃，同时这些文献在降温强度的计算中，均以 26 ℃作为基础温度。国外有研究表明，当环境温度低于 15 ℃时，人体出现明显的冷感，血流量较常温减少 57%，故常将 15 ℃定为冷感的临界温度，人体产生冷的转折点的室温条件为 9.6~11.4 ℃，开始供暖的室内自然温度应不低于此温度。一般情况下，当室内自然温度在 10~12 ℃时，室外平均气温在 5 ℃左右。张海东和孙照渤（2008）的研究中也以 26 ℃和 5 ℃作为降温度日和采暖度日的基础温度。因此，在本评估报告中，分别以 26 ℃和 5 ℃作为降温度日和采暖度日的基础温度。

具体计算公式如下：

$$
\begin{aligned}
\mathrm{HDD}_5 &= \sum_{i=1}^{365} (5 - t_i) \\
\mathrm{CDD}_{26} &= \sum_{i=1}^{365} (t_i - 26)
\end{aligned}
\tag{2}
$$

式中 t_i 为标准年第 i 天的日平均温度。计算中当（$5-t_i$）或（t_i-26）为负值时，取（$5-t_i$）= 0 或（t_i-26）= 0。

采暖度日总值（HDD_5）为一年中，当某天日平均温度低于 5 ℃时，将低于 5 ℃的度数乘以 1 天，并将乘积累加，同理，降温度日总值（CCD_{26}）为一年中，当某天日平均温度高于 26 ℃时，将高于 26 ℃的度数乘以 1 天，并将乘积累加。

9.1.2 气候变化对典型城市采暖耗能和降温耗能的影响

表 9.1 给出了黄河流域上、中、下游典型城市（兰州、三门峡、滨州）采暖度日和降温度日的趋势系数、极值及其出现年份的统计数据。可以看出，兰州的采暖度日下降速率最明显，达到-94.2 ℃·天/10 年，三门峡采暖度日下降速率最小，为-26.8 ℃·天/10 年。采暖度日的最大值出现在 1967 和 1969 年，最小值都出现在 2007 年期间，并且采暖度日基本呈现一致下降的趋势。这反映了区域冬季气温自 1960 年代末开始出现上升、进入 21 世纪后显著上升的变化特征。

表 9.1　黄河流域上、中、下游典型城市采暖度日和降温度日比较（单位:℃·天）

城市	采暖度日/℃·天			降温度日/℃·天		
	趋势/（℃·天/10 年）	最高值	最低值	趋势/（℃·天/10 年）	最高值	最低值
兰州	−94.2	1 242.7 (1967)	628.5 (2007)	3.7	49.3 (2000)	−
三门峡	−26.8	645.4 (1969)	186.8 (2007)	−0.6	190.2 (1997)	28.0 (1984)
滨州	−48.7	1 009.3 (1969)	426.3 (2007)	1.8	184.6 (1997)	24.6 (1993)

注：括号内数字为该数值出现的年份。

　　黄河流域夏季降温度日的变化幅度远小于冬季采暖度日的变化幅度。三门峡的降温度日变化趋势与其他两城市的变化趋势呈现相反的态势，但其共同特征是进入 20 世纪 90 年代中期以来各典型城市的降温度日均呈现明显的上升趋势。而在之前这三个城市的变化各不相同：兰州没有明显的变化趋势，三门峡在 1980 年代以前降温度日呈明显下降趋势，滨州的在 1970 年代初是下降趋势。说明 1990 年代中期以后，黄河流域各典型城市夏季气温均呈现明显增高趋势，由此夏季降温耗能亦明显增多。

　　气候变暖，采暖期缩短，使冬季采暖耗能减少。呼和浩特市在持续暖冬的影响下，采暖度日趋于减少，采暖强度也呈明显下降的趋势，采暖能源需求量逐年减少，气候变暖所致的采暖节能率可达 7%。如果平均单位面积耗煤量以 17 kg/m² 计算，则气候变暖后单位面积可节约标煤量 1.2 kg/m²，进而得出平均气温每升高 1 ℃，呼和浩特市每日可节约煤 40.69 kg/万 m²。就太原市而言，当平均温度升高 1℃时，整个采暖季太原市（仅考虑约 3 000 万 m² 集中供热面积，固定采暖期为 151 天）可节约热量 834 970 GJ；如果减少供暖一天，太原市可以节约燃煤 280 吨，减少 SO_2 排放 3.2 吨，减少粉尘 14 吨。

　　由此可见，由于气候变暖，在冬季采暖节能方面具有很大潜力，节能效应也是非常可观的，同时对减少温室气体的排放也是极为有利的。供热公司如果根据天气气候的变化情况，动态调整采暖的起止日期，采暖期能耗将会明显降低。同样，在夏季也应该根据天气气候的变化特点，适当制订降温值，科学地减少城市的降温耗能。

黄河流域上、中、下游典型城市采暖度日如图9.5。

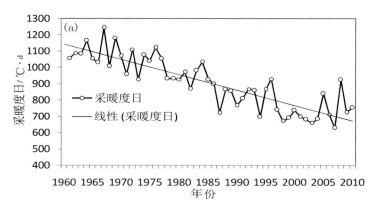

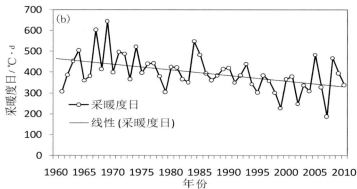

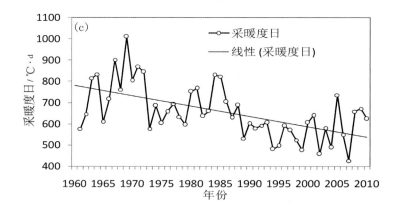

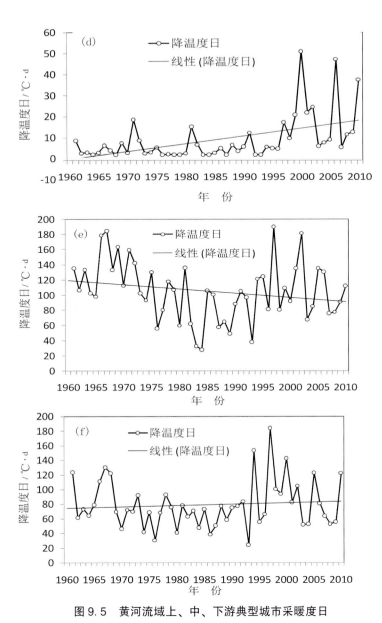

图 9.5　黄河流域上、中、下游典型城市采暖度日

（a）兰州；（b）三门峡；（c）滨州和降温度日；（d）兰州；（e）三门峡；（f）滨州的逐年变化

9.1.3　气候变化对清洁能源发展潜力的影响

9.1.3.1　气候变化对黄河流域风能的影响

　　风能资源是清洁的可再生能源。风力发电是新能源领域中技术最成熟、最具规模开发条件和商业化发展前景的发电方式之一。发展风电对于调整能源结构、减轻环境污染等方面有着重要意义。

　　风能资源的形成受着多种自然因素的影响，天气气候背景、地形及海陆的影响是至关重要的。气候变化使天气气候背景发生变化,从而使风能资源也发生变化。我国近50年观测资料分析结果一致表明,我国风速有下降的趋势,而大气环流的变化是造成我国年平均风速呈显著减小趋势的最可能原因。

通过计算黄河流域143站年平均风速的线性趋势发现,除黄河流域上游、中游的部分地区风速呈现不明显的增加以外,流域内大部分地区的年平均风速呈现减小的趋势,以河套地区减小最为明显,10年内减小趋势值达0.3m/s以上(图9.6)。各季的风速变化趋势与年风速变化趋势基本相同(图9.7)。

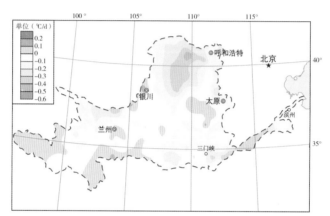

图9.6　1961~2010年黄河流域年平均风速线性变化趋势的空间分布

(单位：m/s)

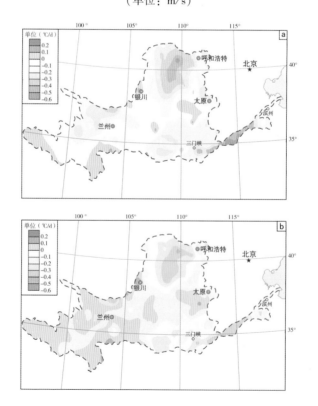

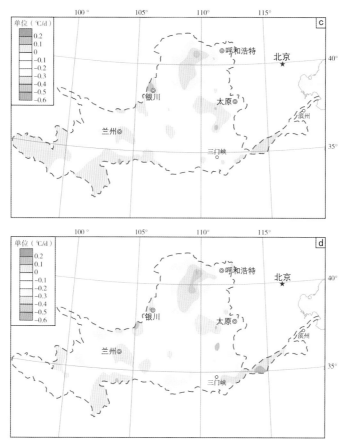

图 9.7　1961~2010 年黄河流域春、夏、秋、冬季（a、b、c、d）
平均风速线性变化趋势的空间分布

（单位：m/s）

利用全球气候模式和区域气候模式，并考虑人类排放温室气体增加的三种情景，模拟的 21 世纪后期我国大部分地区的平均风功率密度仍呈现减少的趋势。这表明未来全球变暖背景下，黄河流域的风能资源可能减弱。尽管以上的分析结论是气候变化使风能减弱，但并没有证据表明这会影响到风能风电的开发，尤其对于风能资源丰富区和较丰富区。

9.1.3.2　气候变化对黄河流域太阳能的影响

太阳辐射是地球上最基本、最重要的能源。它也是决定气候形成和影响其变化的重要因子之一。太阳能资源的开发利用对人类减少化石燃料的消费及温室气体的排放具有极其重要的意义。黄河流域上游区域是我国太阳辐射最丰富的区域之一。观测表明，近几十年来全球到达地面的太阳辐射发生了明显的变化，1960~1990 年全球多个区域的太阳总辐射呈减少趋势，但这种减少的趋势在 1990 年以后有所改变，变为平缓甚至略有增加。黄河流域近年来太阳总辐射也呈相同的变化趋势。

目前我国的辐射观测站较稀少，在详细刻画太阳能的时空特征时存在明显的不足。由于日照时数与太阳辐射量之间相关关系非常好，加之我国绝大多数气象站都有较完整的日照时数观测，数据具有很好的时空连续性，所以日照时数在刻画太阳能时空变化的细节特征方面具有明显的优势。

计算了黄河流域143站1961~2010年、季日照时数的线性变化趋势。从空间分布来看，上游大部分地区年日照时数呈现增加的趋势，中游和下游的年日照时数呈现减少趋势，其中部分地区的年日照时数以超过80小时/10年的速率减少（图9.8）。这与徐宗学等（2005）、赵东等（2010）的研究结论基本一致。杨羡敏等（2005）利用日照百分率计算的黄河流域太阳总辐射变化趋势也呈现相同的分布特点。从各季的变化趋势看，春季日照时数增加的区域大于减少的区域，夏季和冬季大部分地区日照时数均为减少的趋势（图9.9），这与买苗等（2006）、黄小燕等（2011）的研究结论也是一致的。

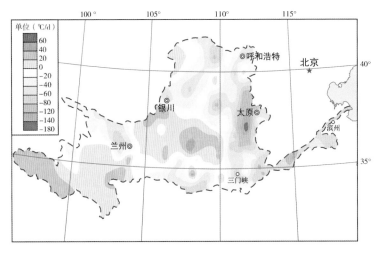

图9.8　1961~2010年黄河流域年日照时数线性变化趋势的空间分布

（单位：小时/10年）

日照时数的变化是云、大气污染物、水汽等多种因子共同作用于太阳辐射的结果。日照时数减少是总辐射减少的主要原因。目前一般认为，日照的减少主要与人类活动排放的气溶胶有关。此外，风速和水汽的变化也对日照有影响。平均风速的下降，会导致近地面污染物不易扩散，从而加强对太阳辐射的削弱。

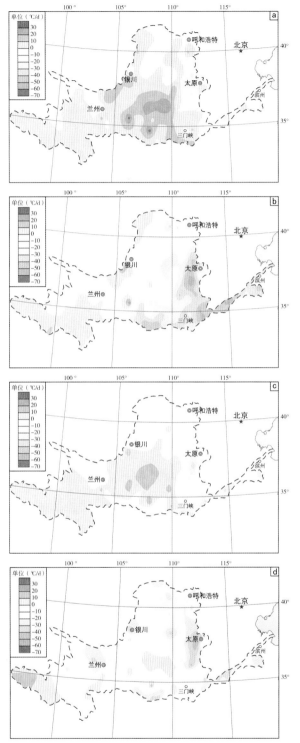

图 9.9　1961~2010 年黄河流域春、夏、秋、冬季（a、b、c、d）
日照时数线性变化趋势的空间分布
（单位：小时/10 年）

9.1.4　未来气候变化对能源消费的影响

基于 RegCM3 区域气候模式，在 IPCC SRES A1B 温室气体排放情景下，对中国及东亚地区 25 km 高水平分辨率的数值模拟，结果显示，中国未来冬季和夏季气温均升高，且气温随时间增加。冬季升温大值区位于青藏高原地区，夏季则在华北、东北地区增温更明显。其他同类的研究也指出，未来 30 年中，中国大陆冬季气温将会呈现出不断上升趋势，我国北方是中国大陆增温最显著、增温幅度最大的地区。黄河流域气温也是相同的变化趋势。因此对应黄河流域冬季大部分地区采暖度日仍呈现显著减少的趋势，而夏季气温的升高会使降温耗能明显增加。

国外的研究也表明，冬季增温使能源消费减少，而夏季增温使能源消费增加。未来气候继续变暖，总体将有利于黄河流域冬季采暖耗能的减少，但会加剧夏季空调制冷电力消费的增长，对电力供应带来更大的压力。

9.1.5　适应和减缓气候变化影响的对策和措施

根据黄河流域能源生产和消费状况，为了应对气候变化对区域内能源消费造成的不利影响，亟需在能源领域采取多种应对措施，重点包括：调整产业结构，转变经济发展方式；促进节能降耗，发展以节能为目的的循环经济；以清洁和可再生能源为突破口，优化能源消费结构，降低能源消费。

（1）调整产业结构。加大产业结构调整的力度，转变经济发展方式，促进经济向低碳经济与循环经济的转轨。山西作为我国重要的能源基地，要实行"经济转型发展"策略，加快资源枯竭型城市的经济转型和老工矿城市集约化、低碳化的发展步伐，使工矿城镇尽快步入多元驱动、良性循环的低碳、可持续发展轨道。要实现由单一煤电"基地"向立体能源中心转变，由煤炭大省向现代产业大省跨越，实现资源型经济的清洁、绿色、安全发展。"建设大型煤电基地，实现输煤与输电并举"是山西实现转型的道路之一。内蒙古需要努力提升资源型产业的水平，优先发展相对低碳和无碳的优质能源，提高能源利用转化效率，同时加快非资源型产业的发展，提高非资源型产业的比重。

（2）促进节能降耗。要限制温室气体排放，必然要对能源的消费进行制约。因而，要大力发展循环经济，节约能源，促进能源的高效利用，建立低碳经济发展模式和低碳社会消费模式。

强化节能政策措施的落实。加强对重点用能单位、高耗能行业等用能情况的监督。推进节能产品认证和能效标识管理制度的实施。

搞好建筑节能。进一步推广"节能、节水、节材、节地"建筑，积极推进新型建筑体系，推广应用高性能、低耗能的建筑材料，提高建筑物的保温性能，以大幅度降低建筑物采暖和制冷的总体能源需求，降低室内热舒适性对天气及温度变化的敏感性。

提高公众的节能意识，倡导理性消费和适度消费，摒弃追求奢华，促进经济社会以高效和低能耗的方式发展。

（3）优化能源消费结构。改变能源供应结构和消费结构，是克服气候变化对能源消费限制的最重要对策。能源结构调整是用无碳和低碳燃料替代高碳燃料，重点是加快非化石能源、太阳能、风能、地热等新能源和可再生能源的发展。

对流域内风能资源丰富地区，要加大可再生能源的开发力度。有序开展风电项目建设，解决电网接纳风电的技术问题，做好大型并网风电场的保障运行服务，开辟风电外送的"绿色通道"。同时也要加快太阳能和生物质能的利用步伐。

（4）优化采暖和降温方式。由于气候变暖，黄河流域大部分地区冬季供暖期长度缩短，夏季防暑降温日数增加。因此，应该对供暖方案进行相应调整，节约能源。根据气候变化情景下的季节气候与物候改变，可以适当调整各类经济、社会活动的安排，调整假期与休假时间，减少防暑降温与冬季供暖的能源消耗。

（5）根据气候变化，调整能源工程与供电系统运行的技术标准。气候变化对能源工程与供电系统的运行将产生一系列影响，需要根据气候变化调整相关工程建设与设施运行的技术标准。如由于冻土层变浅和土壤温度升高，需要调整油气输送管道的埋藏深度及中途加热加压量；气温升高将影响输电线路的张力，因此，需要调整电线杆与线塔间距及电线的下垂度；雾日增加地区需要加强对供电设备事故的防范力度；气候变化还影响到区域水力、风能与太阳能等非碳能源资源的时空分布，需据此调整水电、风电和太阳能发电的工程布局与发电设备的技术标准。

9.2 气候变化对人体健康的影响

9.2.1 气候变化对人体舒适度的影响

在人居环境、旅游资源评价等方面，人体舒适度已逐渐成为一项最重要的指标。人体舒适度方面研究表明，人类生活和工作最佳有效温度 $17 \sim 24.9 ℃$，对人体健康最有利的相对湿度在 $60\% \sim 70\%$ 之间；而对人体最适宜的风速为 $2m/s$。当气温发生变化时，人体的热调节系统保证人体对热应激作出有效的适应性反应，但气温超过一定限度时，就会增加发病和死亡的危险（表9.2）。

根据中国气象局制定的统一标准，将舒适度指数划分为 9 个级别，我国大多气象台站通常使用两种经验公式计算舒适度指数，即 ssd 和 kssd，本书选用 kssd，计算方法如下（雷桂莲等，1999）：

$$kssd = 1.8×t - 0.55×（1.8×t - 26）×（1 - r / 100）- 3.2×v 1/2+ 32$$

式中：t、r、v分别为气温、湿度、风速。

表9.2　人体舒适度气象指数等级描述

指 数	级 别	说 明
1	kssd≤25	很冷，感觉很不舒服，有冻伤危险。
2	25<kssd≤38	冷，大部分人感觉不舒服。
3	38<kssd≤50	微冷，少部分人感觉不舒服。
4	50<kssd≤55	较舒服，大部分人感觉舒服。
5	55<kssd≤70	舒服，绝大部分人感觉很舒服。
6	70<kssd≤75	较舒服，大部分人感觉舒服。
7	75<kssd≤80	微热，少数人感觉很不舒服。
8	80<kssd≤85	热，大部分人感觉很不舒服。
9	85<kssd	酷热，感觉很不舒服。

　　从对黄河流域部分区域人体舒适度指数计算结果可以看出，平均舒适日数为153天，冷不舒适日数为209天，热不舒适日数3天。气候变化对黄河流域人体舒适程度的影响总体是有利的，主要表现在冷不舒适日数呈现下降趋势，舒适日数有增加的趋势（图9.10）。

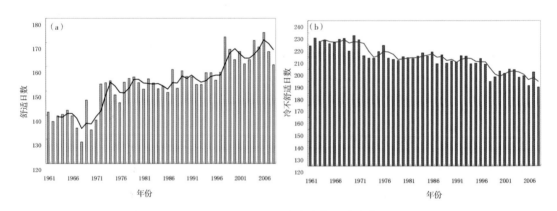

图9.10　1961~2008年人体舒适度变化图
（a）舒服及较舒服日数；（b）很冷、冷及微冷日数

　　从舒适度日数距平可以看出（图9.11），舒服及较舒服日数1960年代明显偏少，1970~1990年代中期基本没有什么变化，1990年代后期至今的舒服及较舒服日数明显高于多年平均值；冷不舒适日数则表现出与舒服及较舒服日数明显相反的变化规律，

1960 年代明显偏多，1970~1990 年代中期基本没有什么变化，1990 年代后期至今明显高于多年平均值。

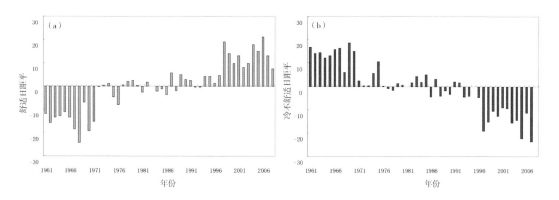

图 9.11　1961~2008 年黄河流域（部分区域）人体舒适度距平图

（a）舒服及较舒服日数；（b）很冷、冷及微冷日数

9.2.2　高影响气候事件对人体健康影响

（1）高温、热浪。高温、热浪使病菌、病毒、寄生虫更加活跃，会损害人体免疫力和疾病抵抗力，导致与热浪相关的心脏、呼吸道系统等疾病的发病率和死亡率增加。统计表明，最小相对湿度 45% 以上，持续高温高湿天气时，发病住院人数明显增加，占总病例数的 76.4%。热浪对老年人、以及居住在拥挤城市中的其他易感人群是非常危险的。大城市之所以有"热岛"效应，是因为建筑物聚集人口密集及缺乏绿化，与周边乡村相比，夏天城市里的温度要高得多。高温可使地表臭氧浓度上升，臭氧在空气当中是强氧化剂，对人的黏膜、呼吸道刺激较大，长期接触高浓度臭氧会导致肺功能明显下降。

（2）干旱。干旱是黄河流域最主要的气象灾害之一，气候变暖会增加干旱等自然灾害的发生频率。干旱是一种渐进性灾害，危害群众健康的首要问题是大面积人群饮用水短缺；随着生活环境恶化，清洁、消毒条件受限，易引起各类疾病如肠道传染病的暴发；如旱情持续过久，还可能出现营养不良性疾病的流行。旱灾时期可能暴发的各类疫情，干燥而寒冷的气候，适合流感等呼吸道疾病的传播；旱灾地区用水不足，饮用水及个人卫生难以维持，有利于霍乱、痢疾及甲型肝炎等疾病传播；湖沼地区干涸、河川断流成为杂草丛生的低地、水洼，不仅提供鼠类优越的生活环境，提高旱獭病毒等疾病发生之危险，亦利于病媒蚊滋长，如疟疾等。

（3）洪涝灾害。洪涝灾害对人体健康的影响可以分为直接影响和间接影响，直接影响可导致人员伤亡，间接影响会增加经水传播的疾病。在降水较多的部分陆地地区，由于水位上升，人们饮用的地表水质因地表物质污染而下降，人们饮用后，易患皮肤病、肠胃疾病等水媒传染疾病。随着居住环境的变化，水短缺加重，卫生条件差，人的抵抗力下降，会使霍乱、痢疾等水媒传染疾病流行。

（4）寒潮。黄河流域冷空气活动次数多、范围大、强度强，气温起伏不定，阶段性降温较为明显，加之降水量分布不均，易引发传染疾病特别是呼吸道传染疾病发生。另外，寒潮也易诱发心血管疾病。过低的温度会对人体造成直接伤害，2008年1~2月青海省寒潮带来的百年不遇的雪灾对人体健康造成不利影响，仅果洛州就有3355人冻伤，3301人患雪盲。

（5）沙尘暴。沙尘天气包括浮尘、扬沙和沙尘暴。沙尘暴发生时大量的颗粒物被扬起，同时颗粒物在长途传输过程中，发生了大量的化学和生物学污染，对大气环境和人类健康带来极大的危害。近年来国外研究表明，沙尘暴与风湿病、黑热病、尤其与肺炎有关。研究表明，甘肃河西有沙尘天气时，兰州市TSP浓度与呼吸系统疾病发病人数的相关显著。调查还发现，灰霾期间人群出现上呼吸道感染、哮喘、结膜炎、支气管炎、眼和喉部刺激、咳嗽、呼吸困难、鼻塞流鼻涕、皮疹、心血管系统紊乱等疾病的症状增强，其中儿童和老年人患病的几率更高。

9.2.3 气候变化对传染疾病的影响

许多通过昆虫、食物和水传播的传染性疾病，如疟疾等，对气候变化非常敏感。在甘肃，细菌性痢疾、乙脑月发病人数分别与月平均气温、月平均最高气温、月平均最低气温以及月降水量呈显著的正相关关系。未来黄河流域将变暖，降水亦有可能增加，因而各种传染疾病的传播范围和程度都将增加。

（1）虫媒传播疾病。据世界卫生组织1990年统计的数字，与气候变暖相关联的传染病是疟疾、血吸虫病、登革热。全球变暖后，疟疾和登革热的传播范围将增加，这两种通过昆虫传播的疾病将殃及世界人口的40%~50%。虫媒传播疾病是病原体由虫媒作为中间宿主或寄生繁殖，继而传播到人的疾病。当前虫媒传染病的三大流行趋势是，新的病种不断被发现，原有的流行区域不断扩展，疾病流行的频率不断增大。气候变暖引起气候带的改变，热带边界扩大到亚热带，会引起虫媒疾病传播的地理分布扩大，使发病区向北推移，增加虫媒疾病的传播。气候变暖有利于媒介昆虫的滋生繁衍，提早出蛰，并使病原体毒力增强，致病力增强。

（2）水媒传染疾病。气候变暖可能使水质恶化或引起洪水泛滥而助长一些水媒疾病的传播。在降水较多的部分陆地地区，由于水位上升，人们饮用的地表水质因地表物质污染而下降，人们饮用后，易患皮肤病、肠胃疾病等水媒传染疾病。随着居住环境的变化，水短缺加重，卫生条件差，人的抵抗力下降，会使霍乱、痢疾等水媒传染疾病流行。

（3）动物传媒疾病。气候变暖及由气候变暖其引起的环境变化，助长动物传媒疾病的病原体的存活变异、传播。如随着气候变暖，病原体将突破其寄生、感染的分布区域，形成新的传染病，或是某种动物病原体与野生或家养动物病原体之间的基因交换，致使病原体披上新的外衣，从而躲过人体的免疫系统，引起新的传染病。据有关调查，近几十年新发现的传染病中有四分之三与动物媒介疾病有关。

9.2.4 气候变化对人类居住环境的影响

大量研究表明，气候变化将从下述三个方面对人居环境产生影响：一是气候变化后，资源生产、商品及服务市场的需求产生了变化，使支持居住的经济条件受到了影响；二是气候变化对能源输送系统、建筑物、城市设施以及工农业、旅游业、建筑业等特定产业的一些直接影响，转而对人居环境产生影响；三是气候变化后，因极端天气事件增加以及对人体健康的影响，使得居住人口迁移。

人类居住环境目前正面临包括水和能源短缺、垃圾处理和交通等环境问题的困扰，这些问题可能因高温、多雨而加剧。黄河流域居民收入大部分来源于受气候支配的初级资源产业。在气候变化面前，农业、林业和渔业等经济单一居住区，比经济多样化的居住区更脆弱。

9.2.5 气候变化对城市空气质量的影响

黄河流域气候属中温带气候，冬季漫长，能源结构以燃煤为主。黄河流域工业化程度较低，多数为能源消耗大、污染严重的产业。由于经济社会发展相对滞后，环保资金投入不足，以及工业布局和城市地理环境的影响，特别是气候变暖以来近地层风速变小和城市热岛效应增强，使得城市空气质量变差。为了改善空气环境质量状况，特别是 2000 年以来，各地实施了一系列积极有效的措施，控制燃煤（油）排放的烟尘总量和市区二次扬尘污染，取缔超标生产的工业企业，严肃查处毁坏草木、破坏生态的违法行为等，同时加大了市内空地绿化率，使城市大气环境质量得到了明显改善。

对黄河流域部分省会城市 2001~2009 年省会城市监测报告分析结果表明：

（1）颗粒污染物（TSP 和 PM_{10}）是西北区域首要污染物的天数，年平均为 317 天，占 86.8%；其次是 SO_2 为首要污染物的天数，年平均为 48 天，占 13.2%。SO_2 作为首要污染物主要出现在冬季。

（2）2001~2009 年，省会城市空气质量好于 2 级以上天数呈逐年增加的趋势（图 9.12），2001 年平均为 176 天，2009 年达到 277 天，平均增加 57%。增加最快的时段为 2001~2004 年。

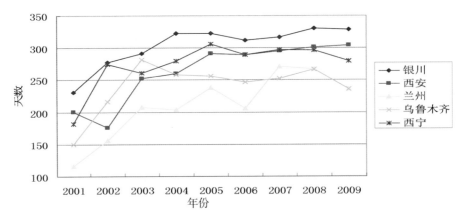

图9.12　2001~2009年省会城市空气质量2级以上天数年际变化

（3）从2001~2009年黄河流域部分省会城市逐日空气质量级别统计来看，一年中，良级（2级）的日数最多，为235天，占64%；其次是轻度污染（3级），为92天，占25%；优级（1级）的日数为24天，占7%；最少的为中度污染（4级）、重度污染（5级），分别为7天、8天，各占2%（图9.13）。

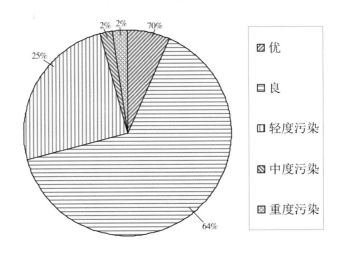

图9.13　2001~2009年省会城市空气质量等级比例图

（4）从2001~2009年黄河流域部分省会城市逐日空气质量级别统计来看，空气质量较好的区域是银川、西安，空气质量差的区域为兰州等，特别是兰州，其中度污染（4级）、重度污染（5级）天数明显多于其他城市。

（5）从季节变化来看（图9.14），PM_{10}、SO_2、NO_2三种污染物月平均浓度的月变化曲线呈"U"字型，冬季污染最严重，春季和秋季的次之，夏季空气质量最好。在一年四季中，空气污染指数冬季的>春季的>秋季的>夏季的，这主要是由冬季取暖和不利气象条件造成的。PM$_{10}$浓度呈现双峰型，第二个峰值区出现在 4 月份，主要是受沙尘天气影响。各季节各级空气质量分析结果表明，夏季良以上天数明显增加，污染日数减少。

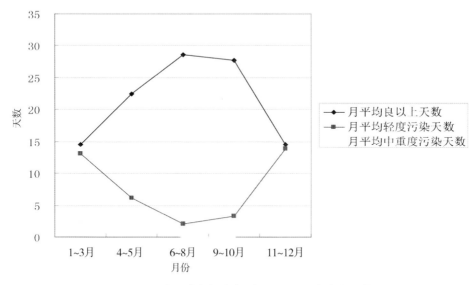

图 9.14　各季节各级空气质量月平均日数变化趋势

（6）沙尘天气的发生虽然是一种局地现象，但作为一种流动的大气污染源，其影响具有大尺度效应，是造成黄河流域春季发生重污染事件（API>300）的主要原因之一，也是城市空气质量下降的主要原因。对黄河流域部分地区平均中度以上污染日数与西北沙尘日数对比分析发现，中度以上污染事件与沙尘天气的发生日数有较好的一致性（图 9.15）。

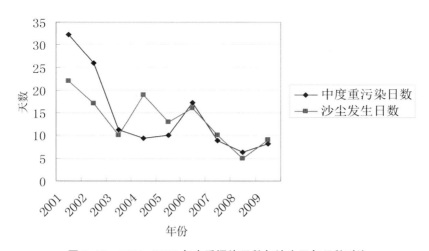

图 9.15　2001~2009 年中重污染日数与沙尘天气日数对比

9.2.6 未来气候变化对人体健康的可能影响

未来黄河流域气候将可能变得更加温暖，极端气候事件发生频率将可能增大。黄河流域（尤其是上游），夏季变得更热，将使夏季的疾病发病率和死亡率增加。在高温环境下，发病和死亡的频率更高。而洪涝、干旱等极端气候事件的增加，将可能造成流行性疾病发生频率增大和流行范围增加。

9.2.7 适应和减缓气候变化影响的对策和措施

适应是社会系统的一种功能。人们能够有效地采用各种适应对策，来大大减少气候变化对健康的许多可能影响，包括：

（1）通过计划和市场机制，开展公共卫生活动（公共卫生培训计划、研究发展计划），改进和提高公共卫生基础设施水平。

（2）加强部门和行业协调配合，共同研究气候与人体健康和各种流行性疾病之间的关系，开展公共卫生和健康教育科学普及活动，提高全民公众健康意识。进一步研究防御、控制和治疗疾病所需的医疗技术，进一步识别各种适应需求，评估适应对策，确定优先实施顺序。

（3）建立早期公众健康预警和防控机制，防止各类疾病和公共卫生问题因气候变化而恶化、加剧。建立极端天气气候事件与人体健康监测预警网络，以省（自治区、直辖市）为监控单位，下设市、县监测点，对发生的极端天气气候事件所致流行性疾病进行实时监测、分析和评估。

参考文献

［1］《气候变化国家评估报告》编写委员会 . 气候变化国家评估报告［M］. 北京：科学出版社，2006.

［2］黄河水利委员会黄河志总编辑室 . 黄河流域综述［M］. 郑州：河南人民出版社，1998.

［3］常炳炎，薛松贵，张会言，黄河流域水资源合理分配和优化调度［M］. 郑州：黄河水利出版社，1998.

［4］白虎志 . 西北地区东部秋季降水日数时空特征分析［J］. 气象科技，2006，34（1）：48-50.

［5］第二次气候变化国家评估报告［M］. 北京：科学出版社，2011.

［6］黄小燕，张明军，贾文雄，等 . 中国西北地区地表干湿变化及影响因素［J］. 水科学进展，2011，22（2）：151-159.

［7］霍华丽、刘普幸、张克新 . 宁夏日照时数的时空变化特征分析［J］. 中国沙漠，2011（2）：521-524

［8］李茜，李栋梁 . 河套及邻近地区530年旱涝基本气候特征与演变［J］. 高原气象，2007，26（4）：716-721.

［9］刘昌明，张丹 . 中国地表潜在蒸散发敏感性的时空变化特征分析［J］. 地理学报，2011，66（5）：579-588.

［10］刘绿柳，刘兆飞，徐宗学 . 21世纪黄河流域上中游地区气候变化趋势分析［J］. 气候变化研究进展，2008，4（3）：167-172.

［11］刘猛，夏自强，韩帅，等 . 黄河源区蒸散量变化与生态恶化的关系［J］. 河海大学学报（自然科学版），2009，37（6）：631-634.

［12］刘敏，沈彦俊，曾燕，等 . 近50年中国蒸发皿蒸发量变化趋势及原因［J］. 地理学报，2009，64（3）：259-269.

［13］马雪宁，张明军，王圣杰，等 . "蒸发悖论"在黄河流域的探讨［J］. 地理学报，2012，67（5）：645-656.

［14］宁和平，李国军，王建兵 . 黄河上游玛曲地区近40a蒸发量变化特征分析［J］. 干旱区资源与环境，2011，25（8）：113-117.

［15］任国玉，郭军 . 中国水面蒸发量的变化［J］. 自然资源学报，2006，21（1）：31

－44.

[16] 邵晓梅，许月卿，严昌荣. 黄河流域降水序列变化的小波分析 [J]. 北京大学学报，2006，42（4）：505-508

[17] 史建国，严昌荣，何文清，等. 黄河流域潜在蒸散量时空格局变化分析 [J]. 干旱区研究，2007，24（6）：773-778.

[18] 宋春英，延军平，刘路花. 黄河三角洲地区气候变化特征及其对气候生产力的影响 [J]. 干旱区资源与环境，2011，25（7）：106-111.

[19] 王志伟，翟盘茂，武永利. 近55年来中国10大水文区域干旱化分析 [J]. 高原气象，2007，26（4）：876-877.

[20] 徐宗学，张楠. 黄河流域近50年降水变化趋势分析 [J]. 地理研究，2006，25（1）：28-30.

[21] 杨特群，饶素秋，陈冬伶. 1951年以来黄河流域气温和降水变化特点分析 [J]. 人民黄河，2009，31（10）：76-77.

[22] 姚玉璧，杨金虎，岳平，等. 近50年三江源地表湿润指数变化特征及其影响因素 [J]. 生态环境学报，2011，20（11）：1585-1593.

[23] 虞海燕、刘树华、赵娜，等. 我国近59年日照时数变化特征及其与温度、风速、降水的关系 [J]. 气候与环境研究，2011（3）：389-398.

[24] 赵传成，王雁，丁永建，等. 西北地区近50年气温及降水的时空变化 [J]. 高原气象，2011，30（2）：385-390.

[25] 钟海玲，李栋梁，陈晓光. 近40年来河套及其邻近地区降水变化趋势的初步研究 [J]. 高原气象，2006，26（2）：309-318.

[26] 安迪，李栋梁，袁云，等. 基于不同积雪日定义的积雪资料比较分析 [J]. 冰川冻土，2009，31（6）：1020-1027.

[27] 陈光宇，李栋梁. 东北及邻近地区累积积雪深度的时空变化规律 [J]. 气象，2011，37（5）：513-521.

[28] 第二次气候变化国家评估报告编写委员会编著. 第二次气候变化国家评估报告 [M]. 北京：科学出版社，2011：77.

[29] 冯建英，陈佩璇，梁东升. 西北地区雷暴的气候特征及其变化规律 [J]. 甘肃科学学报，2007，19（3）：71-74.

[30] 龚道溢，韩晖. 华北农牧交错带夏季极端气候的趋势分析 [J]. 地理学报，2004，59（2）：230-238

[31] 侯明全，李平，周丽峰，等. 对2003年春季陕西省沙尘暴、扬沙天气的分析 [J]. 灾害学究，2004，19（3）：68-71.

［32］胡玲，郭卫东，王振宇，等 . 青海高原雷暴气候特征及其变化分析［J］. 气象，2009，35（11）：64-70.

［33］康玲，孙鑫，侯婷，等 . 冬季强和特强沙尘暴的气象要素特征［J］. 干旱区资源与环境，2011，25（12）：77-81.

［34］李杨，艾力·买买提明，刘艳，等 . 古尔班通古特沙漠积雪覆盖_ 沙尘天气特征及其相互关系［J］. 中国沙漠，2010，30（4）：961-967.

［35］刘宏伟，刘秀荣，陈凌云 . 内蒙古地区极端降水时间分布特征［J］. 内蒙古气象，2009，（6）：7-9.

［36］石英，高学杰，Giorgi F，等 . 全球变暖对中国区域极端降水事件影响的高分辨率数值模拟［J］. 气候变化研究进展，2010，6（3）：164-169.

［37］王芳，葛全胜，陈泮勤 . IPCC 评估报告气温变化观测数据的不确定性分析［J］. 地理学报，2009，64（7）：828-838.

［38］常国刚，李林，朱西德，等 . 黄河源区地表水资源变化及其影响因子［J］. 地理学报，2007，62（3）：312-320.

［39］陈利群，刘昌明 . 黄河源区气候和土地覆被变化对径流的影响［J］. 中国环境科学，2007，27（4）：559-565.

［40］陈利群，刘昌明，郝芳华，等 . 黄河源区气候对径流的影响分析［J］. 地学前缘，2006，13（5）：321-329.

［41］樊辉，杨晓阳 . 黄河干支流径流量与输沙量年际变化特征［J］. 泥沙研究，2010（4）：11-15.

［42］高治定，李文家，李海荣，等 . 黄河流域暴雨洪水与环境变化影响研究［M］. 郑州：黄河水利出版社，2002；12.

［43］郭军，任国玉 . 黄淮海流域蒸发量的变化及其原因分析［J］. 水科学进展，2005，16（5）：666-672.

［44］贾仰文，高辉，牛存稳，等 . 气候变化对黄河源区径流过程的影响［J］. 水利学报，2008，39（1）：52-58.

［45］康玲玲，史玉品，王金花，等 . 黄河唐乃亥以上地区径流对气候变化的敏感性分析［J］. 水资源与水工程学报，2005，16（4）：1-4.

［46］蓝永超，文军，赵国辉，等 . 黄河河源区径流对气候变化的敏感性分析［J］. 冰川冻土，2010，32（1）：175-181.

［47］李林，申红艳，戴升，等 . 黄河源区径流对气候变化的响应及未来趋势预测［J］. 地理学报，2011，66（9）：1261-1269.

［48］李荣，孙卫国，阮祥，等 . 气候变化对湟水径流量影响分析［J］. 人民黄河，

2009，28（12）：39-43.

[49] 李晓琴，田垄，余珍风．黄河流域水土流失遥感监测［J］．国土资源遥感，2009，
4：57-61.

[50] 李玉红，张正秋．百年来中国黄河流域区域性旱涝气候突变［J］．地理科学，
1993，13（4）：315-321.

[51] 刘彩红，苏文将，杨延华．气候变化对黄河源区水资源的影响及未来趋势预估
［J］．干旱区资源与环境，2012，26（4）：97-101.

[52] 刘昌明．"黄河流域水资源演化规律与可再生性维持机理"研究进展［J］．地球
科学进展，2006，21（10）：991-998.

[53] 刘昌明，张学成．黄河干流实际来水量不断减少的成因分析［J］．地理学报，
2004，59（3）：323-330.

[54] 刘春蓁．气候变异与气候变化对水循环影响研究综述［J］．水文，2003，23
（4）：1-7.

[55] 刘吉峰，王金花，焦敏辉，等．全球气候变化背景下中国黄河流域的响应［J］．
干旱区研究，2011，28（5）：860-865.

[56] 刘吉峰，许卓首，王玲，等．黄河流域气候与水资源演变特点研究［J］．中国水
利，2009，13：23-25.

[57] 刘琳、刘雪华、康相武．黄河北干流径流变化规律及其与气候的关系研究［J］．
黄精科学与技术，2011，34（3）：109-115.

[58] 胡彩虹，王纪军，王灏，等．沁河流域实测径流对环境变化的定量影响分析
［J］，气候变化研究进展，2012，8（3）：213-219.

[59] 马柱国．黄河径流量的历史演变规律及成因［J］．地球物理学报，2005，48
（6）：1270-1275.

[60] 邱新法，刘昌明，曾燕．黄河流域近40年蒸发皿蒸发量的气候变化特征［J］．
自然资源学报，2003，18（4）：437-442.

[61] 邱临静，郑粉莉，尹润生，等．降水变化和人类活动对延河流域径流影响的定量
评估［J］，气候变化研究进展，2011，7（5）：357-362.

[62] 仇亚琴，周祖昊，贾仰文，等．三川河流域水资源演变个例研究［J］．水科学进
展，2006，17（6）：865-872.

[63] 王国庆，张建云，贺瑞敏．环境变化对汾河流域径流量的影响［J］．水科学进展
．2006，17（6）：851-858.

[64] 张建云，王国庆．气候变化对水文水资源影响研究［M］．北京：科学出版
社，2007.

[65] 赵春明，刘雅鸣，张金良，等. 20 世纪中国水旱灾害警示录 [M]. 郑州：黄河水利出版社，2002.

[66] 宫德吉，白美兰，王秋晨. 黄河凌汛及其预报方法研究 [J]. 气象，2001，27（5）：38-42.

[67] 彭梅香，王春青，温丽叶，等编著. 黄河凌汛成因分析及预测研究 [M]. 北京，气象出版社，2007.

[68] 王文东，张芳华，康志明，等. 黄河宁蒙河段凌汛特征及成因分析 [J]. 气象，2006，32（3）：32-38.

[69] 方立，冯相明. 凌期气温变化对河段封开河的影响分析 [J]. 水电能源科学，2007，25（6）：4-7.

[70] 闫娜，延军平，杜继稳，等. 黄河下游凌汛变化趋势与气候变化关系分析 [J]. 干旱区资源与环境，2008，22（8）：45-48.

[71] 康志明，张芳华，李金田，等. 黄河宁蒙河段封河和开河预报方法初探 [J]. 气象，2006，32（10）：41-45.

[72] 王海兵，贾晓鹏. 大型水库运行下内蒙古河道泥沙侵蚀淤积过程 [J]. 中国沙漠，2009，29（1）：189-192.

[73] 蓝永超，林舒，李州英，等. 近 50 年来黄河上游水循环要素变化分析 [J]. 中国沙漠，2006，26（5）：177-182.

[74] 曲广周，覃英宏，刘亮，等. 基于 R/S 分析黄河及黄土高原主要河流水资源的变化 [J]. 中国沙漠，2010，30（2）：467-470.

[75] 孙卫国，程炳岩，李荣. 黄河源区径流量的季节变化及其与区域气候的小波相关 [J]. 中国沙漠，2010，30（31）：712-721.

[76] 赵炜. 历史上的黄河凌汛灾害及原因 [J]. 中国水利，2007，3：43-46.

[77] 温克刚，沈建国. 中国气象灾害大典--内蒙古卷 [M]. 北京：气象出版社，2008：241-244.

[78] 潘进军，白美兰. 内蒙古黄河凌汛灾害及其防御 [J]. 应用气象学报，2008，32（1）：108-112.

[79] 滕翔，何秉顺. 黄河凌汛及防凌措施 [J]. 中国防汛抗旱，2010，（6）：6-77.

[80] 王文才. 黄河下游凌汛成因分析及防凌措施 [J]. 冰川冻土，1987，（S1）：117-122.

[81] 郭德成，马全杰. 2002-2003 年度黄河宁蒙河段凌汛特点分析 [J]. 内蒙古水利，2003，（4）：44-46.

[82] 陈印军，吴凯，卢布，等. 黄河流域农业生产现状及其结构调整 [J]. 地理科学

进展，2005，24（4）：106-113.

[83] 曹艳芳，古月，徐健，等．内蒙古近 47 年气候变化对春小麦生育期的影响［J］.
内蒙古气象，2009，4：22-25.

[84] 邓可洪，居辉，熊伟，等．气候变化对中国农业的影响研究进展［J］.中国农学
通报，2006，22（5）：439-442.

[85] 董金皋．农业植物病理学［M］.北京：中国农业出版社，2007.

[86] 杜瑞英，杨武德，许吟隆，等．气候变化对我国干旱、半干旱区小麦生产影响的
模拟研究［J］.生态科学，2006，25（1）：34-37.

[87] 高素华，王春乙．CO_2 浓度升高对冬小麦、大豆籽粒成分的影响［J］.环境科学，
1994，15（5）：24-30.

[88] 高涛，陈彦才，于晓．气候变暖对内蒙古三种主要粮食作物单产影响的初步分析
［J］.中国农业气象，2011，32（3）：407-416.

[89] 郭建平，高素华，刘玲．气象条件对作物品质和产量影响的试验研究［J］.气候
与环境研究，2001，6（1）：361-367.

[90] 侯琼，郭瑞清，杨丽桃．内蒙古气候变化及其对主要农作物的影响［J］.中国农
业气象，2009，30（4）：560-564.

[91] 黄峰，施新民，郑鹏徽，等．气候变化对宁夏春小麦发育历期影响模拟［J］.干
旱区资源与环境，2007，21（9）：118-121.

[92] 江敏，金之庆，高亮之，等．全球气候变化对中国冬小麦生产的阶段性影响
［J］.江苏农业学报，1998，14（2）：90~95.

[93] 李红梅，景毅刚．气候变暖对陕西冬小麦播种期的影响［J］.干旱区资源与环
境，2010，24（11）：170-173.

[94] 李美荣，杜军，刘映宁，等．气候变化对苹果开花期的影响［J］.陕西农业科
学，2009（1）：97-101.

[95] 李萍，魏晓妹．气候变化对灌区农业需水量的影响研究［J］.水资源与水工程学
报，2012，23（1）：81-85.

[96] 李星敏，柏秦凤，朱琳．气候变化对陕西苹果生长适宜性影响［J］.应用气象学
报，2011，22（2）：241-248.

[97] 李祎君，王春乙，赵蓓，等．气候变化对中国农业气象灾害与病虫害的影响
［J］.农业工程学报，2010，26（增刊1）：263-271.

[98] 刘勤，严昌荣，何文清，等．黄河流域近 40a 积温动态变化研究［J］.自然资源
学报，2009，24（1）：147-153.

[99] 刘文平，郭慕萍，安炜，等．气候变化对山西省冬小麦种植的影响［J］.干旱区

资源与环境，2009，23（11）：88-93.

[100] 刘玉兰，任玉，王迎春，等．气候变化下宁夏引黄灌区玉米产量及其构成因素的预估［J］．安徽农业科学，2011，39（23）：13994-13996.

[101] 刘玉兰，张晓煜，刘娟，等．气候变暖对宁夏引黄灌区春小麦生产的影响［J］．气候变化研究进展，2008，4（2）：90-94.

[102] 刘玉兰，张晓煜，刘娟，等．气候变暖对宁夏引黄灌区玉米生产的影响［J］．玉米科学，2008，16（2）：147-149.

[103] 毛玉琴．甘肃东部气候变化及冬小麦生长发育响应特征［J］．干旱地区农业研究，2009，27（6）：257-262.

[104] 潘根兴，高民，胡国华，等．气候变化对中国农业生产的影响［J］．农业环境科学学报，2011，30（9）：1698-1706.

[105] 蒲金涌，姚玉璧，马鹏里，等．甘肃省冬小麦生长发育对暖冬现象的响应［J］．应用生态学报，2007，18（6）：1237-1241.

[106] 钱锦霞，溪玉香．山西省冬小麦主要发育期特征及对气候变暖的响应［J］．中国农学通报，2008，24（11）：438-443.

[107] 桑建人，刘玉兰，邱旺．气候变暖对宁夏引黄灌区水稻生产的影响［J］．中国沙漠，2006，26（6）：953-958.

[108] 唐晶，张文煜，赵光平，等．宁夏近44年霜冻的气候特征和变化规律分析［J］．沙漠与绿洲气象，2008，2（2）：15-18.

[109] 陶娜，王冰晨，张连霞，等．河套地区气温和降水的气候特征分析［J］．内蒙古气象，2011（1）：19-21.

[110] 万信，王润元．气候变化对陇东冬小麦生态影响特征研究［J］．干旱地区农业研究，2007，25（4）：80-84.

[111] 王春乙，郭建平，王修兰，等．CO_2浓度增加对C3、C4作物生理特性影响的实验研究［J］．作物学报，2000，26（6）：931-936.

[112] 王鹤龄，王润元，赵鸿，等．中国西北冬小麦和棉花生长对气候变暖的响应［J］．干旱地区农业研究，2009，27（1）：258-264.

[113] 王力，李凤霞，徐维新，等．青海高原不同海拔高度区小麦生长对气候变暖的响应［J］．气候变化研究进展，2011，7（5）：324-329.

[114] 王连喜，李菁，李剑萍，等．气候变化对宁夏农业的影响综述［J］．中国农业气象，2011，32（2）：155-160.

[115] 王位泰，张天峰，蒲金涌，等．黄土高原中部冬小麦生长对气候变暖和春季晚霜冻变化的响应［J］．中国农业气象，2011，32（1）：6-11.

[116] 王位泰, 张天峰, 蒲金涌, 等. 黄土高原中部冬小麦生长对气候变暖和春季晚霜冻变化的响应 [J]. 中国农业气象, 2011, 32 (1): 6-11.

[117] 严昌荣, 何文清, 张燕卿, 等. 黄河流域农业气候资源与保护性耕作 [M]. 北京: 科学出版社, 2012.

[118] 杨勤, 许吟隆, 林而达, 等. 应用 DSSAT 模型预测宁夏春小麦产量演变趋势 [J]. 干旱地区农业研究, 2009, 27 (2): 41-18.

[119] 杨尚英, 唐艳娥, 肖国举. 近 48 年来渭北旱塬气候变化对苹果生长的影响 [J]. 中国农学通报, 2010, 26 (12): 365-370.

[120] 杨松, 杨卫, 刘俊林, 等. 河套灌区向日葵终霜冻指标及其时空分布特征 [J]. 中国农学通报, 2010, 26 (01): 256-259.

[121] 虞海燕, 刘树华, 赵娜, 等. 我国近 59 年日照时数变化特征及其与温度、风速、降水的关系 [J]. 气候与环境研究, 2011, 16 (3): 389-398

[122] 曾英, 黄祖英, 张红娟. 气候变化对陕西省冬小麦种植区的影响 [J]. 水土保持通报, 2007, 27 (5): 137-140.

[123] 张建平, 赵艳霞, 王春乙, 等. 未来气候变化情景下我国主要粮食作物产量变化模拟 [J]. 干旱地区农业研究, 2007, 25 (5): 208-213.

[124] 张宇, 王馥棠. 气候变暖对我国水稻生产可能影响的数值模拟试验研究 [J]. 应用气象学报, 1995, 6 (增刊): 19-25.

[125] 张智, 林莉, 梁培. 宁夏气候变化及其对农业生产的影响 [J]. 中国农业气象, 2008, 29 (4): 402-405.

[126] 吴素霞, 常国刚, 李凤霞, 等. 近年来黄河源头地区玛多县湖泊变化 [J]. 湖泊科学, 2008, 20 (3): 364-368.

[127] 李林, 李凤霞, 朱西德, 等. 黄河源区湿地萎缩驱动力的定量辨识 [J]. 自然资源学报, 2009, 24 (7): 1246-1255.

[128] 刘庆, 李伟, 陆兆华. 基于遥感与 GIS 的黄河三角洲绿色空间生态服务价值评估 [J]. 生态环境学报, 2010, 19 (8): 1838-1843.

[129] 青海省气候变化评估报告编写委员会. 青海省气候变化评估报告 [M]. 北京: 气象出版社, 2012.

[130] 韩凤, 尚明瑞, 李元寿. 黄河源区的生态建设战略 [J]. 贵州农业科学, 2010, 38 (1): 64~67.

[131] 张绪良, 肖滋民, 徐宗俊, 等. 黄河三角洲滨海湿地的生物多样性特征及保护对策 [J]. 湿地科学, 2011, 9 (2): 125-132.

[132] 张晓龙, 李萍, 刘乐军, 等. 黄河三角洲湿地生物多样性及其保护 [J]. 海岸

工程，2009，28（3）：33-39.

[133] 李永红，高照良．黄土高原地区水土流失的特点、危害及治理［J］．生态经济，2011，（8）：148-153.

[134] 周子鑫．我国海平面上升研究进展及前瞻［J］．海洋地质动态，2008，24（10）：14-18.

[135] 耿斌．黄河三角洲气候变化与湿地［J］．中国科技财富，2008（11）：125-126.

[136] 李克让，曹明奎，於琍，等．中国自然生态系统对气候变化的脆弱性评估［J］．地理研究，2005，24（5）：653-663.

[137] 中国林业科学院．三江源生物多样性［M］．北京：中国科学技术出版社，2002：34-40.

[138] 柳艳香，吴统文，郭裕福，等．华北地区未来30年气候变化趋势模拟研究［J］．气象学报，2007，65（5）：45-51.

[139] 刘吉峰，王金花，焦敏辉，等．全球气候变化背景下中国黄河流域的响应［J］．干旱区研究，2011，28（5）：860-865.

[140] 买苗，曾燕，邱新法，等．黄河流域近40年日照百分率的气候变化特征［J］．气象，2006，32（1）：62-66.

[141] 庞文保，刘宇，张海东．气候变暖与西安市冬季供暖的能源消费分析［J］．气候变化研究进展，2007，3（4）：220-223.

[142] 罗云峰，吕达仁，何晴，等．华南沿海地区太阳直接辐射、能见度及大气气溶胶变化特征分析［J］．气候与环境研究，2000，5（1）：36-44.

[143] 任国玉，郭军，徐铭志，等．近50年中国地面气候变化基本特征［J］．气象学报，2005，63（6）：942-956.

[144] 任玉玉，任国玉，千怀遂．中国各省级行政区未来气候耗能变化可能情景［J］．地理研究，2009，28（1）：36-44.

[145] 孙玫玲，韩素芹，姚青，等．天津市城区静风与污染物浓度变化规律的分析［J］．气象与环境学报，2004，23（2）：21-24.

[146] 汤剑平，高红霞，李艳，等．IPCC-A2情景下我国21世纪风能变化的统计降尺度方法研究［J］．太阳能学报，2009，30（5）：656-666.

[147] 王国庆，张建云，贺瑞敏，等．黄河兰州上游地区降水、气温变化及趋势诊断［J］．干旱区资源与环境，2009，23（1）：77-81.

[148] 王立静，李金亮，张冉．滨州市近50a四季变化趋势［J］．安徽农学通报，2010，16（15）：225-226.

[149] 王雅婕，黄耀，张稳，等．1961-2003年中国大陆地表太阳总辐射变化趋势

[J]. 气候与环境研究，2009，14（4）：405-413.

[150] 翁笃鸣. 中国辐射气候 [M]. 北京：气象出版社，1997.

[151] 文小航，尚可政，王式功，等. 1961-2000 年中国太阳辐特征的初步研究 [J]. 中国沙漠，2008，28（3）：554-561.

[152] 吴其重，王自发，崔应杰，等. 我国近 20 年太阳辐射时空分布状况模式评估 [J]. 应用气象学报，2010，21（3）：343-351.

[153] 谢庄，苏德斌，虞海燕，等. 北京地区热度日和冷度日的变化特征 [J]. 应用气象学报，2007，18（2）：232-277.

[154] 徐宗学，赵芳芳. 黄河流域日照时数变化趋势分析 [J]. 资源科学，2005，27（5）：153-159.

[155] 许建明，何金海，阎凤霞. 1961-2007 年西北地区地面太阳辐射长期变化特征研究 [J]. 气候与环境研究，2010，15（1）：89-96.

[156] 袁顺全，千怀遂. 气候对能源消费影响的测度指标及计算方法 [J]. 资源科学，2004，26（6）：125-130.

[157] 杨胜朋，王可丽，吕世华. 近 40 年来中国大陆总辐射的演变特征 [J]. 太阳能学报，2007，28（3）：227-232.

[158] 杨特群，饶素秋，陈冬伶. 1951 年以来黄河流域气温和降水变化特点分析 [J]. 人民黄河，2009，31（10）：76-77.

[159] 杨羡敏，曾燕，邱新法，等. 1960-2000 年黄河流域太阳总辐射气候变化规律研究 [J]. 应用气象学报，2005，16（2）：243-248.

[160] 耶格尔. 气候与能源系统 [M]. 北京：气象出版社，1988.

[161] 朱飙，李春华，陆登荣. 甘肃酒泉区域风能资源评估 [J]. 干旱气象，2009，27（2）：152-156.

[162] 赵东，罗勇，高歌，等. 1961 年至 2007 年中国日照的演变及其关键 [J]. 资源科学，2010，32（4）：701-711.

[163] 张燕燕，吉志红，安晋森. 三门峡市近 50 a 气温变化特征分析 [J]. 气象与环境学报，2011，34（增刊）：125-128.

[164] 周扬，吴文祥，胡莹，等. 西北地区太阳能资源空间分布特征及资源潜力评估 [J]. 自然资源学报，2010，25（10）：1738-1749.

[165] 周自江. 我国冬季气温变化与采暖分析 [J]. 应用气象学报，2000，11（2）：251-257.